建筑弱电电工 600问？

>>> 刘兵 主编
>>> 陈晔 刘堃 副主编

U0306972

化学工业出版社

·北京·

本书以建筑弱电电工在实际操作中经常遇到的问题为主,以问答形式对弱电电工应掌握的基本知识和操作技能进行了全面、细致的讲解。主要介绍了弱电识图,楼宇智能安防与电视监控系统,消防控制系统,楼宇电梯系统,制冷与空调系统,电话、网络通信系统,广播音响设备,楼宇综合布线系统与接地、接零、安全用电等弱电电工常见的操作、问题和解决办法。以帮助读者尽快学会和全面掌握弱电电工操作技能。

本书内容介绍通俗易懂、具体翔实,能帮助电工初学者和从业人员尽快掌握电工基础知识和技能,提高技术和实践水平。

图书在版编目(CIP)数据

建筑弱电电工 600 问 / 刘兵主编. —北京:化学工业出版社,2016.4(2018.11重印)
ISBN 978-7-122-26318-6

Ⅰ.①建… Ⅱ.①刘… Ⅲ.①房屋建筑设备-电气设备-建筑安装-问题解答 Ⅳ.①TU85-44

中国版本图书馆 CIP 数据核字(2016)第 031829 号

责任编辑:刘丽宏　　　　　　　　　　文字编辑:孙凤英
责任校对:边　涛　　　　　　　　　　装帧设计:刘丽华

出版发行:化学工业出版社(北京市东城区青年湖南街13号　邮政编码100011)
印　　刷:北京京华铭诚工贸有限公司
装　　订:三河市瞰发装订厂
850mm×1168mm　1/32　印张11¼　字数323千字
2018 年 11 月北京第 1 版第 4 次印刷

购书咨询:010-64518888　　　　　　售后服务:010-64518899
网　　址:http://www.cip.com.cn
凡购买本书,如有缺损质量问题,本社销售中心负责调换。

定　　价:49.00元　　　　　　　　　版权所有　违者必究

●●●●●●● 前 言

　　近年来，随着工业的发展和电器产品的普及，电工从业人员不断增多，越来越多的年轻人有意从事电工工作。然而，电工操作具有一定危险性，胜任电工工作岗位，需要掌握不同电工工种所要求的知识和技能。建筑弱电电工实际是一门多学科电工技术，涉及多种自动控制技术和管理技术，为了帮助电工从业人员和初学者尽快学会和全面掌握弱电电工各项技术和技能，我们编写了本书。

　　本书以建筑弱电电工应知应会知识和技能为重点，紧密联系弱电电工实际工作过程中遇到的一些重点、难点问题，强化电工人员的操作技能，以问答形式全面解答了弱电电工在实际工作中经常碰到的各类型问题。重点介绍了楼宇智能安防与电视监控系统，消防控制系统，楼宇电梯系统，制冷与空调系统，电话、网络通信系统，广播音响设备，楼宇综合布线系统与接地、接零、安全用电等弱电电工常见的操作、问题和解决办法。

　　书中内容涉及面广，涵盖了弱电电工实际工作的各个方面。全书问题解答简明实用、通俗易懂，力求使电工从业人员和初学者查阅方便，一看就懂，一学就会。

　　本书由刘兵主编，陈晔、刘堃副主编，参加本书编写的还有谢永昌、郭杨杨、赵红芳、吴晶晶、马子敬、侯江薇、纪金、禹雪松、张淑敏、张海洁、贾永翠、汪海军、汪广雷、姜海云等，全书由张伯虎统稿。

　　在本书编写过程中，借鉴了大量的书刊和有关资料，在此成书之际也向有关书刊和资料的作者一并表示衷心感谢！

　　由于编者水平有限，书中不足之处难免，恳请读者批评指正。

编　者

目 录

弱电电工基础

1. 楼宇设备自动化系统的整体功能包括几个方面？

楼宇设备自动化系统的整体功能可概括为设备控制自动化、设备管理自动化、防灾自动化、能源管理自动化四个方面。

2. 设备管理自动化包括哪些内容？

通过对设备的运行状态进行监测，使其得以高效运行，常见内容有：水、电、煤气等使用计量和收费管理；设备运转状态记录及维护、检修的预告；定期通知设备维护及开列设备保养工作单；设备的档案管理；会议室、停车场等场所使用的预约申请、管理；各种资料、文件的汇总。

3. 什么是防灾自动化？ 包括哪些内容？

防灾自动化是指对建筑物和设备的防灾、防火、防盗的处理，以保证用户的安全感，常见内容有：

（1）防盗系统　出入口控制系统；出入口主要通道和电梯的闭路电视监视；停车场的闭路电视监视；各区域、各部门防盗报警设备状态监测；巡更值班系统。

（2）防火系统　火灾的监测及报警；各种消防设备的状态检测与故障报警；消防系统有关给水管路水压测量；自动洒水、泡沫灭火、卤代烷灭火设备的控制；火灾时的供配电系统及空调系统的联动；火灾时的紧急电梯控制；火灾时的防排烟控制；火灾时的避难引导控

制；火灾紧急广播操作控制。

（3）防灾系统　煤气及有害气体泄漏的检测；漏电的检测；漏水的检测；避难时的自动引导系统控制。

4.　设备控制自动化常见的控制对象和控制任务是什么？

设备控制自动化以对各种设备实现优化控制为目的，常见的控制对象和控制任务有：

（1）变配电设备及应急发电设备　变电设备各高低压主开关动作状况监视及故障报警；供配电设备运行状态及参数自动检测；各种机房供电状态监视；各机房设备供电控制；停电复电自动控制；应急电源供电顺序控制。

（2）照明设备　各楼层门厅照明定时开关控制；楼梯照明定时开关控制；室外泛光照明灯定时开关控制；停车场照明定时开关控制；航空障碍灯点灯状态显示及故障报警；事故应急照明控制；照明设备的状态检测。

（3）通风空调设备　空调机组状态检测；空调机组运行参数测量；空调机组的最佳开/停时间控制；空调机组预定程序控制；室外温度、湿度测量；新风机组开/停时间控制；新风机组预定程序控制；新风机组状态检测；能源系统工作状态最佳控制；排风机组的检测和控制。

（4）给排水设备　给排水设备的状态检测；使用水量、排水量测量；污物、污水池水位检测及异常警报；地下、中间层、屋顶水箱水位检测；公共饮水过滤、杀菌设备控制、给水水质监测；给排水设备的启/停控制；卫生、污水处理设备运转监测、控制，水质测量。

（5）电梯设备　电梯运行状态监测；停电及紧急状况处理；语音报告服务系统。

（6）停车场处理　出入口开/闭控制；出入口状态监视；停车状态监视；停车场送排风设备控制。

5.　什么是能源管理自动化？

是在不影响用户舒适性的原则下，对设备机器节省无谓的能源消耗。能源管理自动化是以不降低环境条件为前提，并且利用传感技术和先进的运转控制技术来实现能源节省的目的的，与过去的消极节省能源的方法是截然不同的。

6. 楼宇设备自动化系统如何构成？

楼宇设备自动化系统将各个控制子系统集成为一个综合系统，其核心技术是集散控制系统，它是由计算机技术、自动控制技术、通信网络技术和人机接口技术组成的，是一门系统工程技术，利用集散控制技术将楼宇设备自动化系统构造成了一个庞大的集散控制系统，如图 1-1 所示。主系统是中央监控与管理计算机，中央管理计算机通过

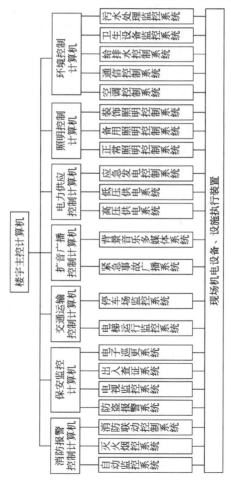

图 1-1　楼宇设备自动化系统的组成概念

信息通信网络与各个子系统的控制器相连，组成分散控制、集中监控和管理的功能模式，各个子系统之间通过通信网络可以进行信息交换和联动，实现优化控制管理，最终形成统一的由楼宇设备自动化系统运作的整体。

7. 集散型自动化系统的结构是什么？

与集中式控制（由一台计算机对楼宇设备自动化这一规模庞大、功能综合、因素众多的大系统，进行集中控制，这种控制方式虽然结构简单，但功能有限，且可靠性不高，故不能适应现代楼宇管理的需要）相反的就是集散控制，集散控制以分布在现场被控设备附近的多台计算机控制装置，完成被控设备的实时监测、保护与控制任务，克服了集中式计算机控制带来的危险性高度集中和常规仪表控制功能单一的局限性；以安装于集中控制室并具有很强的数字通信、CRT 显示、打印输出与丰富控制管理软件功能的管理计算机，完成集中操作显示、报警、打印与优化控制功能，避免了常规仪表控制分散后人机联系困难与无法统一管理的缺点。管理计算机与现场控制计算机的数据传递由通信网络完成。集散控制充分体现了集中操作管理、分散控制的思想，因此集散控制系统是广泛采用的体系结构。集散型楼宇设备自动化系统的体系结构，如图 1-2 所示，其基本特征是功能层次化。

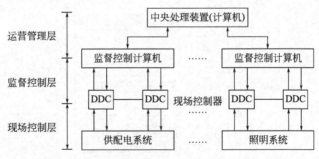

图 1-2　集散型楼宇设备自动化系统的体系结构

8. 运营管理层的功能是什么？

运营管理层计算机位于整个系统的最顶端，通常具有很强大的处理能力。它协调管理各个子系统，实现全局的优化控制和管理，从而达到综合自动化的目的。

9. 监督控制层的功能是什么？

监督控制层计算机是现场控制层计算机的上层机或上位机，可分为两类：监控站和操作站。监控站直接与现场控制器通信，监视其工作情况并将来自现场控制器的系统状态数据，通过通信网络传递给操作站及运营管理层计算机。而操作站则为管理人员提供操作界面，它将操作请求通过通信网络传递给监控站，再由监控站实现具体操作，值得注意的是监控站的输出并不直接控制执行器，而仅仅是给出下层系统（即现场控制层）计算机的给定值。在这一层中实现各子系统内的各种设备的协调控制和集中操作管理，即分系统的自动化。

监督控制层计算机除要求有完善的软件功能外，首先要求硬件必须可靠。每个现场控制器件（DDC）只控制个别设备的工作，而监督、管理计算机则关系着整个系统或分系统。显然普通的个人计算机用作监督计算机是不合理的。

通信网络一般采用两级或多级网络结构，设备直接数字控制均由分布在设备附近的现场控制器（DDC）完成，与监督控制层计算机的通信构成第一级网。监督控制层计算机之间构成第二级网。为参与到更高的管理级，需将上述局域网连至高速的广域网，即第三级网。现场控制器与监督控制层计算机之间的通信监督控制层计算机与分布在现场的直接数字控制器之间需要定量上传下送检测与控制数据，各控制器之间也需要相互通信以实现协调控制。监督控制层计算机之间的高速通信的局域网监督控制计算机担负着各子系统在内的各种设备的协调控制和集中操作管理，即分系统的自动化任务，往往在一栋建筑物，或一个建筑群中设有多台监督控制计算机。为使系统获得最佳控制效果，监督控制计算机之间需传递大量数据，而且准确率要求很高。例如，高层楼宇中某层的某个防火报警探头报警后，防火监控系统自动采取确认、报警、控制等功能；同时通过网络，使建筑物内的空调、电梯、配电等系统以及外部的消防保安及交通等部门都能及时获得信息，并采取相应措施。

由于监督控制计算机之间的传输的数据量大，故要求采用高速通

信网络。一般采用的是星形拓扑结构或采用以太网总线式拓扑结构的组网设计。

10. 现场控制层（DDC）的功能是什么？

现场控制层计算机直接与传感器、变送器、执行装置相连，实现对现场设备的实时监控并通过通信网络实现与上层机之间的信息交互。在这一层中实现的是对单个设备的自动控制，即单机自动化，具体的功能实现是由安装在被控设备附近的现场控制器来完成的。现场控制器采用直接数字控制技术，因此又被称为直接数字控制器（Direct Digital Controller，DDC），在体系结构中又被称为下位机。现场控制器安装在控制现场，可接收上一层的操作站或监控站（上位机）传送来的命令，并将本地的状态和数据传送到上位机，在上位机不干预的情况下，现场控制器可单独对设备进行控制，根据设定的参数进行各种算法的运算，控制输出执行。根据现场控制器规模的大小，每台现场控制器可控制的输入输出点一般在几十点至一百点左右，当一个楼宇设备自动化系统规格较大时，就需配用若干台现场控制器。末端装置包括传感器和执行机构。传感器用来将各种不同的被测物理量（温度、压力、流量、电量等）转换为能被现场控制器接收的模拟量或开关量，执行机构用来对被控设备进行控制。现场控制器具有可靠性高、控制能力强、可编写程序等特点，既能独立监控有关设备又可联网并通过管理计算机接受统一控制与管理。

11. 按楼宇建筑层面组织的集散型系统的特点是什么？

对于大型的商务楼宇、办公楼宇，往往是各个楼层有不同的用户和用途，因此，各个楼层对系统的要求会有所区别。按楼宇建筑层面组织的集散型系统能很好地满足要求。按楼宇建筑层面组织的集散型，系统方案如图 1-3 所示。这种结构的特点如下。

① 由于是按楼宇建筑层面组织的，因此布线设计及施工比较简单，子系统（区域）的控制功能设置比较灵活，调试工作相对独立；

② 整个系统的可靠性较好，子系统失灵不会波及整个楼宇系统；

③ 设备投资增大，尤其是高层楼宇；

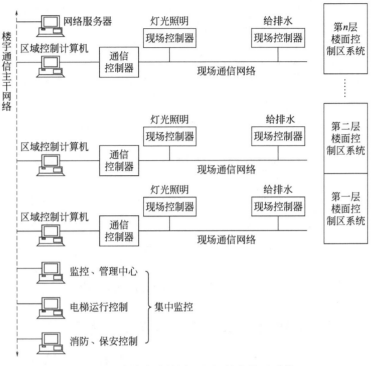

图 1-3　按楼宇建筑层面组织的集散型系统

④ 较适合商用的多功能楼宇。

12. 按楼宇设备功能组织的集散型系统的特点是什么？

这是常用的系统结构，按照整座楼宇的各个功能系统来组织（如图 1-4 所示）。这种结构的特点如下。

① 由于是按整座楼宇设备功能组织的，因此布线设计及施工比较复杂，调试工作量大；

② 整个系统的可靠性较弱，子系统失灵会波及整个楼宇系统；

③ 设备投资省；

④ 较适合功能相对单一的楼宇（如企业、政府的办公楼宇、高级住宅等）。

7

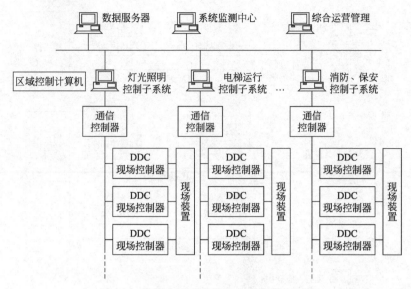

图 1-4　按楼宇设备功能组织的集散型系统

13. 混合型的集散型系统的特点是什么？

　　这是兼有上述两种结构特点的混合型，即某些子系统（如供电、给排水、消防、电梯）采用按整座楼宇设备功能组织的集中控制方式，另外一些子系统（如灯光照明、空调）则采用按楼宇建筑层面组织的分区控制方式。这是一种灵活的结构系统，它兼有上述两种方案的特点，可以根据实际的需求而调整。

第二章

电视监控系统

1. 电视监控系统如何组成？

电视监控系统由摄像机部分、传输部分、控制部分以及显示和记录部分四大块组成。在每一部分中，又含有更加具体的设备和部件，如图 2-1 所示。

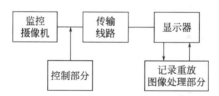

图 2-1　电视监控系统的组成

2. 摄像机部分的功能是什么？

摄像部分是电视监控系统的前端部分。它布置在被监视场所的某一位置上，使其视角能覆盖整个被监视面的各个部分。具体的部件有摄像机、云台、镜头等。从整个系统来讲，摄像部分是系统的原始信号源，因此，摄像部分的好坏及它产生的图像信号的质量将影响整个系统的质量。

摄像部分除了有好的图像信号外还应考虑防尘、防雨、抗高低温、抗腐蚀等，对摄像机及其镜头还应加装专门的防护罩等防护

措施。

3. 传输部分的功能是什么？ 传输方式有哪些？

传输部分是系统的图像信号通路，它不仅要完成图像信号到控制中心的传输，同时还要传输由控制中心发出的对摄像机、镜头、云台、防护罩等的控制信号。

传输方式有多种，包括电缆传输、光纤传输、网络传输、有线或无线传输等，其传输方式各有优缺点。

4. 控制部分的功能是什么？

控制部分是实现整个系统功能的指挥中心。它由矩阵、录像设备、监视器、画面处理器等设备组成。

控制部分能对摄像机、镜头、云台、防护罩等进行遥控，以完成对被监视场所全面、详细的监视或跟踪监视。录像设备可以随时把发生的情况记录下来，以便事后备查或作为重要依据。

控制部分一般采用总线方式控制前端设备，把控制信号送给摄像机附近的解码器，通过解码器来完成对其摄像机、云台、镜头等设备的控制。

5. 显示部分的功能是什么？

显示部分一般由几台或多台监视器组成。它的功能是将传送过来的图像一一显示出来，为了使操作人员观看起来比较方便，一般会在监视器上同时分割显示多个画面。监视器的选择，应满足系统总的功能和总的技术指标的要求，特别是应满足长时间连续工作的要求。

6. 摄像机的功能是什么？

摄像机是电视监控系统的眼睛，直接安装在监视场所一合适位置上，其作用是把监控现场的画面通过镜头成像在 CCD（光电靶）上，通过 CCD 电子扫描（即电荷转移），把成像的光图像转换成电信号，经放大处理后变成视频信号输出。CCD 摄像机可分为黑白和彩色两大类，在黑白 CCD 摄像机中具有更高的灵敏度及彩色摄像机不具备的红外感光特性，但是随着彩色转黑白技术的不断成熟，纯黑白

CCD 摄像机已被具有彩色转黑白功能的日夜两用型摄像机所代替。

7. 彩色 CCD 摄像机如何组成？

要输出彩色电视信号，摄像机电路中就要处理红、绿、蓝（简称 R、G、B）三种基色信号。最初的彩色 CCD 摄像机都是由三片 CCD 图像传感器配合极色分光棱镜及彩色编码器等部分组成的。

随着技术的不断进步，通过在 CCD 靶面前覆盖特定彩色滤光材料，用两片甚至单片 CCD 图像传感器也可以输出红、绿、蓝三种基色信号，从而构成两片式或单片式彩色 CCD，如图 2-2 所示。

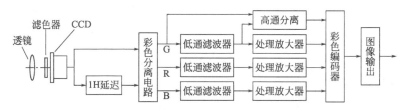

图 2-2　彩色 CCD 摄像机的组成

8. CCD 图像传感器的功能是什么？

图像传感器是摄像机的核心部件，而作用是将监视现场的景物在图像传感器的靶面上成像，并从传感器输出反映监视现场图像内容的实时电信号，这个电信号经摄像机内部其他部分电路的处理后，才能形成可在监视器上显示或被录像机记录的视频信号。

CCD 是电荷耦合器件（Charge Couple Device）的简称，如图 2-3

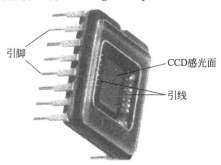

图 2-3　CCD 图像传感器外形

所示。它能够将摄入光线转变为电荷并将其储存、转移，把成像的光信号转变为电信号输出，完成光电转换功能，因此是理想的摄像元件。CCD 摄像机就是以其构成的一种微型图像传感器。特点是体积小、重量轻、灵敏度高、寿命长、抗振动及不受电磁干扰等。这也正是 CCD 摄像机比以前的摄像管式摄像机具有的最大优点。

9. 什么是 CCD 摄像机的分辨率？

分辨率是 CCD 图像传感器的最重要的特性之一，一般用器件的调制转移函数 MTF 表示，而 MTF 与成像在 CCD 图像传感器上的光像的空间频率（线对/mm）有关。这里，线对是指两个相邻的光强度最大值之间的间隔，它与 CCD 摄像机的分辨率定义是不一样的。

10. 什么是 CCD 摄像机的灵敏度？

指摄像机在多大的照度下，可以输出正常图像信号。有"正常照度"和"最低照度"两个值。正常照度是指摄像机在这个照度下，能拍出良好图像信号。最低照度指当照度小于这个值时，摄像机已无法拍摄出现场图像信号。选择摄像机时，必须参考现场可能出现的最低照度值。如无法改善，就应考虑采用有红外成像功能的摄像机或加不易损坏的照明灯具。灵敏度用"勒克斯"（lx）表示。摄像机上一般都标出其最低照度值，灵敏度越高越好。

11. 什么是 CCD 摄像机的暗电流？

暗电流是在没有入射光时光电二极管所释放的电流量，理想的影像感应器其暗电流应该是零，但是，实际状况是每个像素中的光电二极管同时又充当了电容，当电容器慢慢地释放电荷时，就算没有入射光，暗电流的电压也会与低亮度入射光的输出电压相当。因此，在这些时候我们还是能从显示器上看到部分"影像"，大部分情况下这都是因为从暗电流中所累积的电荷释放造成的。所以，暗电流是影响画质的噪声之一，CCD 与 CMOS 感应器的暗电流范围为 $0.075 \sim 2.0 \text{nA/cm}^2$。实际上因为 CCD 与 CMOS 在图像采集方面的本质区别，在暗电流的形成上差别还是比较大的。但是由于双方在后台处理上的不同，暗电流的影响已经消除了大半，因此在最终得到的实际影像上的差别还不是非常明显。暗电流的大小与温度的关系极为密切，温度每降低 10℃，暗电流约减小一半。

12. CCD 的常用尺寸有哪些？

有多种规格，常用的有 1/3in❶、1/2in、2/3in、1in。CCD 尺寸大的摄像机像素也多，拍出图像的清晰度也高，但价格也高。视频输出信号幅度一般是 1～1.2V 并且为负极性输出（同步头朝下）。此外，摄像机供电有直流 12V、交流 220V 两种。交流供电的摄像机其内部装有电源适配器，即将 220V 交流电变为直流电，供摄像机使用。CCD 摄像机耗电不大，但对直流供电的电源要求较高，电压的稳定度要高，纹波系数要小，电压波动不许超过 5%。

13. 什么是摄像机镜头的清晰度？

清晰度一般多指水平清晰度，又称为水平分解力。其含义是：在水平宽度为图像屏幕的范围内，可以分辨出垂直黑白线条的数目。例如：水平分解力为 850 线，其含义就是，在水平方向，在图像的中心区域，可以分辨的最高能力是相邻距离为屏幕高度的 1/850 的垂直黑白线条。水平分解力其数值越大，清晰度越高，性能就越好。

电视监控系统使用的摄像机用"线"表示，水平清晰度要求彩色摄像机在 300 线以上，黑白摄像机在 350 线以上。

14. 什么是摄像机镜头的最低照度？

最低照度（也称灵敏度）是衡量摄像机在什么光照度的情况下，可以输出正常图像信号的一个指标，照度一般用"勒克斯"（lx）表示。

如某一摄像机的最低照度为 0.1lx，其灵敏度即为 0.1lx。一般 0.1lx 以上的摄像机为普通型；0.1lx 以下的摄像机为星、月光级高灵敏度型，也称作电子增感摄像机或夜视型摄像机。一般分类：1～3lx 为普通型、0.1lx 左右为月光型、0.01lx 以下为星光型。

在摄像机的技术指标中，往往还提供最低照度的数据。在选择

---

❶ 1in＝0.0254m。

时，这个数据更为直观，所以具有一定的价值。最低照度与灵敏度有密切的关系，它同时与信噪比有关。

15. 什么是摄像机镜头的信噪比？

信噪比表示在图像信号中包含噪声成分的指标，是摄像机的图像信号与它的噪声信号之比，信噪比用 S/N 分贝（dB）表示，S 表示摄像机在假设无噪声时的图像信号值，N 表示摄像机本身产生的噪声值（比如热噪声），二者之比即为信噪比，信噪比越高越好。在显示的图像中，表现为不规则的闪烁细点。

噪声颗粒越小越好。噪声比达到 65dB 时，用肉眼观察，已经不会感觉到噪声颗粒存在的影响了。典型值为 46dB、50dB 则图像有少量噪声。

摄像机的噪声与增益的选择有关。一般摄像机的增益选择开关应该设置在 0dB 位置。在增益提升位置，则噪声自然增大。反过来，为了明显地看出噪声的效果，可以在增益提升的状态下进行观察。在同样的状态下，对不同的摄像机进行比较，以判别优劣。

噪声还和轮廓校正有关。轮廓校正在增强图像细节轮廓的同时，使噪声的轮廓也增强了，噪声的颗粒也增大了。在进行噪声测试时，通常应该关掉轮廓校正开关。

轮廓校正，用于增强图像中的细节成分，使图像显得更清晰、更加透明。但是轮廓校正也只能达到适当的程度，如果轮廓校正量太大，则图像将显得生硬。此外，轮廓校正的结果使得人物的脸部斑痕变得更加突出。因此，新型的数字摄像机设置了在肤色区域减少轮廓校正的功能，这是智能型的轮廓校正。这样，在改善图像整体轮廓的同时，又使人物的脸部显得比较光滑。但是具有轮廓校正功能的摄像机在电视监控领域很少使用，一般只出现在广播电视领域。

伽玛校正就是对图像的伽玛曲线进行编辑，以对图像进行非线性色调编辑的方法，检出图像信号中的深色部分和浅色部分，并使两者比例增大，从而提高图像对比度效果。计算机绘图领域惯以此屏幕输出电压与对应亮度的转换关系曲线，称为伽玛曲线（Gamma Curve）。以传统 CRT（Cathode Ray Tube）屏幕的特性而言，该曲线通常是一个乘幂函数，$Y = (X+e)^\gamma$，其中，Y 为亮度；X 为输

14

出电压；e 为补偿系数；乘幂值（γ）为伽玛值，改变乘幂值（γ）的大小，就能改变 CRT 的伽玛曲线。典型的 Gamma 值是 0.45，它会使 CRT 的影像亮度呈现线性。使用 CRT 的电视机等显示器屏幕，由于对于输入信号的发光灰度不是线性函数，而是指数函数，因此必须校正。

16. 什么是摄像机镜头的逆光补偿？

在某些应用场所，视场中可能包含一个很亮的背景区域，如逆光环境下的门窗等，而被观察的主体则处于亮场的包围之中，画面一片昏暗，无层次。此时，逆光补偿自动进行调整，将画面中过亮的场景降低亮度，并同时提升暗的场景，整个视场的可视性可得到改善。

17. 什么是摄像机镜头的线锁定同步（LL）？

是利用摄像机的交流电源来完成垂直推动同步，即摄像机和电源零线同步。是一种利用交流电源来锁定摄像机场同步脉冲的一种同步方式。当有交流电源造成的网波干扰时，将此开关拨到 LL 的位置即可。

18. 什么是摄像机镜头的自动增益控制（AGC）？

通过监测视频信号的平均电平自动调节增益的电路。具有 AGC 功能的摄像机，在低照度时的灵敏度会有所提高，但此时的噪点也会比较明显。

在低照度时自动增加摄像机的灵敏度，从而提高图像信号的强度来获得清晰的图像。

19. 摄像机镜头的自动电子快门有何功能？

当摄像机工作在一个很宽的动态光线范围时，如果没有自动光圈，所采用自动电子快门挡以固定光圈或手动光圈来实现，此时快门速度从 1/60s（NTSC）、1/50s（PAL）至 1/10000s 连续可调，从而可不管进来光线的强度变化而保持视频输出不变，提供正确的曝光。

20. 摄像机镜头的自动白平衡的功能是什么？

其用途是使摄像机图像能精确地复制景物颜色，一般处理方式是采取画面 2/3 的颜色值进行平衡运算，求出基准值（近似白色）来平衡整个画面。

21. 摄像机镜头的视频输出有何特性？

一般用输出信号电压的峰-峰值表示，多为 $1\sim1.2V_{p-p}$，即 $1\sim1.2$ 倍峰-峰值，且为 75Ω 复合视频信号，采用 BNC 接头。

22. CCD 靶面尺寸有哪些？

常见的 CCD 摄像机靶面大小分为：

1in——靶面尺寸为宽 12.8mm×高 9.6mm，对角线 16mm。

2/3in——靶面尺寸为宽 8.8mm×高 6.6mm，对角线 11mm。

1/2in——靶面尺寸为宽 6.4mm×高 4.8mm，对角线 8mm。

1/3in——靶面尺寸为宽 4.8mm×高 3.6mm，对角线 6mm。

1/4in——靶面尺寸为宽 3.2mm×高 2.4mm，对角线 4mm。

CCD 摄像机靶面小，将能降低成本，因此 1/3in 及以下的摄像机将占据越来越大的市场份额。

23. 摄像机的其他指标还包括哪些？

除了上述几种技术指标外，摄像机的供电电源分为直流和交流两种供电形式，常见的交流供电电压有 220V、110V 和 24V，直流供电电压为 24V、12V 和 9V。摄像机与镜头接口形式有 C/CS 型之分。扫描制式基本有两种：PAL-B 和 NTSC。

另一个值得重视的指标是同步方式。现代的 CCD 摄像机，大多采用相位可调线路锁定的同步方式，即以交流电源频率（50Hz）作为用于垂直同步的参考值而代替了摄像机的内同步发生器。在切换摄像机输出时，图像无滚动，不会造成画面失真。此外还有一个外部调整的相位控制（+90°），所以可获得非常精确的同步。

24. 镜头应如何选择？

镜头是电视监控系统中不可缺少的部件，它与摄像机相配合使用。

根据实际使用的场合，选择不同变焦范围的镜头。如果用于摄取会议画面，通常必须选择短焦距的变焦镜头，有利于摄取广角画面。如果用于摄取室外画面，进行远距离摄像，易选择长焦距的变焦镜头。如果在小范围室内使用，则应选择固定焦距镜头。在选择镜头时，还应考虑所拍摄场景的光线强度变化，从而考虑选择自动或手动光圈镜头。

25.　镜头的光学特性有哪些？

镜头的光学特性主要包括成像尺寸、焦距、相对孔径和视场角等。

一般来说，镜头的焦距长时，视角就小，反之就大。根据被监视目标的视场大小及距离来选择镜头的焦距，特给出焦距的计算公式如下：

$$f = vD/V$$
$$f = hD/H$$

式中　f——镜头的焦距，mm；

v——被测物体的高度；

h——被测物体的水平宽度；

D——到镜头的距离；

V——靶面成像的高度；

H——靶面成像的水平高度。

ALC 表示测光调节，如画面出现极高的对比度时，则需要 ALC 自动调节。

LEVEL 表示灵敏度调节，可将输出的图像变得较明或者较暗。

根据以上公式，可以计算出被测物体需要多大的镜头。另外，摄像机 CCD 芯片靶面规格常见的有以下几种，如表 2-1 所示。

表 2-1　摄像机 CCD 芯片靶面规格（选配镜头时要与之相对应）

靶面规格	1in	2/3in	1/2in	1/3in
V	9.6 mm	6.6mm	4.8mm	3.6mm
H	12.8mm	8.8mm	6.4mm	4.8mm

26.　变焦镜头的镜头类别有哪些？

标准镜头：视角 30°左右，1/2in 12mm；1/3in 8mm。

广角镜头：视角 90°以上，1/2in 6mm；1/3in 4mm。

远摄镜头：视角 20°以内，1/2in 12mm；1/3in 大于 8mm。

目前市场上流行的摄像机其 CCD 芯片以 1/3in 为最多。

27. 镜头的种类及安装方式分别有哪些？

镜头的种类有：固定光圈定焦镜头、手动光圈定焦镜头、自动光圈定焦镜头、手动变焦镜头、针孔镜头等。镜头的安装方式有 C 型接口安装和 CS 型接口安装两种。

28. 摄像机镜头以镜头安装方式分类有几种？

与普通照相机所用卡口镜头不同，所有摄像机的镜头均是螺纹口的，CCD 摄像机的镜头安装有两种工业标准，即 C 安装座和 CS 安装座。两者之螺纹部分相同，都是 1in 32 牙螺纹座，直径均为 25.4mm。不同之处在于 C 安装座从镜头安装基准面到焦点的距离是 17.526mm；CS 安装座从镜头安装基准面到焦点的距离则为 12.5mm。如果要将一个 C 安装座镜头装到一个 CS 安装座摄像机上，则需要使用镜头转换器，即 C/CS 调节圈。

29. 摄像机镜头以镜头视场大小分类有几种？

标准镜头：视角 30°左右，当镜头焦距近似等于摄像靶面对角线长度时，则定为该机的标准镜头。在 2/3in CCD 摄像机中，标准镜头焦距定为 16mm，在 1/2in CCD 摄像机中，标准镜头焦距定为 12mm，在 1/3in CCD 摄像机中，标准镜头焦距定为 8mm。

广角镜头：视角 55°以上，焦距可小到几毫米，能提供较宽广的视景。

远摄镜头：视角 20°以内，焦距可达几十厘米、几十分米，这种镜头可在远距离情况下将拍摄的物体影像放大，但观察范围将缩小。

变焦镜头：又称伸缩镜头，有手动变焦和电动变焦两类，可对所监视场景的视场角及目标物进行变焦距摄取图像，适合长距离变化观察和摄取目标。变焦镜头的特点是：在成像清晰的情况下，通过镜头焦距的变化来改变图像大小与视场大小。

针孔镜头：镜头端头直径仅几毫米，可隐蔽安装。针孔镜头或棱镜镜头适用于有遮盖物或有特殊要求的环境中，此时标准镜头或容易受损、或容易被发现，采用针孔镜头或棱镜镜头可满足类似特殊要求，比如在工业窑炉及精神病院等场所。

30. 摄像机镜头以镜头光圈分类有几种？

镜头有手动光圈和自动光圈之分，手动光圈镜头适合于亮度变化较小的场所，自动光圈镜头因光照度发生大幅度变化时，其光圈亦作自动调整，可提供必要的动态范围，使摄像机产生优质的视频信号，故适合于亮度变化较大的场所。自动光圈有两类：一类是通过视频信号控制镜头光圈，称为视频输入型，另一类是利用摄像机上的直流电压直接控制光圈，称为 DC 输入型。

31. 摄像机镜头从镜头焦距上分类有几种？

短焦距镜头：因入射角较宽，故可提供一个较宽阔的视景。

中焦距镜头：即标准镜头，焦距的长度视 CCD 靶面尺寸而定。

长焦距镜头：因入射角较窄，故仅能提供一个狭窄的视景，适用于远距离监视。

32. 焦距和视场角的关系是什么？

焦距是从透镜中心到一个平面的距离，在此平面可产生一个目标物之清晰影像，通常用焦距值 f 表示。镜头焦距 f、镜头到目标的距离 D、视野 HV 之间的关系如图 2-4 所示。

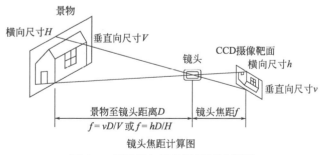

图 2-4　摄像机与被监视目标计算图

由此可知，镜头的焦距与视场角的大小成反比，即焦距越长，视场角越小；焦距越短，视场角越大。

33. 相对孔径和光圈的指标有哪些？

镜头的相对孔径是镜头的入射瞳 d 与焦距 f 之比，它是决定镜头通光能力的重要指标。一般以其倒数形式 $F = f/d$ 表示，即光圈数。F 值越小，表示光圈越大，即相对孔径越大，到达 CCD 靶面的通光量越大。每个镜头上均标有其最大的 F 值，如 6mm/F1.4 表示镜头焦距 f 为 6mm，最大孔径为 4.29mm。由于像面照度与相对孔径的平方成正比，所以要使像面照度增大一倍，相对孔径就应是原来的 $\sqrt{2}$ 倍。因此，每挡光圈数相差 $\sqrt{2}/2$ 倍。在镜头的标环上常标有 1.4、2、2.8、4、5.6、8、11、16、22 等挡。

另一个值得注意的是景深问题，所谓景深是指摄像机通过镜头，除了能把一定距离的景物清晰成像外，还可使该景物前后一定范围内的景色亦清楚地呈现在画面上，这段范围叫作景深。镜头的景深与焦距、光圈及物距有关，焦距越短景深越长，光圈越小景深越大，物距越近，景深越小。

34. CCD 摄像机的选用原则是什么？

CCD 摄像机与镜头的选用原则是根据使用场合、监视对象、目标距离、安装环境及监视目的来选择所需的摄像机和镜头。

一般来讲，在保证摄像系统可靠性及基本质量的前提下尽可能采用中低档次的摄像机和镜头，这一方面可以节省投资，另一方面，通常档次越高的设备由于其造价较高产量必然较少，故相对来说可靠性指标比之中低档产品要低，而维护使用的费用及技术水平却要求较高。作为电视监控系统不能像电视台那样配备水平较高的专业技术人员，因操作人员水平的限制，高档次设备得不到高质量画面的例子是屡见不鲜的。

彩色摄像机能辨别出景物或衣着的颜色，适合观察和辨认目标细节，但造价较高，清晰度较低，若进行宏观监视，目标场景色彩又较为丰富，则最好采用彩色摄像机。从技术发展来看，彩色摄像机应用比重越来越大。

黑白摄像机清晰度较高，灵敏度也高于彩色摄像机，但没有色彩体现，所以在照度不高、目标没有明显的色彩标志和差异，同时又希望较清晰地反映出目标细节的条件下，应选用黑白摄像机。

球形摄像机，是科学技术发展渗透到安全防范领域的代表作之一，它是集 CCD 摄像机、变焦镜头、全方位云台及解码驱动器于一体的新型摄像系统，其在性能方面已实现了云台的高速及无级变速运动、镜头变焦及光圈的精确预置、程序式的多预置设定，甚至运动过程中的自动聚焦功能，从而使摄像系统具备自动巡视和部分自动跟踪功能，从单纯的功能型向智能型转变。

球形摄像机近年来被广泛地应用在宾馆、医院、娱乐场所、营业场所及室外等领域，尤其是行为与场景需要特别关注之处。

带视频移动检测报警功能的摄像机应用在银行、博物馆、军事重地等领域，具有更有效、更完美的优势。

35. CCD 摄像机与镜头的配合原则是什么？

在选择 CCD 摄像机与镜头的配合时，首先要明确机械接口是否一致，尽量选用同一种工业标准的接口，以免给安装带来麻烦。其次要求镜头成像规格与摄像机 CCD 靶面规格一致，即镜头标明的为 1/3in，则选用摄像机的规格也应为 1/3in，否则不能相互配合。例如：使用 1/3in 的摄像机，还勉强可以装备 1/2in 镜头，此时摄像系统显现的视场角要比镜头标明的视角小很多；但反过来把 1/2in 镜头用于 2/3in 摄像机时，则图像就不能充满屏幕，图像边缘不是发黑就是发虚。

当确定了摄像点位置后，就可根据监视目标选择合适的镜头了。选择的依据是监视的视野和亮度变化的范围，同时兼顾所选摄像机 CCD 靶面尺寸。视野决定使用定焦镜头还是变焦镜头，变焦选择倍数范围。亮度变化范围决定是否使用自动光圈镜头。

无论选用定焦镜头还是变焦镜头都要确定焦距，为了获得最佳的监视效果，一般都应根据工程条件进行计算，根据计算结果选用标称焦距的镜头，当标称焦距镜头的焦距与计算结果相差较大时，应调整摄像机的安装位置，再核算直至满意为止。摄像机与被监视目标计算图如图 2-4 所示，公式为：

$$f = vD/V$$

式中　f——计算焦距；

　　　V——视场高；

　　　v——像场高（即 CCD 靶面高）；

21

D——物距。

例如：某 CCD 摄像机采用 1/3in 靶面，用以监视商场收银台，有效范围为 2m×2m，摄像机安装于距收银台 7m 处，该摄像机需配多大焦距镜头？

利用上式有：$v=3.6mm$，$V=2m$，$D=7m$

因此：$f=3.6×7÷2=12.6mm$

故可采用标称焦距为 12mm 的定焦镜头。变焦镜头焦距的计算与定焦镜头一样，只要最大和最小焦距能满足视野要求即可。

一般来说，监视固定目标应该选用定焦镜头。对于具有一定空间范围，兼有宏观和微观监视要求，需要经常反复监视但没有同时监视要求的场合，宜采用变焦镜头并配合云台，否则尽量采用定焦镜头。在需要秘密监视或特殊应用场合，针孔（棱形）镜头可轻而易举地达到监控目的。

36. 镜头驱动方式有几种？

镜头驱动方式有：DC、Video 两种。Video 是将一个视频信号及电源从摄像机输送到透镜来控制镜头上的光圈。视频输入型镜头包含有放大器电路。

37. 常用摄像机外形结构接口功能分别是什么？

常用摄像机结构及接口功能如图 2-5 所示。

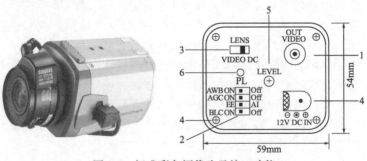

图 2-5　标准彩色摄像头及接口功能

1—视频信号输出插座（BNC）；2—功能设置开关（拨码开关）；AWB—自动白平衡开关；AGC—自动增益控制开关；EE/AI—电子曝光与自动光圈镜头驱动；BLC—逆光补偿；3—自动光圈镜头驱动方式切换开关；4—DC12V 或24V 电源插座；5—电平调节电位器；6—通电指示灯

38. 常用室外摄像机外形结构及接口功能分别是什么？

常用室外摄像机外形结构及接口功能如图 2-6 所示。

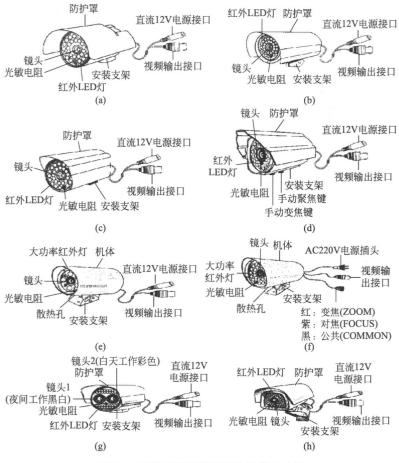

图 2-6　室外摄像机外形结构及接口功能

39. 常用部分摄像机的技术资料是什么？

常用部分摄像机的技术资料见表 2-2。

表 2-2   常用部分摄像机的技术资料

型号	产地	规格	清晰度	最低照度	信噪比	电源	备注
VC-823D	合资威视	彩色 1/3CCD	480 线	1.01lx	>48dB	DC12V	
SK-882	日本山口	彩色 1/3CCD	420 线	1.51lx	>46dB	DC12V	
SCC-100P	韩国三星	彩色 1/3CCD	330 线	0.71lx	>46dB	AC220V	
SCC-302P	韩国三星	彩色 1/4CCD	330 线	2lx	>46dB	AC220V	数字信号处理屏幕显示菜单
CV-151	德国	黑白 1/2CCD	600 线	0.051lx	>50dB	DC12V	
AVC-371	台湾	黑白 1/3CCD	400 线	0.21lx	>46dB	DC12V	带音频

现在还有一种新型半球一体化摄像机，将小型摄像机、镜头、云台、话筒放在一个透明的半球形防护罩内，更方便了安装调试。

表 2-3 为此类摄像机的部分型号、性能对照表。

表 2-3   新型半球一体化摄像机的部分技术资料

型号	产地	规格	清晰度	镜头	最低照度	信噪比	电源
VC-813D	合资威视	彩色 1/4CCD	380 线	3.6（6m/8m）	2lx	>48dB	DC12V
SCC-641P	韩国三星	彩色 1/4CCD	420 线	22 倍光学变焦 10 倍电子变焦	0.021lx	>48dB	AV24V
WV-CS300	日本松下	彩色 1/2CCD	430 线	10 倍光学变集	3lx	>46dB	AC24V

还有一类使用 CMOS 作为光电转换器件，称单板机，由于体积小、价格低，在可视门铃、数字照相机、伪装偷拍等方面用得较多。

40. 红外灯有何作用？

监控系统中，有时需要在夜间无可见光照明的情况下对某些重要的部位进行监视。一个好的解决方案就是安装红外灯作辅助照明。监视现场具有红外灯辅助照明，即可使 CCD 摄像机正常感光成像，能在全黑和夜间状态下像白天那样清晰地看到人、景、物，而人眼是察觉不到监视现场有照明光源的。

对于彩色 CCD 摄像头，对红外线响应不够，有一些日夜两用彩色摄像头在夜间会自动转换成黑白模式。所以，如监控系统要求夜间使用，一定要采用黑白 CCD 摄像头。红外灯有室内、室外、短距离和长距离之分，一般常用室内 10～20m 范围的红外灯，由于墙壁的反射，图像效果不错；用在室外长距离的红外灯效果就不会很理想，而且价格昂贵，一般不要采用。

41. 红外灯有哪些主要参数？

红外灯主要参数为：有效距离 15m；输入电压 AC130～260V；中心波长 850nm；发射角（水平、垂直）70°。

摄像机的连接如图 2-7 所示。

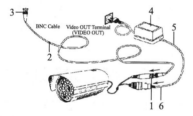

1—视频输出端子；2—75Ω同轴视频线；3—视频输入端子；
4—直流变压器；5—直流电源线；6—直流电源输出端

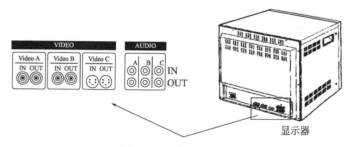

图 2-7　摄像机连接图

42. 防护罩的功能是什么？

防护罩是使摄像机在有灰尘、雨水、高低温等情况下正常使用的防护装置，分为室内和室外型。室外防护罩一般为全天候防护罩，即无论刮风、下雨、下雪、高温、低温等，都能使摄像机正常工作。常见的防护罩外形如图 2-8 所示。

半球形室内防护罩

雨刷器
带雨刷器的防护罩

防爆防护罩
防爆云台
底座
云台台面
防爆云台及防爆防护罩的外观

图 2-8　常见的防护罩外形

43.　防护罩的电气原理是什么？

室外防护罩的自动加热、吹风装置实际上是由一个热敏器件配以相应电路完成温度检测的。当温度超过设定的限值时，自动启动降温风扇；当温度低于设定的限值时，自动启动电热装置（一种内置电热丝的器件）；当温度处于正常范围时，降温及加热装置均不动作。

44.　防护罩控制电路原理图是如何连接与工作的？

图 2-9 和图 2-10 分别为两种不同接法的室外全天候防护罩控制电路原理图。其中 S_1 为低温温控开关，当防护罩内温度低于设定值时，开关 S_1 闭合，220V 的交流电压加于加热板内的电热丝两端，使防护罩内升温；同理，S_2 为高温温控开关，当防护罩内温度高于设定值时，开关 S_2 闭合，整流器 UR 输出的直流 12V 电压加到降温风扇 MC 两端，使防护罩内降温。

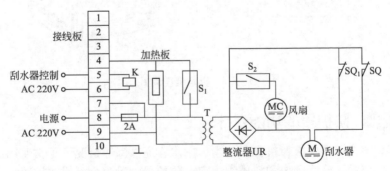

图 2-9　室外全天候防护罩控制电路原理图（一）

26

在图 2-9 中，K 为刮水器控制继电器，当通过接线板的 5、6 端子向继电器提供 220V 的交流电压时，继电器 K 吸合，整流器 UR 输出的直流 12V 电压经 K 的联动开关 SQ_1 加到刮水电动机两端，刮水器工作。这里，与 SQ_1 并联的开关 SQ 为刮水器自动停边行程开关，且初始状态受刮水器臂的挤压为开路状态。当 SQ_1 闭合使刮水器工作时，由于刮水器臂的移开使 SQ 恢复为闭合状态。当控制电压断开后，由于行程开关 SQ 仍处于闭合状态使得刮水器继续工作，直至刮水器臂运行到起始位置并挤压行程开关 SQ 至开路状态时才断开刮水电动机的电源，从而实现自动停边功能。

图 2-10 的工作原理与图 2-9 是一样的，但它的刮水器是通过开关量来控制的，即其接线板的 1、5 端子直接与控制器或解码器的开关量输出端口相接。当 1、5 端子接收到短路信号时，即可启动刮水器。应当注意的是，这种接法的防护罩千万不能与电压输出型的控制器辅助输出端口相接。

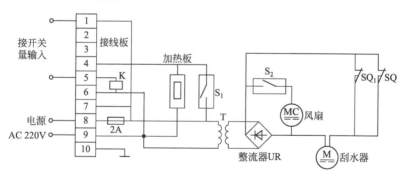

图 2-10　室外全天候防护罩控制电路原理图（二）

由以上分析可知，控制器或解码器的辅助控制输出端的性质，一定要与防护罩刮水器的驱动要求相匹配，否则可能烧毁继电器。

45. 电动云台的功能是什么？

电动云台是承载摄像机进行水平和垂直两个方向转动的装置。它的应用，增大了摄像机的拍摄视角和监控范围，提高了电视监控的防范能力。电动云台内装有两个电动机，一个负责水平方向的转动，转角一般为 0°～350°；另一个负责垂直方向的转动，转角最大为 90°。

水平及垂直转动角的大小可以通过限位开关进行设定调整。云台分室内、室外两种，室内云台承重较小，为1.5～7kg，没有防雨功能；室外云台承重较大，为7～50kg，有防雨功能，同时电动机有防冻加温功能。室内云台一般使用24V交流电，也有用直流电的小型云台，室外云台多使用220V交流电。云台多数用线连接控制，固定部位与转动部分之间有软螺旋线保护连接。

46. 云台的基本结构是什么？

云台的种类较多，其外形结构不尽相同，机械传动机构也不完全一样，但它们的电气原理是一样的，即都是在加在不同端子上的交流控制电压的驱动下，由云台内部的电动机通过机械传动机构带动云台台面向指定方向运动，并因此使台面上的摄像机随云台台面一起转动，从而实现对大范围场景的扫描监视或对移动目标的跟踪监视。

47. 什么是水平云台？

水平云台也叫扫描云台，多数限于室内应用环境，少量用于室外环境，如图2-11所示。驱动电动机是云台的核心部件，由于要做正反两个方向的运动，因此，驱动电动机一般都有两个绕组，可绕于一体，也可分别绕制，其中一组控制电动机做正向转动，另一组则控制电动机反向转动。接线时应按照使用说明接线以实现正反转。

图2-11所示为云台外形结构。

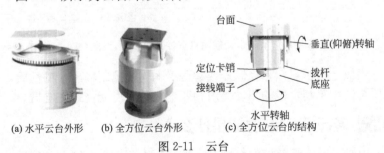

(a) 水平云台外形　　(b) 全方位云台外形　　(c) 全方位云台的结构

图2-11　云台

48. 什么是全方位云台？

全方位云台又叫万向云台，不仅可以水平转动，还可以垂直转

28

动，因此，它可以带动摄像机在三维立体空间对场景进行全方位的监视。

全方位云台与水平云台相比，在云台的垂直方向上增加了一个驱动电动机，该电动机可以带动摄像机座板在垂直方向±60°范围内做仰俯运动。由于部件增多，全方位云台在尺寸与重量上都比水平云台大，图 2-12 所示为一种室内全方位云台的外形结构图。图中的定位卡销由螺钉固定在云台的底座外沿上，旋松螺钉时可以使定位卡销在云台底座的外沿上任意移动。当云台在水平方向转动且拨杆触及到定位卡销时，该拨杆可切断云台内的水平行程开关使电动机断电，而云台在水平扫描工作状态时，水平限位开关则起到转动换向的作用。

(a) 室内全方位云台外形　　　　　　(b) 内部结构

图 2-12　室内高速全方位云台及内部结构

49.　云台控制器有几种？

云台控制器分为水平云台控制器和全方位云台控制器两种，它的输出控制电压有 24V、110V、220V 三种。

50.　云台控制器的电路原理是什么？

云台控制器具有单路和多路之分，其中多路控制器实际上是将多个单路控制器做在一起，由开关选择各路数，共用控制键。控制器的电压输出主要有 24V 和 220V 两种，分别用于对 24V 或 220V 云台进行控制。图 2-13 所示为单路全方位云台控制器原理图。

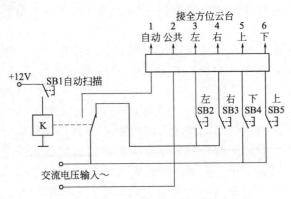

图 2-13　单路全方位云台控制器原理图

在图 2-13 中，SB1 为自锁按钮开关，用于云台自动扫描或手动控制扫描的状态切换；SB2、SB3、SB4、SB5 均为非自锁按钮开关，用于向云台的对应端子输出控制电压。控制器的输出端口 2 为公共端，直接与交流电压的一个输入端与零线端相连，而其输出端口 5 和输出端口 6 分别对应云台的上、下运动控制，则分别在 SB4 或 SB5 按钮被按下时才会与交流电压的另一个输入端（火线端）相连，从而使云台实现向上或向下运动。当自动扫描按钮 SB1 处于正常状态时，继电器 K 不吸合，则 SB2、SB3 通过继电器 K 的常闭触点后，与 SB4、SB5 按钮一样也与交流电压的另一个输入端（火线端）相连，使得在按下 SB2 或 SB3 按钮后，可将交流电压输出到控制器的输出端口 3 或 4（分别对应云台的左、右运动控制），从而使水平云台做向左或向右方向的旋转。一旦自动扫描按钮 SB1 被按下，继电器 K 便吸合工作，从而使交流电压的火线端通地继电器 K 的吸合触点加到控制器的输出端口 1（对应云台的自动扫描控制），使水平云台自动扫描运动。此时，SB2 或 SB3 按钮的通路被继电器 K 切断，不再起作用。

51. 云台镜头控制器的功能是什么？

在实际应用中很少有单独的镜头控制器出现，云台镜头控制器不仅可控制云台，还可控制电动镜头，电动镜头的控制电压一般为直流 6～12V。

52. 解码器的功能是什么？

解码器为闭路电视监控系统的前端设备，它一般安装在配有云台及电动镜头的前端摄像机附近，并通过多根控制线（通常云台需 6根、镜头需 4 根、辅助开关需 1～4 根）与云台、电动镜头及其他外接设备连接，用于向这些设备输出控制电压或开关量，另有一对通信线直接连到系统主机，用于接收主机的指令，还可以向主机返送报警信号。有时，为了防止室外恶劣环境的侵蚀，解码器也可以安装在距室外摄像机不太远的室内（室内解码器的成本通常比室外解码器低）。在某些特殊场合，当摄像机与监控室相距不太远时，也可以将解码器直接放在中控室内的系统主机旁，但通信线及控制线的连线方式均不变。

53. 解码器的原理图如何构成？

图 2-14 示出了解码器的原理图。由图可见，解码器也是一个基于 CPU 的控制系统，不过在实际应用中，该 CPU 通常都由单片机（MCS-51 系列单片机）来取代它接收系统主机的控制指令，对其译码并执行主控端要求的动作。

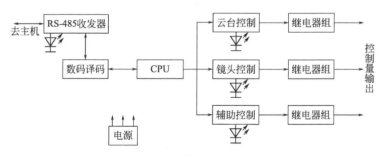

图 2-14　解码器原理框图

通用型解码器支持多种监控系统主机的多种协议。这种解码器通常有一个用于选择通信协议的拨码开关（通常是 1～4 位，可选择4～16 种不同的通信协议），当需要与某个品牌的系统主机配合使用时，只需将解码器的协议选择拨码开关设置到那个系统主机支持的通信协

议上，并按要求设定自身地址编号（即 ID 号），即可将解码器并入该系统中使用。

除了可能有的协议选择拨码开关外，每个解码器上都有一个 8～10 位的地址拨码开关，它决定了该解码器的编号，因此，在使用解码器时首先必须对该拨码开关进行设置，在一个系统中，每个解码器的地址是不能重复设的。

提示：为了工程调试上的方便，解码器大多有现场测试功能（其内部设置了自检及手检开关，该开关有时与上述 ID 拨码开关多工兼用）。当解码器通过开关设置工作于自检及手检状态时，便不再需要远端主机的控制。其中，在自检状态时，解码器以时序方式轮流将所有控制状态周而复始地重复，而在手检状态时，则通过 ID 拨码开关的每一位的接通状态来实现对云台、电动镜头、刮水器及辅助照明开关工作有关方面的调整。例如，通过手检使云台左右旋转，从而确定云台限位开关的位置。这种现场测试方式实际上是将解码器内驱动云台及电动镜头的控制电压直接经手检开关加到了被测的云台及电动镜头上。

54. 解码器的工作流程是什么？

由上述功能需要可见，解码器加电后始终工作于受命状态，它会根据自身的初始设置正确响应系统主机传来的控制指令。图 2-15 给出了解码器 MCU 的工作流程（未包括报警检测及回传部分）。

对某些系统来说，在解码器的安装调试过程中，还要用一个类似万用表式的现场调试器去检测解码器的功能。该调试器的内部有微处理器及通信芯片，并固化有与大系统主机完全相同的通信控制协议。因此它实际上是一个简单的单片应用系统，可以从其串行通信端口发出支持解码器控制协议的串行指令。在使用中，只需用一段通信电缆直接与解码器的串行通信接口端子相连，通过在调试器面板上对相关旋钮，按钮的操作即可完成对解码器所有功能的测试。这种方式不仅能检测解码器的各种输出状态，还可同时检测解码器的通信芯片是否能正常工作。

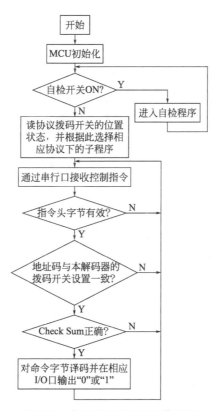

图 2-15 解码器 MCU 的工作流程

55. 电脑控制型解码器如何应用？

在电视监控系统中，如果配备了矩阵主机就必须配备相对应型号的解码器，解码器和矩阵必须同时使用。解码器还有一个很重要的作用，就是使逐级到矩阵之间的控制电缆数量减少到两根。在以前没有矩阵和解码器的电视监控系统中，要想控制一台摄像机及镜头、云台，至少需要九根电缆。

智能型解码器是硬盘录像机配套使用的一种前端控制设备，硬盘录像机通过智能型解码器可实现对云台、镜头、辅助开关等设备的控制。

智能型解码器能装配多种协议的数字硬盘录像机，无须设置协议，解码器能够自动根据内部协议码迅速解码，实现对前端设备的控制。

解码器安装在摄像机及云台附近，它的功能是将总控制台发出的代表控制命令的编码信号（由总线传送的串行数据，支持最为流行的RS-485通信接口兼容多种控制协议）解码还原为对摄像机和云台的具体控制信号，它可以控制的内容有，摄像机的开机、关机，镜头的光圈大小、变焦、聚焦，云台的水平与垂直方向的转动，防护罩加温、降温以及雨刷动作等。

56. 电脑控制型解码器系统如何自检？

按"自检"开关可对云台、镜头功能进行自检控制，自检时，将对每一项进行为时一秒钟的动作，通过自检，可以听到解码器内继电器动作的声音（采用双向晶闸管的控制电路听不到声音），看到主板上LED的闪亮，以及云台镜头的动作，从而方便检测解码器的好坏，及云台、镜头接线是否正确等。

通信协议选择："协议选择"开关是解码器通信协议选择开关，系统最多可提供16种协议供用户选择。需要根据表2-4（注：不同的解码器地址的设置原理基本相同）所列，为系统以及解码器选择一个最合适的协议书，并设定之。

表 2-4　协议及比特率选择表

序号	协议开关 7 8 9 10	通信协议	推荐使用比特率
1	7 8 9 10	PELCO-D	2400
2	7 8 9 10	PELCO-D	2400（普通型）
3	7 8 9 10	PELCO-P	9600
4	7 8 9 10	KRE-301	9600

续表

序号	协议开关		通信协议	推荐使用比特率
	7 8 9 10			
5	 7 8 9 10		CCR-20G	4800
6	 7 8 9 10		SANTAC111	9600
7	 7 8 9 10		LILIN1016	9600
8	 7 8 9 10		LILIN1017	9600
9	 7 8 9 10		KALATEL	4800
10	7 8 9 10		V1200	9600
11	 7 8 9 10		Panasonic	9600
12	 7 8 9 10		RM110	2400
13	 7 8 9 10		YAAN	4800
14	 7 8 9 10			
15	 7 8 9 10			
16	 7 8 9 10			

注：协议选择不正确，解码器将无法正常工作。

57. 电脑控制型解码器的比特率如何选择？

比特率的选择是为了使解码器与控制设备之间有相同的数据传输

速度，比特率选择不正确，解码器无法正常工作，比特率选择见表2-5。

表 2-5　比特率选择表

比特率开关 11　12	比特率	比特率开关 11　12	比特率
11 12	1200	11 12	4800
11 12	2400	11 12	9600

在解码器中，每一种协议均有自己的通信速率（比特率），因此必须按照上表，将系统和解码器的比特率设置正确。例如：系统是PELCO-D，比特率为 2400bps，那么，解码器应选择第 1 项PELCO-D通信协议，比特率选择 2400bps，即协议开关 8～10 为ON，7 为 OFF，（比特率选择开关）11 为 ON，12 为 OFF。

58.　电脑控制型解码器的地址如何设置？

在同一系统中，每一个解码器都必须有唯一的地址码供系统识别。应将解码器的地址设定为与摄像机号码一致。例如：第八台摄像机有云台、镜头，安装有解码器，那么，应将解码器的地址设定成八。

有些系统地址是从 0 开始的，如天地伟业、天大天财矩阵系统和IDRS 数字硬盘录像系统等，若遇此情况应将解码器的地址设置成从0 开始。即第一台摄像机所接的解码器地址设为 0，其他依此类推。

解码器多采用二进制拨码开关来设置解码器的地址，共有六位，最多可设定 64 个地址，表 2-6 为地址和拨码对照表，供用户参考。

表 2-6　解码器地址表

地址	地址开关	地址	地址开关	地址	地址开关
0	ON 1 2 3 4 5 6	1	ON 1 2 3 4 5 6	2	ON 1 2 3 4 5 6

续表

地址	地址开关	地址	地址开关	地址	地址开关
3		18		33	
4		19		34	
5		20		35	
6		21		36	
7		22		37	
8		23		38	
9		24		39	
10		25		40	
11		26		41	
12		27		42	
13		28		43	
14		29		44	
15		30		45	
16		31		46	
17		32		47	

续表

地址	地址开关	地址	地址开关	地址	地址开关
48	ON ■■■■■■ 1 2 3 4 5 6	54	ON 1 2 3 4 5 6	60	ON 1 2 3 4 5 6
49	ON 1 2 3 4 5 6	55	ON 1 2 3 4 5 6	61	ON 1 2 3 4 5 6
50	ON 1 2 3 4 5 6	56	ON 1 2 3 4 5 6	62	ON 1 2 3 4 5 6
51	ON 1 2 3 4 5 6	57	ON 1 2 3 4 5 6	63	ON 1 2 3 4 5 6
52	ON 1 2 3 4 5 6	58	ON 1 2 3 4 5 6		
53	ON 1 2 3 4 5 6	59	ON 1 2 3 4 5 6		

地址计算方法（以下是开关状态在 OFF 时的值）：

开关：　　 1　 2　 3　 4　 5　 6

对应的值：1　2　4　8　16　32

地址号等于开关所对应的值相加。

59. 解码器如何连接？

解码器采用 RS485 通信方式，"485＋"和"485－"为信号接线端，"GND"为屏蔽地，它们需与主控设备对应连接，如图 2-16 所示。

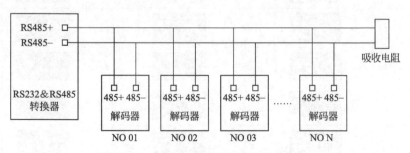

图 2-16　RS485 多个解码器连接示意图

　　RS485 设备至解码器之间采用二芯屏蔽双绞线相连，连接电缆的最远累加距离不超过 1500m，多个解码器连接应在最远一个解码器的数据线两端之间并接一个 120Ω 的匹配电阻或将解码器"终结开关"短接。

　　提示：*架设通信线时，应尽可能地避开高压线路或其他可能的干扰源。*

60. 解码器与云台如何连接？

　　COM：对应云台的公共端 COMMON。

　　U：对应云台的"上"UP。

　　D：对应云台的"下"DOWN。

　　L：对应云台的"左"LEFT。

　　R：对应云台的"右"RIGHT。

　　A：对应云台的"自动"AUTO。

　　提示：*若云台电压为 220V，应将"云台选择开关"拨到 220V 位置，若云台电压为 24V，应将"云台选择开关"拨到 24V 位置。*

61. 解码器与镜头如何连接？

　　COM：对应镜头的公共端 COMMON。

　　O/C：对应镜头的光圈调节。

　　N/F：对应镜头的焦距调节。

　　W/T：对应镜头的变焦调节。

　　提示：*若依此连接，控制位置不对，可根据实际情况自行调整。其中 AUX 为一对常开的辅助开关。*

　　解码器与摄像机电源的连接：将摄像机电源的"＋"与解码器的"12V＋"连接，将摄像机电源的"－"与解码器"12V－"连接即可。

62. 解码器常见故障有哪些？

　　(1) 指示灯不亮，解码器不动作的原因是什么？

　　可能原因：无电源；LED 开关未短接；保险烧坏（此种情形最多，主要是因为错误地连接云台控制线而造成）。

（2）自检正常，但无法控制的原因是什么？

可能原因：协议设定不正确；地址设置不正确；数据线接错；通信线路故障。

（3）自检正常，部分功能控制失效的原因是什么？

可能原因：协议不正确；RS232 与 RS485 转换器故障，或未按 RS485 的布线规则布线。

（4）电源指示灯亮，但自检不起作用的原因是什么？

可能原因：此种情况比较少见，主要原因为自检开关故障。当系统无法自检时，证明此解码器有故障，需要对电路进行检修。

63. 什么是视频信号分配器？

就是指可以将信号电压峰-峰值为 $1\sim1.2V_{p\text{-}p}$，即 $1\sim1.2$ 倍峰-峰值的输入阻抗为 75Ω 的复合视频信号，复制成多路相同数值的 75Ω 复合视频信号输出的设备。

64. 视频分配器的原理是什么？

图 2-17 给出了单路 1 分 4 视频分配器的原理图。由图可见，采用 4 个独立的输出缓冲器可以有效地减少各输出通道间的串扰。

分立元件视频分配器现已很少使用，新型视频分配器则大多以单片或多片集成电路为核心并配以少量周边电路而构成。

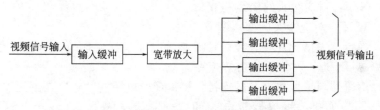

图 2-17　单路 1 分 4 视频分配器的原理图

图 2-18 给出了由单片视频信号分配器 TEA5114 构成的视频信号 3 分配器电路原理图。视频输入信号经 R4、R5 分压后，通过 C2、C3 和 C4 耦合至 IC 内部的 3 路放大器。分压电阻 R4、R5 同时也起到与 75Ω 输入阻抗匹配的作用。输出端串联的电阻 R1、R2 和 R3 分别为各路的输出电阻，以保证整个分配器的各路输出阻抗均为 75Ω。

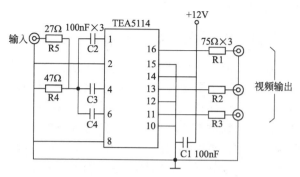

图 2-18　由 TEA5114 构成的视频信号 3 分配器电路原理图

　　当需要将多信号输入视频源的每一路都同时分成多路时，即构成了组分配器，它实质上是将多个单输入视频分配器组合在一起作为一个整体，以减少单个分配器的数量，减小设备体积，降低系统造价，提高系统的稳定性。图 2-19 所示为 8 片集成电路 AD8001 构成的 8 路 1 分 2 视频分配器的原理图。

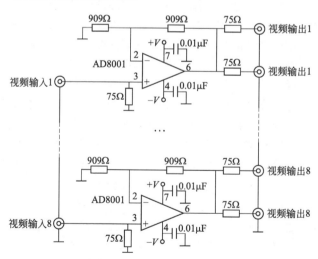

图 2-19　8 路 1 分 2 视频分配器原理图

　　AD8001 为一电流反馈型放大器，在单位增益时具有 800MHz 的带宽，转换速率高达 1200V/μs，通带增益均匀性小于 0.1dB，并可

41

提供 70mA 的驱动电流。

65. 视频分配器的使用及故障排除方法是什么？

视频分配器的使用方法很简单，只要将欲分配的视频信号接到输入端，就可以在多个输出端同时得到相同的视频输出信号，由于进入视频分配器的视频信号都是经宽带放大后再经输出缓冲输出的，这就意味着其后续外接视频设备的输入阻抗不会对视频放大器本身的性能指标造成影响，因此，对没有输出任务的输出端口可空接。在实际工程中，多路 1 分 2 视频分配器的用量较多，因为它可以将多台摄像机的信号分成两组，一组进入视频矩阵主体，利用其后面板上的视频环路输出功能将输入给该矩阵主体的视频信号再环路输出，这样就可以省去视频分配器了。但是，如果系统需要将信号分成 3 组以上，还是需要由多路视频分配器来实现的。

在有些应用场合，有人在进行视频信号的分配时并不使用视频分配器，而是简单地用 T 形 BNC 连接器（俗称"三通"）进行分配，结果虽然也能看到稳定的图像显示，但实际图像质量已经下降，特别是在电缆长度较长的监控系统中，通过这种无源"三通"进行分配会使图像的稳定性受到影响：单路信号可能使图像稳定地显示，而分为两路信号后则每一路图像信号的显示都不能稳定了。实际上，如果通过示波器来观察信号，经"三通"分配后的视频信号的幅度与分配前相比有了较大的衰减。因此，在实际工程中，即使信号经"三通"分配后可以在监视器上稳定地显示，也不推荐这种信号分配方式，而是应通过视频分配器或视频环路输出来提供多路信号源。

如果视频分配器的分配路数有限，也可将多个分配器串联使用，即将第一级分配器的输出再输入到第二级分配器进行分配，这样即可实现 1 路变 2 路，2 路变 4 路等。不过，由于每经过一次分配，信号都会受到一定的损失，因此原则上不推荐分配器的级联使用，当现有分配器的输出路数不够时，建议换用多输出的分配器。由于分配器的电气原理很简单，因此，分配器出现故障的概率也很小。除了可能出现电源故障外，其他故障可以根据电路原理图进行排查。

提示：由于视频分配器（特别是多输入视频分配器）的输出端口较多，后面板各 BNC 座之间的距离较小，因而用 BNC 连接器进行连接时往往不太方便，很容易出现某几路输出无信号的现象，故障原因为是线缆与分配器的连接端子（BNC 头/座）接触不良。因此，在实际工程中要特别注意 BNC 连接器的质量。

66. 视频切换器有几种？

普通视频切换器分为无源和有源两大类，其中无源切换器属早期产品，很少应用。市面上能够见到的绝大多数视频切换器都是采用通用多路模拟开关集成电路或专用视频切换集成电路构成的有源切换器。

图 2-20 示出了由通用模拟开关集成电路 CD4052 构成的 4 路有源视频切换器原理图，其中 SB1～SB4 为四位互锁开关，射极跟随器 VT 将 CD4052 的输出经缓冲后从 Vout 送出。

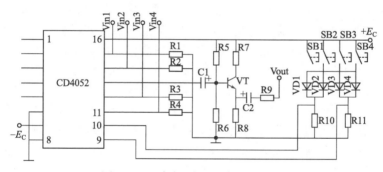

图 2-20　4 路有源视频切换器原理图

由图 2-20 可见，当 SB1～SB4 的不同按键分别按下时，可以使 CD4052 的 9、10 脚分别对应于 00、01、10、11 四种状态，从而在 CD4052 的输出为 Vin1、Vin2、Vin3 或 Vin4 中的任意一路输入信号，该信号经 VT 隔离后在 Vout 端输出。

图 2-20 电路实际上使用了半片 CD4052，由于 CD4052 内部具有两个结构一样的 4 选 1 切换器，因此也可以用其中的一个作视频切换，而用另一个作音频切换，组成一个视、音频同步切换的 4 选 1 切换器，也可以将两部分并联使用组成双 4 路视频切换器。

为了使图 2-20 所示的视频切换器具有自动切换功能，必须使 CD4052 的 9、10 脚自动地、周而复始地重复 00、01、10、11 等 4 种

状态。这 4 种状态可以由单片机来实现，对于简单的切换器，这 4 种状态也可以由模拟计数器来完成。

67. 视频信号放大器的功能是什么？

在闭路电视监控系统中，视频信号放大器的功能是弥补视频信号长距离传输而造成的信号衰减，视频信号放大器可以对视频信号进行补偿，因此可以起到延长电缆传输距离的作用。

68. 视频信号放大器使用中应注意什么？

需要注意的是，视频放大器的带宽要求较高，理论下限频率为0Hz，上限在率一般要达到 10MHz，而且要求通带平坦，如果视频放大器的带宽不够宽，那么弱信号经放大虽可达到一定的强度，但因其视频部分放大率不够而会导致在监视器上显示的图像略显模糊，图像中景物的边缘不清，高频细节不够。通过补偿，可有效增加同频放大器的带宽，从而使显示的图像质量有所改善。在实际应用中，视频放在器的故障率并不高，但一部分用户对放大的高频补偿原理不太明白，以至于不敢轻易地对放大器的高频补偿电位器进行调节，结果，整个系统可能并未工作于最佳状态。其实，无论是哪种形式的高频补偿调节钮都是可以调整的，并且，在调整过程中要对监视器屏幕上显示的图像质量进行评判，直至图像中景物的边缘最清晰，图像质量达到最佳。还要注意的是，如果一味地调高高频段的增益，图像中景物的边缘可能会补偿过度，产生重影的感觉，此时，应将高频的增益稍稍回调一些。

69. 什么是双工多画面处理器？

双工多画面处理器（画面分割器）既有画面处理的功能（能将几个画面同时显示在一台监视器上），又有采用场消隐技术，按摄像机编码号对整场图像进行编码并复合录制在一台录像机上的功能。

70. 画面处理器分几种？

画面处理器是按输入的摄像机路数，以及能在一台监视器上显示多画面个数，分为四、九、十六画面处理器等。

71. 双工画面处理器的功能是什么？

双工画面处理器的基本功能就是用一台录像机就可以对多路图像信号同时记录，另一个基本功能就是报警自动切换，在进行录像的同时，还能够对各路视频信号进行同屏或轮换监控。

72. 基本的画面分割器原理是什么？

最基本的画面分割器是四画面分割器，另外，双四画面分割器（8 路视频输入信号分为两组，每组 4 个画面同屏显示）、九画面分割器、十六画面分割器等也都曾是闭路电视监控系统的首选设备之一。

无论是哪一种分割方式，画面分割器分割画面的原理都是一样的，下面以四画面分割器为例进行介绍。它可以接受四路视频信号输入，并将该 4 路视频信号分别进行模/数转换、压缩、存储，最后合成为一路高频信号输出，监视器可以在同一个屏幕上同时看到 4 台不同视频信号画面，通过操作控制面板上的相关按键，画面分割器既可以将 4 台摄像机的画面同时在监视器屏幕上显示，也可以单独显示某一台摄像机的画面，而录像机则固定接收由画面分割器输出的 4 个画面组合在一起的视频信号（其输出不受面板按键的控制）。另外，四画面分割器一般还都包括 4 路报警输入及报警联动功能，其中联动的意思是：当连接在报警端口上的某一路报警控测器发生报警时，无论画面分割器原处于何显示方式，都将自动切换到报警画面全屏显示方式，并有蜂鸣器提示，同时输出报警信号去其他受控装置，如触发录像机开始自动录像，或通过继电器打开现场灯光。图 2-21 示出了四画面分割器视频合成部分的原理。

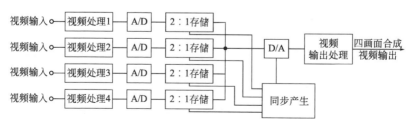

图 2-21　四画面分割器视频合成部分的原理

由图 2-21 可见，4 路视频信号各自经模/数转换后分别在水平和垂直方向按 2∶1 的比率压缩取样、存储，而后各样点在同一时钟驱动下顺序读出，经数/模转换后即可形成 4 路画面合成一路的输出信号。

在实际应用中，四画面分割器并不一定以整机形式出现，因为有些常规视频设备内部就集成了四画面分割器模块（其实是四画面分割器的机芯主板），即形成了多功能监视器。

73. 双四画面分割器的特点是什么？

双四画面分割器可以显示两个四分屏画面，其中每一个四分屏画面对应 4 路视频信号输入。由于双四画面分割器总计可接受 8 路视频信号输入，因而又常被不严格地称为八画面分割器。但是实际上，这种双四画面分割器只具有同时处理 4 路视频信号的能力，它相当于在四画面分割器的 4 个输入端之前先行进行了 8 选 4（每个输入端对应 2 选 1）的成组切换，因而有效视频输入信号的路数仅为 4 个。因此，在监视器屏幕上只能同时显示 4 个小画面，而另外 4 个小画面则只能以翻页的形式在另一屏幕上显示。

有些双四画面分割器也带有录像带的单路回放功能，但它实际上并不是真正意义上的单路回放，而是将双四画面分割器的某两个处于同一显示区域但分别处于不同编组的画面交替重放，如第 1、5 路画面交替或第 3、7 路画面交替显示。只有输入的 8 路视频信号按帧或场间隔进行切换并送往录像机去记录，才能真正选择出单一的回放画面，只是此时画面的重复频率降低，相当于降低于时间分辨率。

74. 画面分割器常见故障如何排除？

在画面分割器中使用的集成电路芯片的数量较多（见图 2-21），并且有些芯片的引脚也很多（有的已上百），电路较复杂，维修难度相对而言也大一些。

在实际应用中，画面分割器的故障形式有多种，既有"硬"故障，也常常会有"软"故障。所以当分割器出现故障时，如果是芯片损坏，自行维修将是极其困难的。因为要将某片上百个引脚的芯片从电路板上取下，没有专用的工具是很不容易的，即便是能够完整地拆下，技术人员也没有备用芯片替换，还是需要将设备返回到厂家维修。如果是内部电源或小的元件损坏，可用代换法修理。

75. 监视器的功能是什么？

监视器用于显示由各监视点的摄像机传来的图像信息，是电视监控系统中的必备设备。对于只有几个监视点的小型电视监控系统，有时只需一台监视器即可，而对具有数十台监视器的大型电视监控系统而言，则需要数台甚至数十台监视器。

76. 监视器分为几类？

监视器主要分为黑白和彩色两大类，黑白监视器的分辨率一般在600～800 线之间，彩色监视器分辨率在 400～800 线之间，监视器的分辨率越高，显示的图像越清晰，而价格也越高，图 2-22 所示为彩色监视器系统框图。

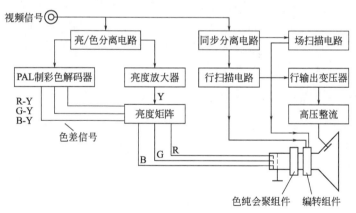

图 2-22　彩色监视器系统框图

77. 硬盘录像机的性能与特点有哪些？

（1）硬盘录像机的保密性　硬盘录像机是由计算机程序来控制的，对使用的图像存储、回放和状态设置均有严格的密码，另外，硬

盘资料如果被拷贝，普通的计算机是无法还原出图像来的，而且就算是本系统也无法对已存储的图像作任何修改。

（2）全双工多画面处理　硬盘录像机可以一边监视图像以便进行图像记录，它有画面处理器的全部功能。

（3）矩阵功能　硬盘录像机有矩阵主要的功能，它可以直接对摄像机镜头、云台等进行控制，控制的同时不影响图像记录和图像监视。

（4）网络传输　硬盘录像机可以通过局域网、广域网、ADSL、电话线等传输图像及控制数据，应用灵活方便。

78. 硬盘录像机按功能可以分为几类？

（1）单路数字硬盘录像机　如同一台长时间录像机，只不过使用数字方式录像，可搭配一般的影像压缩处理器或分割器等设备使用。

（2）多画面数字硬盘录像机　本身包含多画面处理器，可用画面切换方式同时记录多路图像。

（3）数字硬盘录像监控主机　集多画面处理器、视频切换器、录像机的全部功能于一体，本身可连接报警探测器，其他功能还包括：可进行移动侦测，可通过解码器控制云台旋转和镜头伸缩，可通过网络传输图像和控制信号等。

79. 硬盘录像机按解压方式可以分为几类？

数字硬盘录像机又分为硬解压和软解压两大类。硬解压是指由专门设计的电路和单片机晶片内的底层软件完成解压，软解压是指用电脑主机和高级语言编制的软件解压。通过实际工程应用总结，发现硬件压缩和解压比软件更真实可靠，原因是软件方式依赖于成本低廉、机箱庞大的电脑，并非闭路电视领域的专业产品，且使用中很容易死机和资料混乱，所记录的图像也有可能被更改或重新编辑；而硬件方式采用闭路电视领域的专业技术，图像画面具有清晰的压缩和解缩，一旦被记录下来，就不可能被更改。

80. 硬盘录像机性能满足系统要求要注意什么？

选择硬盘录像机（DVR），首先应明确设备用在哪里？是保安监控系统（如楼宇、办公大楼、博物馆等），还是对录像速度要求较高的银行柜员系统？用于保安监控系统的产品，其特点是功能齐全，具备良好的网络传输、控制功能，录像速度较慢，但通过与报警探测器、移动侦测的联动，也能使录像资源分配到最需要的地方。用于银行柜员监控系统中的产品，其特点是录像速度高，每路均可达 25 帧/s（PAL 制），但因其在图像处理上的工作量比前者大得多，故网络等其他功能相对较弱。因此，在不同类型的监控系统中应使用不同类型的硬盘录像机。

数字化设备是一机多能的设备，而不是一机全能的设备。实际应用中经常会遇到用户希望一台设备能解决其全部要求，如十多路同时录像、录音，但事实上，目前电脑软、硬件技术水平基本上无法满足要求，因为电脑的汇流排传输速度、CPU 处理速度和硬盘的刻录速度是有限的，无法同时传输、处理和刻录那么多的资料，除非使用超级电脑，然而如此一来，所花费的价钱相当高，用户是无法接受的。因此，在目前电脑软、硬件技术水平条件下，针对柜员数字录像设备的视频输入路数不能超过八路，否则，电脑的处理能力会跟不上，再不就会产生图像质量无法让人接受的问题。

81. 硬盘录像机经过稳定性验证的表现是什么？

（1）硬件结构 DVR 大多为多路视频输入，硬件可采用多卡或单卡方式。由于 DVR 基本上都是基于 PC 机的，且多以 Windows 为操作平台，因此采用单卡方式集成度高，稳定性会优于多卡方式；有时为了提高性能，如提高录像速度，必须采用多卡方式，但平均而言，使用的采集卡越少越好。此外，设备的散热问题也是需要考虑的因素。

（2）软件编程 必须通过长时间的运行和操作来验证。

DVR 的关键优点之一是无须不断更换存储介质，它会不断刷新新硬盘，将过期资料清除，而将最新资料保存下来，然而，有些 DVR 在进行这项处理时却存在问题。实际上，选择已广泛投入使用且用户反应良好的产品可能是最简单的办法。

（3）适当加挂硬盘 一般来说，DVR 自带硬盘是不够用户使用的。例如，用于银行柜员监控的 DVR，自带最大硬盘容量为 160GB

（这已是目前最大的 IDE 硬盘了），而银行要求图像保存 30 天，录像长度至少 200h，如果使用八路即时 DVR，即使将每帧图像资料量压缩至 2kB，需要的硬盘容量也至少为 300GB，而且将图像资料量压缩至 2kB，图像质量是否可接受还很难说。

82. 硬盘录像机的故障如何排除？

由于硬盘录像机是由硬件及应用软件两大部分构成的，因此其出现的故障也有两大类。不过，在实际应用中，硬盘录像机硬件出现故障的概率并不高，相对地，基于 PC 插卡的硬盘录像机则有时会出现因病毒侵袭而导致的软件故障，如：经常死机、速度明显变慢等故障。

对于基于 PC 及 Windows 操作系统的硬盘录像机，如果出现上述死机故障则一般应首先考虑是否是病毒侵袭，如果经过杀毒后故障消除，则皆大欢喜，否则应考虑计算机硬件和软件问题。

还有一种情况，在少数管理不严格的单位内，监控室的值班人员可能会将硬盘录像机设置于后台录像方式，然后运行 Office 软件进行一些文档操作，甚至有人在机器内安装游戏软件并玩游戏。如果稍有不慎，则很可能因误操作而使录像软件损坏（或被删除），这是必须要注意的。

实际上，对于基于 PC 的硬盘录像机，很多故障可能都是 PC 故障，特别是对于仅购置板卡和软件而自行配置主机的 DVR 来说，很可能会因主板、显卡等 PC 设备的兼容性问题而导致机器经常出现故障，这一点也要特别注意。

83. 简单多分控系统如何应用？

应用场所：多点全方位监控。如选 8 路音、视频输出型，可同时显示八路不同图像，且每路可以滚动显示任何一路图像。根据需要，可以设多个分控键盘，即多个分监控室，由多人同时操作不同路的云台可变镜头，调整某一路云台、镜头时不影响其他七路的操作运行。连接线路如图 2-23 所示。

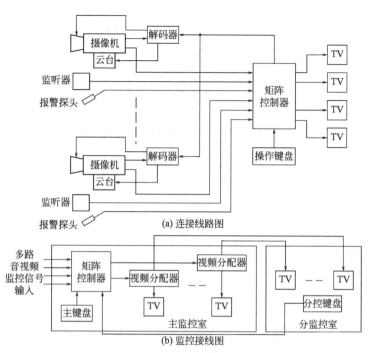

图 2-23　多分控系统接线图

84. 矩阵加多画面多分系统如何应用？

应用场所：如需要节省监视器可采用九画面分割器。采用一台大型监视器显示九画面，一台小监视器显示单一画面。九画面接在矩阵面，可以使九个小画面滚动显示不同图像。当发现情况

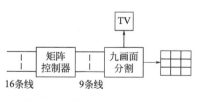

图 2-24　多画面多分系统框图

时，用键盘调出显示在小监视器上仔细观察。超过 16 路以上输入可以选用 16 路输出的矩阵，用两台九画面分割器，加上四台监视器，可直接监控 16 路图像，加上矩阵时间滚动切换，监控目标可以更多。多画面多分系统框图如图 2-24 所示。图 2-25 列举了两套用矩阵控制器构成的监控系统配置框图，仅供参考。

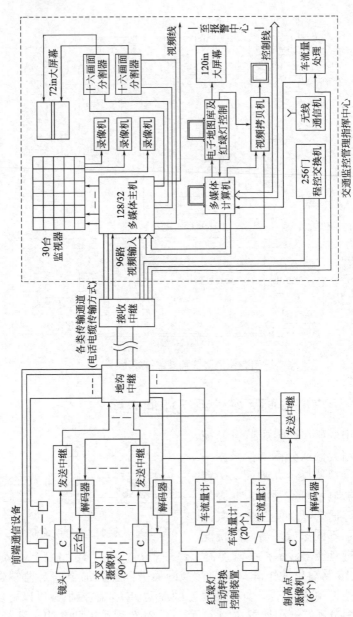

(a) 矩阵加多画面多分系统监控结构成图之一

52

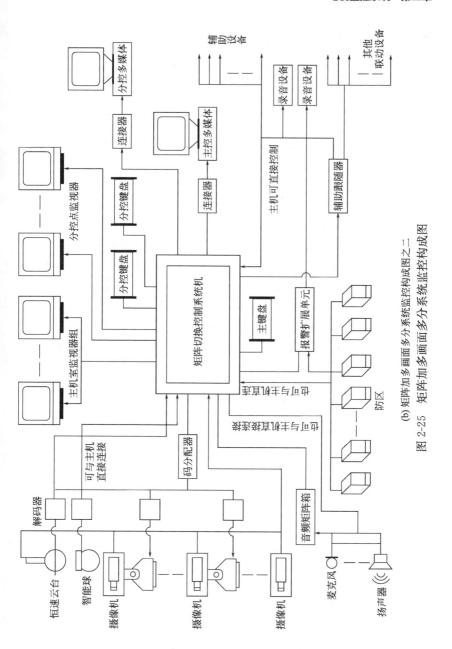

(b) 矩阵加多画面多分系统监控构成图之二

图 2-25 矩阵加多画面多分系统监控系统构成图

53

85. 工频干扰的原因是什么？ 如何排除？

视频传输过程中，最常遇到的是在监视器上产生一条黑杠或白杠，这是由于存在地环路干扰而产生的。其原因是信号传输线的公共端的两头都接地而造成重复接地；信号线的公共端与220V交流电源的零线短路；系统中某一设备的公共端与220V交流电源有短路现象；信号线受到由交流电源产生的强磁场干扰。解决的方法是在传输线上接入"纵向扼流圈"。

86. 木纹干扰的原因是什么？ 如何排除？

在监视器上出现水波纹形或细网状干扰，轻时不影响使用，重时就无法观看了。产生的原因是视频传输线不好，屏蔽性差，线电阻过大，视频特性阻抗不是75Ω，其他参数如分布电容等也不合格。解决方法：施工时选用质量好的线材，或采用"始端串电阻（几十欧）""终端并接电阻（75Ω）"。若仍无法解决，只能采用换线方法；电源不"洁净"，如本电网有大电流、高电压晶闸管设备对本电网干扰较重，可采用净化电源或在线UPS供电解决；附近有强干扰，只能加强摄像机、导线等屏蔽来解决。

87. 系统发生故障的原因及处理方法是什么？

电视监控系统在运行一段时间后，会产生各种故障，如不能正常运行，或达不到设计时的要求，声音图像质量不好，可从以下几个方面查找原因。

（1）电源不正常，电源供电电压过高或过低；供电电路出现短路、断路、瞬间过压。解决方法：功率不大时，可用电源稳压器稳定电压，功率大时，需配专用电缆供电。

（2）线路处理不好，产生短路、断路、线路绝缘不良、误接等。解决方法：安装前应对线路进行测试，对插头、打折点、有伤处等应做标记。

（3）设备连接不正确，阻抗不匹配，接头连接不良，通信接口或通信方式不对。驱动力不够或超出规定的设备连接数量，也会造成一些功能失常。如矩阵主键盘与分控键盘数量，云台与解码器数量等，应按规定要求使用，方能避免发生功能故障。

当连线较多时，要分段测试。有故障应仔细分析，一一排除。

88. 云台常见故障有哪些？ 如何排除？

（1）云台运转不灵或根本不能转动。

原因：安装不当；负荷超过云台承重，造成垂直方向转动的电动机过载损坏；室外温度过高、过低，以及防水、防冻措施不良造成电动机损坏。解决方法是可用同型号新电动机换下损坏电动机。

（2）云台自行动作。

指操作台没有进行操作，也没设置成自动运行状态的故障。原因是外界有干扰，造成某解码器误接收控制信号，造成误动作；操作云台时切换过于频繁而失灵。对应的解决方法是加强解码线屏蔽，滤除不良干扰；操作云台完成后，应停几秒钟，等云台稳定下来后，再切换到下一个云台进行操作。

（3）操作某一云台时，其他云台跟着动（没设分控操作室）。

通常由解码器编码地址相同造成，将错误地址码改正过来即可排除。

89. 操作键盘失灵的原因是什么？ 如何排除？

连接无问题时，有可能是因误操作键盘造成"死机"。解决方法是将矩阵主机进行"系统复位"，看能否恢复正常，如仍无效果，可与厂家联系修理。因矩阵主机是微电脑控制的，一些数据及电路模式已固化在集成电路中，个人修理难度较大。

90. 电动可变镜头无法调节的原因是什么？ 如何排除？

在确定解码器或其他控制器正常的情况下，通常是镜头内连接导线或内部小电动机出现问题。可拆开镜头外壳，修复导线或电动机。

91. 摄像机无图像信号输出的原因是什么？ 如何排除？

可先检查摄像机适配电源。通常是因适配器无 12V 直流电压输

出而造成的。

92. 计算机控制系统如何构成？

普通计算机控制系统主要由电脑主机、视频压缩卡及电脑解码器等构成。利用电脑主机可以对各种功能进行控制，如控制云台、解码器、画面切换、录像控制等。

93. CCR 视频压缩卡的功能是什么？

CCR 视频压缩卡的作用是将多路摄像机送来的视频信号及音频信号进行压缩处理。视频压缩卡有 4 路、16 路等，图 2-26、图 2-27分别为只有视频输入和具有音视频输入的 8 路视频压缩卡。

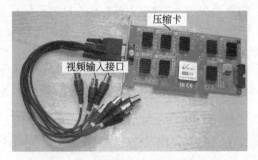

图 2-26　只有视频输入的 8 路视频压缩卡

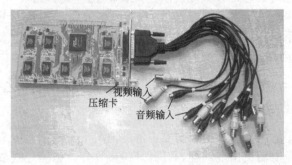

图 2-27　具有音视频输入的 8 路视频压缩卡

94. 采集卡如何安装？

打开机箱，露出主机板和 PCI 插槽。找一个空置的 PCI 插槽，并卸掉其对应的 PCI 挡板。将 CCR 压缩卡的 PCI 接口对齐主机板的 PCI 插槽，然后将其平稳地插入插槽，合上机箱，上好螺钉，接好信号线，完成安装。

提示：在安装板卡和计算机配件时，应断开计算机电源。不要用手直接接触板卡金手指（排扦脚）及其他非绝缘部分，防止接触不良。

95. 多媒体监控系统的组成及特点分别是什么？

多媒体监控系统在监控系统主机的基础上增加了计算机控制与管理功能。它可以对传统监控系统主机外接一台多媒体计算机，使系统的控制与管理由计算机来完成，还可以将具有多种特定监控功能的板卡（如视音频矩阵切换卡、视音频采集卡、视音频压缩卡、通信控制卡、报警接口卡等）直接插入多媒体计算机（工控机）的扩充槽内而形成一体化结构，即标准多媒体监控系统。

图 2-28 所示为简单的多媒体监控系统的结构图，由图可见，该系统的基本结构与传统监控结构类似，但增加了外挂于系统主机的多媒体计算机。该计算机不仅可以对整个监控系统进行控制管理，还可以通过其内置的网卡接入网络。

标准的多媒体监控系统以高性能的多媒体工控机为核心，采用模块化结构，将闭路电视监控系统主控制端的全部设备都集成于一体。另外，该系统还具有友好的人机交互界面和基于局域网/广域网的多级分控能力，因而可以方便地组成基于 C/S、B/S 架构的大型远程多级电视监控系统。系统中的每一级都有自我管理和监视控制的功能，并可受上一级的控制。

除了网络传输功能外，多媒体监控系统还支持数字硬盘录像功能，而无论是哪一种数字硬盘录像机，都具有运动感知报警录像和视频运动检查报警录像功能，它使得硬盘录像机只有在检测到运动时才真正启动录像，从而有效节省视/音频数据的存储空间。由于数字硬盘录像具有比模拟磁带录像高得多的性能，已成为多媒体电视监控系统中必不可少的视音记录设备。图 2-29 所示为标准的多媒体电视监控系统图。

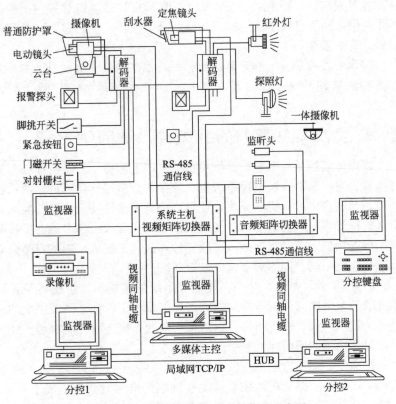

图 2-28　简单多媒体监控系统构成示意图

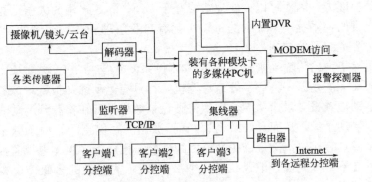

图 2-29　标准的多媒体电视监控系统示意图

96. 多媒体监控系统如何设置与使用？

多媒体系统主机是监控系统的核心设备，与其他设备相比，多媒体系统主机的初始设置过程相对复杂一些，但一旦设置完毕，以后的使用则相对简单，因为多媒体系统主机的所有功能都在系统的主界面上以形象的按钮以及丰富的菜单直观地表示出来了。如果用户有最基本的计算机操作常识，就可以通过各类按钮及菜单对多媒体系统主机进行基本操作。

多媒体系统主机的设置是多媒体监控系统在调试过程中的重要一环，因为它决定了整个监控系统的功能设置、运行状态以及使用方式。由于多媒体监控系统的智能化程度很高，在完成了初始化设置后，操作人员一般不需要进行复杂的操作即可对整个系统进行全面监控。由于多媒体监控系统的种类繁多，具体设置应参见使用说明，并应严格按照操作说明进行操作，以免出现使用不当造成的故障。

97. 多媒体监控系统常见故障及其排除方法有哪些？

多媒体监控系统除了可能出现在传统监控系统中常见的一系列故障外，还有可能出现因计算机及网络配置或系统软件等原因而造成的故障。例如，某些多媒体监控系统可能会出现因显卡兼容不良而造成的故障，此类故障又被称为"认卡"；有些型号的计算机主板对某个特定品牌的视频采集卡不兼容；甚至有时因主板上总线插槽的数量不足而不能将套装的多媒体监控套卡——插上（早期的矩阵卡、通信控制卡是在 ISA 总线上开发的，而主流计算机主板上则多为 PCI 总线插槽，可能仅留有一两条 ISA 插槽）；而监控系统软件有时则会因操作系统（通常为 Windows 2000 或 Windows XP）的问题而出现部分甚至全部故障；当然，若是计算机染上病毒，监控系统出现软件故障便是不可避免的了。

第 **三** 章

门禁控制系统

1. 单对讲型门禁系统的系统结构是什么？

目前国内单对讲型系统应用最普遍。它的系统结构一般由防盗安全门、对讲系统、控制系统和电源组成。

2. 多线制系统如何构成？

多线制系统由于价格比较低，所以适合用于低层建筑。系统由面板机、室内话机、电源盒和电控锁四部分构成。所有室内话机都有 4 条线，其中有 3 条公共线分别是电源线、通话线、开锁线，一条是单独的门铃线。系统的总线数为 $4+N$，N 为室内机个数，一般情况下，系统的容量受门口机按键面板和管线数量的控制，多线制大多采用单对讲式。系统安装如图 3-1 所示。

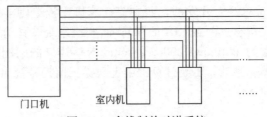

门口机　　　　室内机

图 3-1　多线制单对讲系统

图中该系统由管理机、门口机、用户分配器、室内机、电源供应器所组成。

3. 总线多线制系统的应用范围是什么？

总线多线制系统适用于高层建筑，如图 3-2 所示。

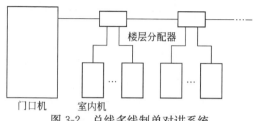

图 3-2　总线多线制单对讲系统

4. 总线制单对讲系统的特点是什么？

总线制系统采用的是数字编码技术，一般每层有一只解码器（楼层分配器），解码器与解码器总线连接，解码器与多用户室内机单独连接。由于采用数字编码技术，系统配线数与系统用户数无关，从而使安装大为简便，系统功能增强。但是解码器的价格比较高，目前最常用的解码器为 4 用户、8 用户等几种规格。

总线控制系统是将数字技术从编码器中移至用户室内机中，然后由室内机识别信号并做出反映。整个系统完全由总线连接，如图 3-3 所示。

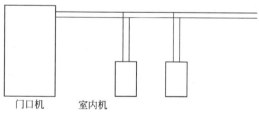

图 3-3　总线制单对讲系统

5. 多线制、总线多线制以及总线制系统的区别是什么？

楼宇对讲系统涉及千家万户，系统的价格至关重要。系统的价格应由器材、线材、施工难易程度和日常维护几个部分决定，三种结构系统综合性能对比见表 3-1。

表 3-1　三种结构系统综合性能对比表

性能	多线制	总线多线制	总线制
设备价格	低	高	较高
施工难易程度	难	较易	易
系统容量	小	大	大
系统灵活性	小	较大	大
系统功能	弱	强	强
系统扩充	难扩充	易扩充	易扩充
系统故障排除	难	易	较易
日常维护	难	易	易
线材耗用	多	较多	少

6. 可视对讲型系统分为几种？

可视对讲型系统分为单用户和多用户两种类型。

7. 单用户系统的基本组成是什么？

图 3-4 所示是单用户系统的基本组成。这种单用户机的安装调试很简单，普通住户自己就可以购买安装，适合于庭院住宅或别墅使用。

来访者按动室外机上的门铃键后，室内机发出提示铃声，户主摘机，系统自动启动室外机上的摄像机，获取来访者视频图像，并显示在室内机的屏幕上，此时，户主与来访者可以通过系统进行对话，户主确认后，按动开锁键，电控门锁开启，来访者进门后，自动关门，完成一次操作过程。

由此可见，该系统虽然简单，但也包括了监控系统的四个基本环节：摄像/拾音、信号传输与通信、图像/声音再现、遥控。普通

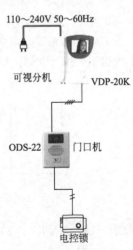

图 3-4　单用户系统的基本组成

的可视对讲门控系统，通常采用简单的有线通信方式，即通过多芯电缆连通室外机和室内机，视频信号、控制信号、音频信号的传送，以及室

外机的供电，都分别占用电缆中的一条芯线。需要解决的一个特殊问题是，夜间的摄像照明问题。现有的产品分为两种类型——黑白机和彩色机。白天均由自然光日光照明，夜间自动切换为红外线照明，红外线由安装在摄像镜头旁边的红外线发光二极管发出，肉眼不能看到。当采用红外线照明时，只能显示出黑白的图像，因此彩色机需要能够自动切换成黑白模式。

8. 多用户系统如何组成？

图 3-5 所示是一个比较完整的多用户系统组成。

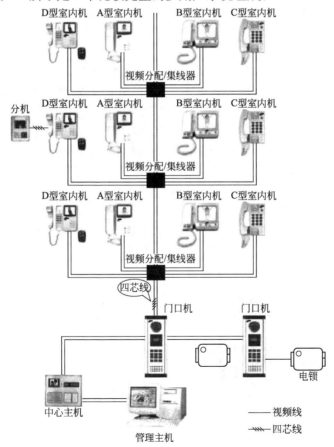

图 3-5　多用户系统组成

9. 指纹的特性是什么？

人的指纹是指从指头前端到第一关节的中心部位，虽然纹样来源于遗传，但即使是一卵性双胞胎，由于胎儿期的营养状况等环境因素的微妙影响，两人的指纹特征也有差异。

10. 指纹可以分为哪几种？

指纹的纹样来自遗传，具有民族化的倾向。纹样主要有涡状纹、蹄状纹和弓状纹三种：涡状纹像同心圆的旋涡状；涡状纹偏向一个方向的是蹄状纹；而像弓一样弯曲的是弓状纹。

11. 什么是指纹的特征点？

指纹的纹样中出现的断点或分叉点（如图 3-6 所示），被称为特征点。随个体差异，一个指纹上可有 50～100 个特征点。根据特征点的位置和方向，很容易将其数值化（二值化），并应用于指纹自动识别。国外司法界的洛卡尔特（E. Locard）认为，只要有 12 个特征点一致且纹样清晰，就可判定是本人。但是清晰的纹样有时难以获取，因而在十指指纹识别法中，用计算从指纹中心到末端的隆线数目来提高识别精度。

识别精度更高的办法是除了对照特征点的位置和方向外，还把各特征点之间的隆线数也作为对照数据（如图 3-7 所示），这种方法被称为关联方式，用于日本 AFIS 指纹自动识别系统中。当输入系统的指纹数据与保存的指纹数据一致时，即判定为本人。

图 3-6　指纹的特征点

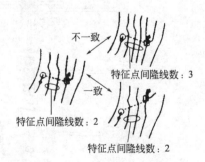

图 3-7　特征点间隆线数对照图

12. 自动指纹识别的方法是什么？

抽出特征点与保存的数据对照是 AFIS 采用的方法。首先输入原始指纹图像，然后对图像作二值化处理，再作突出纹线的轮廓化处理，获得精细的图像，在此图像上找出特征点及其方向。

13. 指纹识别的缺点是什么？

指纹识别是利用身体特征的识别技术，但与任何识别技术一样，都有优点和缺点。

（1）指纹的采集有一定困难　因为职业和疾病使指纹模糊的人，难于得到高品质的指纹，使否决率 FRR 相当高。

（2）虽有各种各样的指纹识别设备，但没有评价标准开发指纹识别设备的公司较多，识别方式各不相同。有仅使用特征点的，有使用关联方式的，还有不用特征点而使用隆线频谱或纹形一致性的。录入数据的识别方式有多种，门限值各不相同；各公司采用的他人容许率 FAR、本人否决率 FRR 因评价方法不同，也无法作单纯的比较。本人否决率（False Reject Ratio，FRR）和他人容许率（False Accept Ratio，FAR）的值与选定的门限有关，降低门限值，则通过率提高，但误判率也会升高。因此选取的门限值应使 FRR 和 FAR 两者都较低。

14. 什么是指纹的隆线？

所谓指纹的隆线是指汗腺口的突出部分连接起来的纹形，其间距在 0.1～0.5mm 之间。

15. 指纹传感器的识别要求是什么？

因为隆线间隔对传感器的识别间距有要求，虽然 0.1mm 的指纹不多，但必须考虑到小孩的指纹。根据研究结果，小孩的隆线间隔大约是成人的一半，因此若以 0.1mm 为最小间隔的话，传感器的识别间距必须小于 0.05mm。传感器间距通常用每英寸点数 DPI（Dots Per Inch）或每英寸像素数 PPI（Pixel Per Inch）表示，0.05mm 间距大体与 500DPI 相当。现今多数的传感器可以达到 300～500DPI，

但对幼儿或亚洲女性来说，重现其指纹特征还很勉强，需要有800DPI的解像度。

16. 光学反射式指纹传感器的特点是什么？

把手指伸进玻璃杯的水中，并将手指按压在杯内壁上，改变观察的角度就可看见指纹。这时入射光的角度与观察角度相等，就会产生全反射，只有隆线部分因乱反射而变暗，所以可以看清指纹。利用与此现象相同的光学系统，由摄像机可摄下指纹图像（如图3-8所示）。这种方式因需要光路，所以不易小型化，且易受外界光线的影响。但正因为有了光路，使传感器和手指有了距离，从而使传感器只需简单的抗静电和耐腐蚀措施。此外，由于隆线间的凹部存有空气，因而提高了反差，无论干燥还是潮湿的指纹都容易读出。

17. 静电容量式指纹传感器的特点是什么？

静电容量传感器配置了电极，把相邻电极的静电容量信号化。当电极间的电介质接近指纹的隆线部分时电容量将变大，将这种差别图像化，可获得指纹（如图3-9所示）。这种方式因不需要光源和光路，故体积可做得非常小。但是高介电率的汗和脂肪会影响图像，因而这种方式不易兼顾干燥和潮湿的皮肤。此外，像汗液这样良好的电介质如果残留在传感器上，可能造成不出图像的现象，因此需要经常清洁其表面。

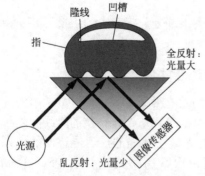

图 3-8　光学反射式指纹传感器

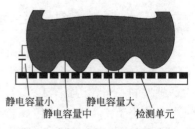

图 3-9　静电容量式指纹传感器

18. 电场式指纹传感器的特点是什么？

与静电容量式相似，采用二维的电极并包覆绝缘涂层，从电极引线获取电压，使电场图像化，其方式如图 3-10 所示。这种方式的缺点是易受感应噪声的影响，需在后期作补偿处理。优点是不易受汗液和脂肪的影响，无论干燥或潮湿的皮肤都可获得稳定的图像；绝缘涂层也可做得比较厚。

19. 光学透过式指纹传感器的特点是什么？

射入指头的入射光的一部分穿透指头射入光学图像传感器，由于隆线部分与传感器表面重合，所接收的光量大，而隆线间的凹槽由于有空气及水分而使入射光散乱，接收的光量就少，这种方式如图 3-11 所示。这种方式的缺点是因为必须有光源，传感器体积较大。优点是由于构成皮肤的蛋白质和脂肪的折射率与空气的折射率差异较大，因而可得到良好的反差；即使在有水分的情况下，也会因为折射率的差异而有较好的反差。因此这种方式对干燥和潮湿皮肤都适用。此外，保护传感器的外层可以用玻璃等透光材料，因而具有抗静电能力及良好的物理强度。

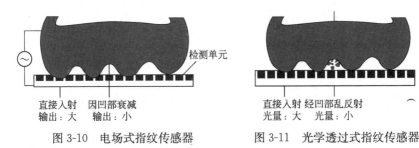

图 3-10　电场式指纹传感器　　　图 3-11　光学透过式指纹传感器

20. 扫描式指纹传感器的特点是什么？

用平面扫描器以机械方式扫描的一维图像传感器可以获得高精细图像，这种被称为扫描方式的传感器已经实用化。固定这种一维传感器，而移动指头进行扫描，可以使传感器小型化并安装到手机上。但是指头的移动速度却因人而异，而保持固定的扫描速度却是必需的。

对此考虑以下四种对策。

（1）采用精密的旋转编码器作机械式的读取。

（2）采用专用传感器纵向检测速度。

（3）采用两个有一定间隔距离的传感器，将读取到的两个图像作比较后再合成一个图像。

（4）采用 4～20 个准一维传感器读取图像，经比较后再合成。

21. 指纹识别锁的电路结构是什么？

指纹识别锁的电路结构框图如图 3-12 所示。

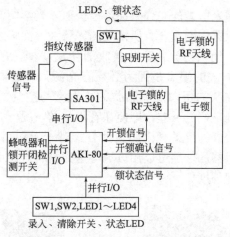

图 3-12　指纹识别锁的电路结构框图

22. 指纹识别传感器组件 SA301 的功能是什么？

指纹识别传感器组件 SA301 是日本电气公司生产的指纹识别组件，可以方便地构成高可靠性的指纹识别系统。

它采用了前述的关联方式，他人容许率 FAR 在 0.0002％以下，对 100 个人的 1000 个指纹误判率为 0，指纹读取采用光学透过方式，其表面的保护玻璃可以阻挡 99％以上的紫外线，即使在阳光直射下也能工作，其抗静电和抗磨损能力也很高。内部闪存可以存储 200 个指纹数据，掉电后也不会丢失。通过 EIA-232 接口、只用简单的指令就可控制，不需用专门的开发装置。CPU 采用 SA1110，该组件采用两块小基板，一块是指纹传感器，另一块是 CPU 及接口等。图 3-13 所示是其内部框图。

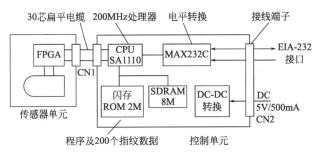

图 3-13　指纹识别传感器的内部框图

23. 主控制器如何构成？

主控制器采用 Z80 单片机 AKI-80，门锁采用电池供电的电子销，电动机驱动，可以在停电的场合用非接触式 IC 卡开门。

24. 指纹传感器如何构成？

设置在门外，用扁平电缆与内机连接。

25. 开锁控制的原理是什么？

电子锁有两个接收天线，一个在门内的控制单元内，另一个设在门外，当继电器 JY-SW-K 的常开触点闭合时，天线得以接入电子锁电路中。当进行指纹识别时，单片机使继电器得电动作，此时天线被接入电路，开锁后再断开继电器电源。

控制部分设有录入和清除两个开关（SW1、SW2）；LED 用来指示控制部分记录的次数和状态以及显示传感器部分的锁状态。

整机电源由＋7V 提供，＋5V 稳压电源供给 AKI-80 和 SA301，电子锁内电池可用一年以上，但为了延长置换期，同时也提供了外部电源＋6V。电路原理如图 3-14 所示，表 3-2 列出了其性能参数。

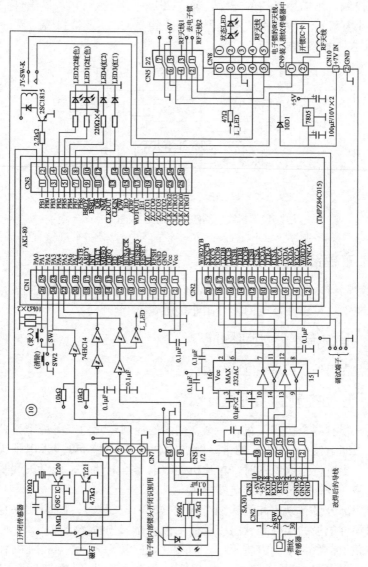

图 3-14 电路原理

70

表 3-2　指纹反光的性能参数

项目		规格	备注
控制接口		EIA-232	接口端子：DF13-10S-1.25C
认证性能	读取方式	光学透过方式	
	读取密度	约 800DPI	DPI 为每英寸（25.4mm）的像素数
	读取面积	约 18mm×15mm	
	灰度	256 级	8bit/像素
	对照速度	2s 以下	常见指
	他人容许率	0.0002％以下	
	录入数量	最大 200 指	每人两指，共 100 人
环境条件	工作温度	0～40℃	
	工作湿度	20％～80％	不结露
	抗静电能力	在指纹传感器表面接触放电±6kV（工作容许）	＋12kV（物理容许）
电源条件	输入电压	DC5V＋5％	
	消耗电流	最大 500mA	
尺寸	外观	48mm×44mm×11.5mm	控制单元
		50mm×42mm×11.5mm	传感器单元
	传感器电缆长度	约 70mm（单元间约 60mm）	扁平电缆

26. 什么是 IC 卡识别系统？

早期使用最多的是磁卡，但是随着计算机网络技术的飞快发展，智能卡正逐步取代磁卡，并且在人们的生活中的各个方面得到了越来越广泛的应用。

智能卡又称为"Smart Card"与"Integrated Card"，虽然后者的含意是集成电路卡，但一般都仍把它简称为 IC 卡。IC 卡的外形与磁卡基本相似，而在 IC 卡的塑料基片中封装有集成电路芯片。

27. IC 卡的内部逻辑电路结构是什么？

IC 卡的内部逻辑电路结构如图 3-15、图 3-16 所示，CPU 先接收从读写器发送来的指令，然后经过固化在 IC 卡内 ROM 中的操作系统进行分析与执行，后访问数据存储器，进行加密、解密等各种操作运算。IC 卡应用系统有两种结构类型，一种是 IC 卡读写器＋后台主机，另一种是智能终端＋后台主机。整个系统可分为 4 个层面，在 IC 卡读写器＋后台主机的系统中，主机主要负责的是对读写器送来的应用信息进行处理、存储、显示、打印等。而小系统的后台主机也可以是 PC 机，在大系统中一般采用服务器，IC 卡读写器用来控制 IC 卡与后台主机之间的信息交换界面，从数据通信的功能分层来看，它起到数据链路层与物理层的作用。在读写器上不仅有 IC 卡的读写电路，而且还有与主机通信的接口电路，此外读写器还具有一套可以控制 IC 卡的吞入和吐出的机械装置。在智能终端＋后台主机的系统中后台主机的功能与前面一样，智能终端除了具有 IC 卡读写器的全部功能外，还在终端设备上配备有键盘和显示器，可以供用户与系统进行信息交互等。

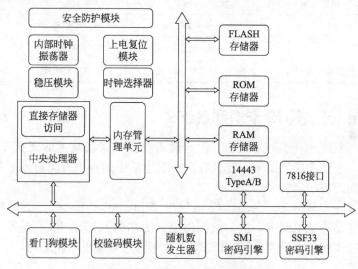

图 3-15 IC 卡的内部逻辑电路结构

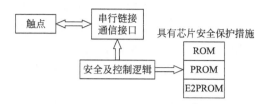

图 3-16　逻辑加密卡的逻辑结构

28. IC 卡分几种？ IC 卡识别系统分几种？

IC 卡又分为接触卡和感应卡两种，接触卡必须在读写设备的触点和卡片上的接触点相接触连通电路后才能进行信息读写。而感应卡又称接近卡，只要靠近感应式读写设备就能进行信息读写。其原理是因为感应式读写设备在周围会产生一定的频率电磁波，当卡片进入感应范围内时，片卡上的电感线圈与电磁波会产生谐振并感应电流，使卡片上的芯片开始工作，卡片确认后，将内存信息经电感线圈再发射给读写设备，读写设备将接收的信息再传送给后台主机进行分析与对比，最后指挥控制器执行相应功能。出入控制系统中采用 IC 卡不仅可以对进出人员的身份进行确认，还可以根据进入各种区域的权限开放相应通道，并且还可记录进出通道的时间，以作为保安查询的资料，串入控制系统中使用的 IC 卡读写器，一般只具备读卡的功能，并且往往把它安装在出入口一个特制的设备中，这种读卡设备通常称为读卡机。

IC 卡识别系统分为一体机和独立门禁控制系统。

29. 独立门禁控制系统的通信方式有几种？

独立的门禁控制器与前端识别设备之间需要进行通信，现在使用的通信方式基本上为两种，一种是使用 RS-485 总线进行通信，另一种是使用韦根线进行通信。

30. RS-485 总线的特点是什么？

RS-485 通信使用双绞线进行半双工通信，采用平衡发送和差分接收，因此具有抑制共模干扰的能力，传输距离可以达到数千米，可

实现高速的信息传送。RS-485 通信采用总线式的连接方式，可保证多台设备正常工作，而且它是串行通信，所以每台连接在总线上的设备有自己的 ID 地址，进行数据通信时，系统保证总线上只有一台设备发送数据，其他设备处于接收数据状态；设备之间采用自定义的协议传输数据。

采用 RS-485 方式进行通信的门禁控制器可挂接多个读卡器，传输数据的过程如图 3-17 所示。每一个读卡器和门禁控制器都有自己的 ID 地址，RS-485 网络上传递的数据都包含地址信息，在网络上只有一台设备发送数据，其他设备都会接收数据，对于目的是自己的数据，设备会进行相应的处理，而不是以自己为目的的命令将被抛弃。在这样的门禁系统中，门禁控制器通过轮巡的方式，完成一个门禁控制器管理多个读卡器的功能。

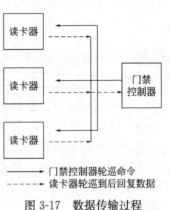

图 3-17　数据传输过程

31. 韦根通信的特点是什么？

韦根通信是一种经常在安防系统中使用、通过两芯线进行点对点近距离通信的通用通信协议，最常用的格式有 Weigand26，它通过 DATA 0 和 DATA 1 两条数据线分别传送数据"0"和"1"，每帧传输的数据为 26bit。它利用在两条通信数据线上分别产生的脉冲生成数据序列，通信距离为 10m 左右。

32. 电控锁头如何构成？

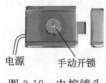

电源　　手动开锁

图 3-18　电控锁头

电控锁头主要由磁铁和锁头构成，平时电磁铁不加电，门处于锁状态，当需要开锁时通过控制机构给电磁铁加电，则电磁铁带动锁头动作，完成开门功能。常用的电控锁头如图 3-18 所示。

33. 对讲式电控门禁电路如何构成？

常见的楼道防盗门对讲系统多为直按式对讲系统，由主机、分机、电控锁、电源盒和连接系统构成，主机安装在防盗门上，内部设有对讲系统控制电路，面板上设有呼叫用户的按键。客人先按防盗门主机上的呼叫按键，被呼叫住户的分机响起振铃，住户摘机后通过对讲系统与客人对话，然后按下开锁键，将防盗门的电控锁打开。

该系统电路包含有呼叫、对讲、开锁、面板照明电路等，通过呼叫线、送话线、受话开锁线、地线等与用户分机连接成整体电路，如图3-19所示。

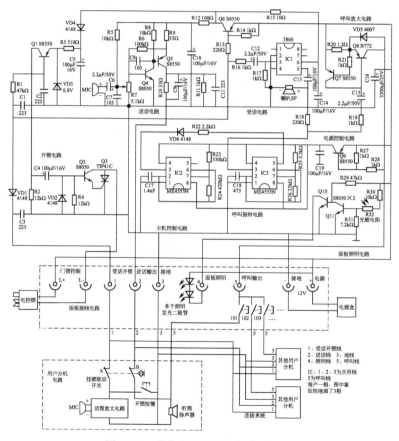

图3-19 对讲式门禁系统电路原理图

34. **呼叫电路的工作过程是什么？**

由呼叫振铃信号产生、振铃信号放大、呼叫电源控制等电路构成。呼叫电源控制电路由 Q9 及其外围元件构成，不按主机面板上的呼叫键时，Q9 的基极为高电位而截止，不向呼叫电路供电；当按下呼叫键时，Q9 的基极通过 R28 与用户分机的呼叫扬声器相连接，Q9 导通，向呼叫振铃产生电路 IC2、IC3（均为 ME4555N，可用 NE555 代换）供电。

IC2 与外围元件 C17、R23、R24 构成音频振荡电路，产生鸣叫声的基准频率，IC3 与外围元件 C18、R25、R26 组成超低频振荡电路，振荡后的超低频信号对 IC2 送来的连续音频信号进行调制，使之变为间断的振铃声，从 IC3 的 3 脚输出，经 R19、C15 送到 Q8 放大后，从集电极输出振铃信号，经主机面板上被客人按下的按键和连接系统的呼叫线送到该按键对应的住户分机，使分机内部的听筒扬声器产生振铃声，完成呼叫过程。

IC2、IC3 产生的振铃信号还经 R18 送到主机面板上的喇叭 SP 中，使喇叭产生振铃声，告诉客人呼叫成功。

35. **对讲电路如何构成？ 如何工作？**

由对讲电源控制电路和对讲放大电路两部分构成。对讲电源控制电路由三极管和其外围元件构成。用户分机挂机不用时，分机挂壁联动开关 A/B 断开，Q6 的基极为高电平，Q6 截止不向对讲电路供电；当住户摘机后，分机挂壁联动开关 A/B 同时闭合，将受话线和送话/开锁线与分机接通。其中 A 开关将话筒放大电路与 Q6 的基极相连接，向对讲电路供电；B 开关闭合将听筒扬声器与送话电路接通。

对讲放大电路由送话电路和受话电路两部分构成，并分布在主机和分机中，通过送话线和受话线连接。送话电路由主机内部的话筒放大电路 Q4、Q5 和分机的听筒扬声器构成；受话电路由分机的话筒放大电路和主机的受话放大电路 IC1 组成。被叫住户听到呼叫振铃声后，摘下分机，分机挂壁联动开关 A/B 同时闭合，不但将受话线和送话/开锁线与分机接通，还使主机 Q6 导通，一方面通过 R12 向送话电路供电，另一方面通过 R15 向受话放大电路 IC1 供电，整个对讲系统进入工作状态。

客人听到询问声音后，回答住户的询问，通过主机内部的话筒变为音频信号电压，经 C6 送到 Q4、Q5 的送话放大器放大后，经 C9、R10 输出，通过送话线送到住户分机的听筒扬声器上，完成通话对讲过程。

36. 开锁电路如何构成？ 如何工作？

由触发电路 Q1（S8550）、Q2（S8050）和晶闸 Q3（TIP41C）构成，Q1 发射极与 VD4、C5、VD3（6.8V 稳压管）组成的稳压电路相连接，电压为 6.8V；Q1 的基极通过 R1、R13 与 Q6 的基极相连接，平时 Q1 的基极电位高于发射极电位，Q1 截止，晶闸控制极无触发电压而截止，电控锁电路不动作；当住户按下分机上的开锁按键，将受话/开锁线分机的一端对地短路后，通过 VD1、R1 将主机 Q1 的基极电压拉低，使 Q1 由原来的截止状态变为导通状态，其集电极电压向耦合电容 C4 充电，C4 的充电电流向 Q2 的基极提供偏置电压，Q2 瞬间导通，触发晶闸瞬间导通，将 L－端对地短路，使电控锁产生瞬间电流，将门锁打开。

37. 面板照明电路如何构成？ 如何工作？

面板照明电路由 Q10、Q11 和光敏电阻 R32 等元件构成，自动控制主机面板按键夜间照明。白天有光照时光敏电阻 R32 的阻值较小，Q11 获正向偏置电压而饱和导通，集电极为低电平，Q10 截止，照明发光二极管均截止；夜间光照明，光敏电阻 R32 的阻值变大，Q11 截止，集电极变为高电平，Q10 获得正向偏置而导通，照明发光二极管发光。

38. 可视门铃门口机工作原理是什么？

可视门铃门口机的工作原理如图 3-20 所示。

工作过程：来访客人按下门口主机按钮 AN 时，音频（2 号）线接地，室内机送出"叮咚，您好，请开门"的声音（室内机动作过程稍后再讲），该声音通过 2 号线送到门口机 2 号端子上，通过

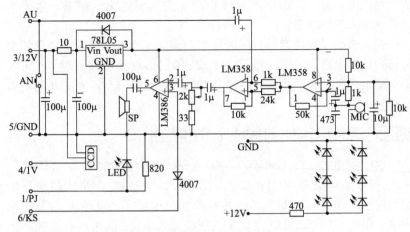

图 3-20 可视门铃门口机的工作原理

1μF 电容加到双运放 LM358 的反相输入端 6 脚，并从 7 脚输出，送入功放 LM386 进行声音放大，声音大小通过调整电位器实现。室内主人的讲话声也通过此渠道放大送出，门口客人的讲话声通过麦克风拾音，送入 LM358 的另 1 只运算放大器放大，放大后的音频信号送入二级运放进行两种处理，一种是消侧音，即将自己的声音尽量消到最小，不至于在耳机中听到很响的回声；同时，通过 LM358 的 6 脚向室内主人送出客人的音频信号。发光管 LED 的作用是方便夜晚来访客人能方便地找到门口机及按钮的位置。6 个红外发光管专门用于背光补偿及作为红外夜视使用，在漆黑的夜晚，补光效果也不错。6 号线的 4007 二极管用于释放电控锁线圈开锁时产生的感应脉冲高压。

39. 电源部分工作过程是什么？

如图 3-21 所示，变压器采用 18V 输出、电流 1A 以上的，整流二极管电流在 2A 以上，滤波电容容量不低于 3300μF，耐压不低于 35V，滤波电容性能不良会引起整机有交流声。支流输出插头采用特殊的弯头设计，以便于门铃挂在墙上不影响外观。

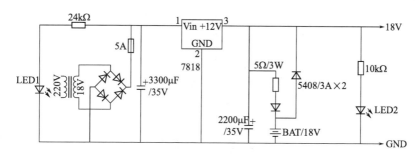

图 3-21　电源电路

40. 室内机的工作过程是什么？

如图 3-22 所示，室内机电路看起来很复杂，但按功能分块来讲也不难理解，下面逐块予以讨论。

（1）稳压部分　核心器件是 7812，通过 2CZ23 二极管加到 7812 上，输出＋12V 电源，供整个可视门铃使用。其中 4007 二极管用于消反冲，防止停电后 2200μF 电容放电击毁 7812。因为 7812 一直处于接通电源状态，而且负载很重，所以其散热器面积应尽量大，可使用优质的纯铜或纯铝板。

（2）呼叫过程　当门口机 AN 接地时，呼叫片 BELL 的 1MΩ 电阻接地，使 9015 瞬时导通，从而激发 BELL 片发出"叮咚，您好，请开门"的声音，该声音经 B 脚输出至音频 2 号线并分为两路，一路送往室外，使来客知道自己的触发有效；一路在室内 LM358 及 LM386 处得到功率放大，室内机发出呼叫声告诉主人有人来访。

（3）通话部分　声音放大部分由 7806 供电，7806 输入级的 10Ω 电阻是为了防止其发热而加的。室内主人的麦克风音频信号从双运放 LM358 的反相脚 2 脚输入，1 脚输出，其中 56kΩ 是反馈电阻，其阻值的大小决定了门口机音量的大小。LM358 的另一个运放主要起消侧音的作用，但任何消侧音电路都不可能把自己的声音彻底去掉。从 LM358 的 6 脚取出的音频信号通过 1μF 电容和振铃信号混合后送往门口机，经消侧音处理过的音频信号经 LM358 的 7 脚输出送往 LM386 功放的 2 脚进行功率放大，LM386 功放的 2 脚的电位器是为了防止声音太大形成自激啸叫而增加的音量调节器件。

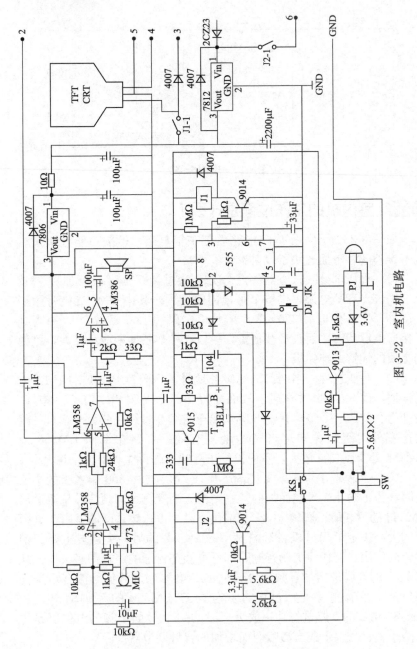

图 3-22　室内机电路

（4）控制部分　当门口机客人按下 AN 时，音频线对地短路，555 定时器的 2 脚电压被拉低，555 的 3 脚输出高电位，三极管导通，继电器 J1 吸合，J1-1 常开触点闭合，12V 电压分为两路，一路供 4in CRT 黑白显示模组，另一路通过 3 号线送往门口机，工作时间由 555 的 6、7 脚定时电阻及电容决定，在本电路中，定时时间大约为 35s；如嫌时间短可以加大电容的容量，在其容量为 $100\mu F$ 时，延时时间大约为 1min。JK 为室内机监控按钮，DJ 为待机按钮，KS 为开锁按钮。

（5）开锁过程　当室内主人按下 KS 按钮时，$3.3\mu F$ 电容放电，使 9014 三极管导通 1s，J2 吸合 1s，J2－1 输出＋24V 左右的直流高压到门口机去执行开锁动作，因输出电压较高，即使有 50m 远的距离仍能正常开锁。开锁距离越远导线越粗，30m 以内可以使用 $0.5m^2$ 的多芯铜导线，30～50m 导线截面积要加粗到 $1m^2$，50～60m 要使用 $1.5m^2$ 的导线，超过 60m 要加装开锁助力器。

（6）报警部分　鉴于门口摄像机比较贵重，为防止被盗，特设计该断线报警电路，当室外机被人偷盗时，1 号线断开，1 号线的电压上升，3.6V 稳压管导通，通过报警片 PJ 送出警报声，通过蜂鸣器发出报警声音。

（7）摘机挂机控制电路　当室内主人摘下门铃手柄时，叉簧开关 SW 弹起，555 的 2 脚长期接地，555 无延期延时，直至室内主人与室外客人讲完话挂机。挂机时，叉簧下端接地，$1\mu F$ 电容放电，促使三极管瞬间导通，使 555 的 4 脚电位接地，强制 555 复位。555 的 3 脚变为低电压，J1 不再维持吸合，J1-1 断开，门铃处于待机状态。

（8）门口机与室内机六条连线的功能　1 号线为报警线，2 号线为音频线，3 号线为 12V 电源线，4 号线为视频线，5 号线为地线，6 号线为开锁线。

第 四 章

安防报警系统

1. 什么是保安系统？

防止盗窃和抢劫的安全防范系统又称保安系统，防盗报警系统是利用各种探测装置对建筑物内的被保护区域进行探测，一旦感觉到有人侵入，将会立即发出报警信号。系统产品的品种繁多，但目前应用较多的是红外探测报警器、微波探测报警器以及被动红外-微波双鉴报警器等。

2. 防盗报警系统如何组成？什么是前端？

安防报警系统的整体结构主要由三个部分组成，即前端（探测器）、信道（综合布线传输）、后端（报警器及辅助设备）。

前端（探测器）是整个系统的信号源，代表着现场的各个报警点，通常一个系统由多个探测器组成，就目前市场及本公司产品来讲，主要以入侵式探测器为主，而入侵式探测器则分为主动式探测器和被动式探测器。

3. 主动式红外探测器由几部分组成？

主动式红外探测器由发射器和接收器两部分组成。发射器向正对向安装的、在数米或数十米乃至数百米远的接收器发出红外线射束，当红外线射束被物体遮挡时，接收器即发出报警信号，因此它又被称为红外对射探测器或红外栅栏。红外对射有双光束、三光束、四光束等，红外栅栏一般在四光束以上，甚至多至十几束。

4. 主动式红外探测器的使用注意事项有哪些？

主动红外探测器应安装在固定的物体上，尤其是发射器和接收器较远时，不论是发射器还是接收器，轻微的晃动就会引起误报，并且要极力避免树叶、晃动物体对红外光束的干扰。当使用多对红外对射探测器或者红外栅栏组成光墙或光网时，要避免消除红外光束的交叉误射，方法是合理选择发射器和接收器的安装位置使不发生交叉误射或选用不同频率的红外对射探测器，调节各探测器使在不同的频率段工作。

5. 被动式红外探测器的特点是什么？

被动式红外探测器不向空间辐射能量，而是接收人体发出的红外辐射来进行报警。任何温度在绝对零摄氏度以上的物体都会不断地向外界辐射红外线，人体的表面温度为 36℃，其大部分辐射的能量集中在 $8 \sim 12 \mu m$ 的波长范围内。

6. 被动式红外探测器的工作原理是什么？

在探测区域内，人体透过衣服的红外辐射能量被探测器的菲涅耳透镜聚焦于热释电传感器上。当人体（入侵者）在这一探测范围中运动时，顺次地进入菲涅耳透镜的某一视区，又走出这一视区，热释电传感器对运动的人体一会儿"看"到，然后又"看"不到，这种人体移动时变化的热释电信号就会触发探测器产生报警信号。传感器输出信号的频率为 $0.1 \sim 10 Hz$，这一频率范围是由探测器中的菲涅尔透镜、人体运动速度和热释电传感器本身的特性决定的。

7. 被动式红外探测器的安装原则是什么？

被动式红外探测器根据视区探测模式，可直接安装在墙上、天花板上或墙角，其布置和安装的原则如下。

（1）安装高度通常为 $2 \sim 4m$，在此高度探测器可获得最大探测有效距离。

（2）探测器对横向切割探测视区的人体运动最敏感，故安装时应尽量利用这个特性达到最佳效果。

（3）应该充分注意探测背景的红外辐射情况，并且要求选择的背

景是不动的。

（4）警戒区内最好不要有空调或热源，如果无法避免热源，则应与热源保持至少 1.5m 以上的间隔距离，并且探测器不要对准灯泡、火炉、冰箱散热器、空调的出风口。

（5）探测器不要对准强光源，应避免正对阳光或阳光反射的地方，也应避开窗户。

（6）探测器视区内不要有遮挡物和电风扇，也不要安装在强电磁辐射源附近（例如无线电发射机、电动机）。

（7）被动红外探测器不要安装在容易振动的物体上，否则物体振动将导致探测器振动，相当于背景辐射的变化，会引起误报。

（8）要注意探测器的视角范围，防止"死角"。

8. 双鉴探测器的特点是什么？

各种探测器有其优点，但也各有其不足之处，单技术的微波探测器对物体的振动（如门、窗的抖动等）往往会发生误报警，而被动式红外探测器对防范区域内任何快速的温度变化，或温度较高的热对流等也会发生误报警。为了减少探测器误报问题，人们提出了互补型双技术方法，即把两种不同探测原理的探测器结合起来，组成双技术的组合型探测器，又称为双鉴探测器。双鉴探测器集两者的优点于一体，取长补短，对环境干扰因素有较强的抑制作用。

目前双鉴探测器主要是微波＋被动式红外探测器，微波-被动红外双技术探测器实际上是将这两种探测技术的探测器封装在一个壳体内，并将两个探测器的输出信号共同送到"与门"电路，只有当两种探测技术的传感器都探测到移动的人体时，才触发报警。

双鉴探测器把微波和被动红外两种探测技术结合在一起，它们同时对人体的移动和体温进行探测并相互鉴证之后才发出报警，由于两种探测器的误报基本上互相抑制了，而两者同时发生误报的概率又极小，所以误报率能大大下降。安装双鉴探测器时，要求在警戒范围内两种探测器的灵敏度尽可能保持均衡。微波探测器一般对物体纵向移动最敏感，而被动式红外探测器则对横向切割视区的人体移动最敏感，因此为使这两种探测传感器都处于较敏感状态，在安装微波-被动红外双鉴探测器时，宜使探测器轴线与警戒区可能的入侵方向成 45°夹角。

9. 什么是信道？ 信道有几种方式？

信道即探测器传送信号给报警主机的通路。

信道主要有两种方式：有线和无线两种方式。

10. 有线方式有什么特点？ 无线方式有什么特点？

有线方式：使用寿命长，稳定性及可靠性好，抗干扰能力强，有线方式也有两种即分线制（即一对一方式）和总线制。

无线方式：信号传输是以无线电波的方式传送的，所以可以不用信号线，布线简单，稳定性及可靠性差，抗干扰能力差，容易产生误报。

11. 什么是后端？

后端即报警主机及辅助设备。报警主机按接收信号布线方式分为总线制报警主机和分线制报警主机，报警主机都是以单片机的形式出现的。辅助设备主要有：报警输出模块、拨号器等。

12. 安防报警系统的常见结构是什么？

常见的报警系统结构图如图 4-1～图 4-3 所示。

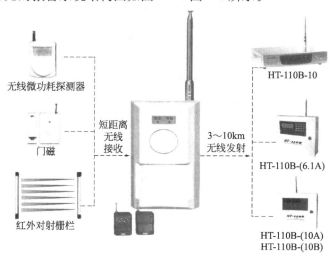

图 4-1　现场报警器构成图

图 4-1 所示为现场报警器构成图，图 4-2 所示为电话联网远程报警示意图，图 4-3 所示为无线报警系统示意图。

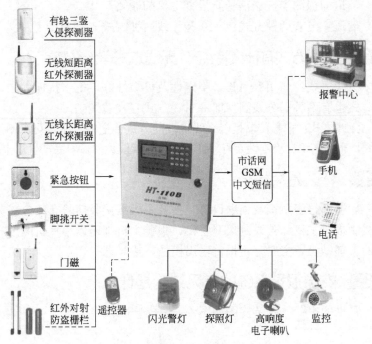

图 4-2　电话联网远程报警示意图

13. 常用报警设备有哪些？

在无线防盗报警器中，常用设备主要是前端传感器和报警主机。报警器可以配用的前端传感器有很多，如红外对射探测器、无线门磁传感器、无线人体热释电红外传感器等。

14. 无线门磁传感器的功能是什么？

无线门磁传感器是保安监控、安全防范系统中经常用的器件，无线门磁传感器工作很可靠、体积小巧，尤其是通过无线的方式工作，使得安装和使用非常方便、灵活。

无线门磁传感器用来监控门窗的开关状态，当门被打开时，无线

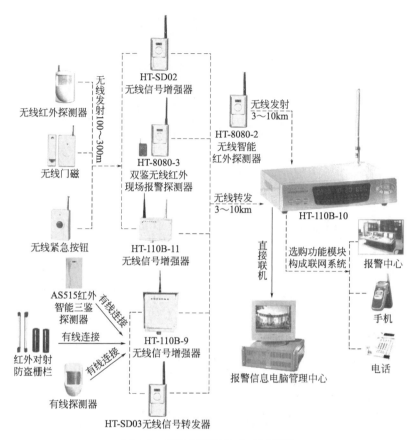

图 4-3　无线报警系统组成示意图

门磁传感器立即发射特定的无线电波，远距离向主机报警。无线门磁传感器的无线报警信号在开阔地能传输 200m，在一般住宅中能传输20m，这和周围的环境密切相关。

15.　无线门磁传感器的电路如何组成？ 如何工作？

　　如图 4-4 所示，图（a）为外形图，图（b）为电路原理图。

　　它用来监控门和窗的开关状态，当门窗紧闭时，门磁传感器中的磁敏干簧管由于受到磁性的作用处于接通状态；当门窗不管何种原因被打开后，无线门磁传感器中的磁敏干簧管（图中的 S1）内的两个

87

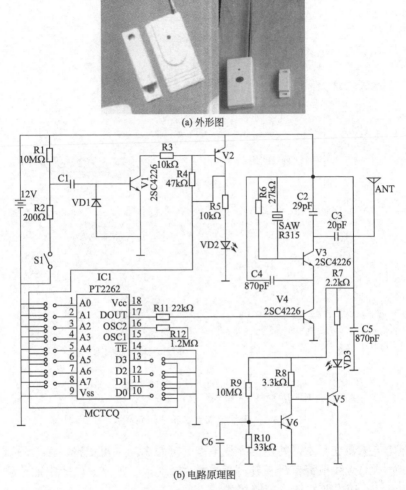

(a) 外形图

(b) 电路原理图

图 4-4　无线门磁传感器

接点会分离开，这个变化会触发 V1、V2 导通，IC1（PT2262）编码集成电路得电工作，同时 VD2 发光二极管发光，指示门磁探测器工作，从 IC1 第 17 脚上输出编码信息，经 V3、V4 组成的发射电路立刻向空间发射出特定的无线电波，远距离向主机报警。同样在门磁传感器内部采用了进口的声表谐振器稳频，所以频率的稳定度很高。

无线门磁传感器中使用 12V、A23 报警器专用电池，采用省电设计，当门关闭时它不发射无线电信号，此时耗电只有几个微安，当门被打开的瞬间，立即发射 1s 左右的无线报警信号，然后自行停止，这时就算门一直打开也不会再发射了，这是为了防止连续发射造成内部电池电量耗尽而影响报警。无线门磁传感器还设计有由 V5、V6 等元件组成的电池低电压检测电路，当电池电压低于 8V 时，VD3 发光二极管就会发光，提示需要立即更换 A23 报警器专用电池，否则会影响报警的可靠性。

16. 无线门磁传感器如何安装？

一般安装在门内侧的上方，它由两部分组成：较小的部件为永磁体，内部有一块永久磁铁，用来产生恒定的磁场，较大的是无线门磁主体，它内部有一个常开型的干簧管。当永磁体和干簧管靠得很近时（小于 1cm），无线门磁传感器处于守候状态，当永磁体离开干簧管一定距离后，无线门磁传感器立即发射包含地址编码和自身识别码（也就是数据码）的 315MHz 的高频无线电信号，主机就是通过识别这个无线电信号的地址码来判断是否是同一个报警系统的，然后根据自身识别码（也就是数据码），确定是哪一个无线门磁报警。因此，一个主机可以同时配用很多个门磁探测器，只要保证每个门磁探测器的地址码与主机的地址码相同即可。

17. 被动式热释电红外探测器的工作原理及特性分别是什么？

人体的恒定体温一般为 37℃，发出的红外线波长约为 10μm。被动式红外探头就是靠探测人体发射的红外线而进行工作的。人体发射的红外线通过菲涅尔滤光片增强后聚集到红外感应源上。红外感应源通常采用热释电元件，这种元件在接收到人体红外辐射、温度发生变化时就会失去电荷平衡并向外释放电荷，后续电路经检测处理后就能产生报警信号。

18. 热释电红外传感器的电路如何组成？

为了提高红外探测器的灵敏度和可靠性，红外热释电探测器中采

用了几种关键性的元器件：热释电传感器、菲涅尔透镜、红外传感器专用集成电路。热释电传感器与菲涅尔透镜的外形如图 4-5 所示。

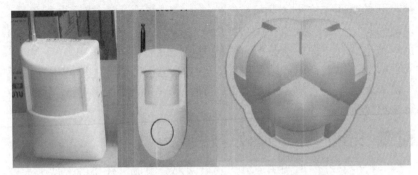

图 4-5　热释电红外传感器与菲涅尔透镜外形图

19.　热释电传感器如何组成？ 特点是什么？

热释电传感器由滤光片、探测元件、场效应管匹配器等组成。滤光片采用红外光学材料制成，它能通过人体辐射出的 $10\mu m$ 左右的特定波长红外线，将阳光、灯光以及其他红外辐射滤掉，这样就能有效地抑制周围环境不稳定因素的干扰。热释电传感器包含两个互相串联或并联的热释电元件，而且两个电极化方向正好相反，环境背景辐射对两个热释电元件几乎具有相同的作用，使其产生的释电效应相互抵消，于是探测器无信号输出。这也是当人体对着探测器呈垂直方向运动时，探测器灵敏度差的原因，这也告诉人们安装时要注意选择合适的场所。一旦人侵入探测区域内，人体红外辐射就会通过部分镜面聚焦，并被热释电元件接收，但是两个热释电元件接收到的热量不同，热释电也不同，不能抵消，然后经信号处理而报警。

20.　菲涅尔透镜的作用是什么？

菲涅尔透镜是热释电传感器不可缺少的组成部分，其主要作用是将人体辐射的红外线聚集在热释电探测元件上，以提高红外线探测的灵敏度。形象化地说，菲涅尔透镜就像一个放大镜。正确地使用能使探测距离增加，使用不当，不仅探测距离近，而且还易产生误报或漏报。菲涅尔透镜根据性能要求不同，具有不同的焦距（感应距离），从而产生不同的监控视场，视场越多，控制越严密。不同形状的菲涅尔透镜如图 4-5 所示。

21. 热释电红外传感器专用集成电路如何组成？

图 4-6 的 BISS0001 是热释电红外传感器专用控制集成电路，采用 16 脚 DIP 封装，它由运算放大器、电压比较器、状态控制器、延时定时器、锁存定时器、禁止电路等部分组成。具有功能齐全、稳定可靠、调节范围宽、耗电低（静态电流 $100\mu A$）等特点。

22. 热释电红外传感器的工作原理是什么？

热释电红外传感器电路如图 4-6 所示。热释电探测元件将探测到的微弱信号送入 BISS0001 集成电路的 14 脚（IN＋端），经内部放大电路等处理后，从 2 脚（VO 端）输出控制信号，经 Q1、Q2 放大，送到 PT2262 编码集成电路。平时 PT2262 及发射部分是不工作的，PT2262 的地址编码情况也必须与主机的相同，地址信息和数据信息从第 17 脚输出，经 Q3、Q4 组成的发射电路向外发射出 315MHz 的信号，主机接收到该信息后，经处理报警。同样，在红外探测器的发射部分也采用了声表谐振器稳频。在红外探测器中还有两个跳线端子，一个用于设置探测器工作的间隔时间，另一个用来选择是否让红外探测器上的发光二极管发光指示。

无线人体红外热释电传感器的发射地址码必须和接收机的地址码完全一致，打开无线人体热释电传感器的外壳（如图 4-5 所示）就能观察到，其地址码及数据码的设置方法与门磁探测器的设置方法大同小异。

23. 无线热释电红外传感器的安装有何特点？

无线热释电红外传感器最大的优点是安装非常方便，可以在不破坏住房装潢的前提下快速安装，但是也存在需要换电池和无线信道容易被干扰的缺点。如果是新购住房，并且在装修之前就考虑安装热释电红外防盗系统的话，还是有线热释电红外传感器更合理、经济，而且长时间使用不容易发生故障。

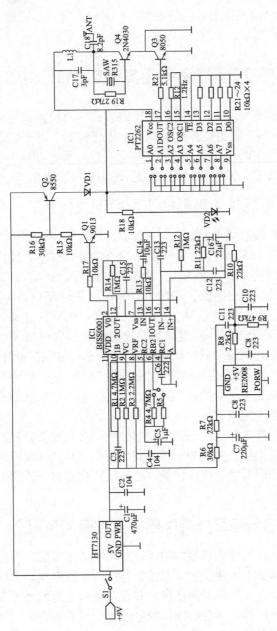

图 4-6 热释电红外传感器

24. 有线人体热释电红外传感器的特点是什么？

有线人体热释电红外传感器的外观与无线方式的相同，内部结构比无线的简单，没有电池和无线发射部分。采用继电器输出，＋12V和 GND 接线柱接 12V 电源，NC 和 COM 接线柱为继电器的常闭触点输出，报警器检测到有人侵入时常闭触点断开。

有线人体热释电传感器还有一个优点，就是可以把若干个报警器的电源都并联到一起，便于集中供电控制。所有的报警信号线也都串联，这样只要有一个报警器动作，主机就会立刻检测到并马上报警，可以形成大面积防区，这样无论是安装和使用都会很方便，只要一根三芯的电缆就可以了。

25. 热释电红外传感器的安装要求是什么？

热释电红外人体传感器只能安装在室内。其误报率与安装的位置和方式有极大的关系。正确的安装应满足下列条件。

（1）热释电红外传感器应离地面 2.0～2.2m。

（2）热释电红外传感器应远离空调、冰箱、火炉等空气温度变化敏感的地方。

（3）热释电红外传感器探测范围内不得有隔屏、家具、大型盆景或其他隔离物。

（4）热释电红外传感器不要直对窗口，否则窗外的热气流扰动和人员走动会引起误报，有条件的最好把窗帘拉上。红外热释电传感器也不要安装在有强气流活动的地方。

（5）热释电红外传感器对人体的敏感程度还和人的运动方向关系很大。热释电红外传感器对于径向移动反应最不敏感，而对于横切方向（即与半径垂直的方向）移动则最为敏感。在现场选择合适的安装位置可以很好地避免红外探头误报，从而得到最佳的检测灵敏度。

26. 热释电红外传感器的性能指标有哪些？

（1）发射频率：315MHz±0.075MHz；

（2）发射电流：9V 工作电压下 35mA 或者 12V 工作电压

下 50mA；

（3）发射功率：200mW；

（4）无线报警距离：600～900m（空旷地）；

（5）探测距离：6～8m（探测器正前方，室温25℃）；

（6）探测角度：水平120°，垂直60°。

27. 主动式红外对射探测器如何构成？

主动式红外对射探测器由投光器和受光器组成，其原理是投光器向受光器发射红外光，而其传输过程中，不得有遮挡体阻断红外线，否则受光器中的红外感应管会因接收不到信号而驱动电路发出报警信号，如图4-7所示。此种方式是目前电子防盗栅栏最常用的方式，电子防盗栅栏外形如图4-8所示，结构如图4-9所示。

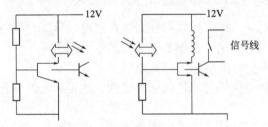

图4-7　简易工作电路图

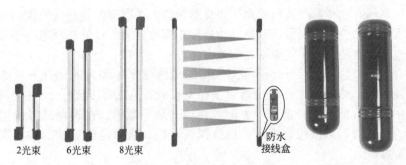

图4-8　电子防盗栅栏外形图

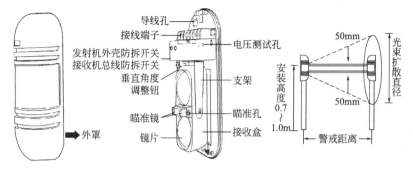

图 4-9　电子防盗栅栏结构图

28. 主动式红外对射探测器电路设计时的要求有哪些？

电路中，对射探测器要正常工作就要有正常的工作电压，所以每个探头要有两条供电电源线，实际应用中，供电电路由市电经转换为合适的电压供给。受光器传输信号可以送入电子高频调制器作无线传送，也可以控制继电器为有线控制。

电路设计时，为了提高灵敏度和发射距离及安全性能，发射部分应提高质量，主要要求为：稳定性好、功率更大，散热更好，外壳材料使用 PC 工程塑胶加上滤色粉，使产品对紫外光及可见光的干扰更小，具有抗摔抗老化等特点。除光学系统，在内部电路中加入压敏元件，使其具有防雷击保护功能。且表面全部涂上防水胶，可使其有防潮作用，适合于野外及恶劣环境下工作。

29. 主动式红外对射探测器安装调试方法是什么？

先将对射固定于安装位置并接好线，在线路没有断路及短路的情况下，通上 12V 直流电，观察电源指示灯的状态灯的工作状态，等电源指示灯工作正常时开始进行调试。

步骤 1：先调整对射的投射方面使其基本在同一平面上，再通过所配的瞄准镜从投光器先调整使受光器居于四向指针的中心，通过调整使受光器的报警灯灭。

步骤 2：受光器这头用万用表的直流电压挡测试，观察所测电压

并将数值告诉投光器，这头的调试人员使其往电压高的方向调整直至最高。

步骤3：投光器调整完后，再调整受光器，也是通过调整接收方向的方法，使其所测的电压值超过所给的标准电压并达到最高值，所测得的电压越高表示对得越准，调试完后即可盖上罩子，但注意别碰着已调试好的对射，即可安装调试结束。

30. 主动式红外对射探测器常见故障检修有哪些？

常见故障检修如图 4-10～图 4-13 所示。

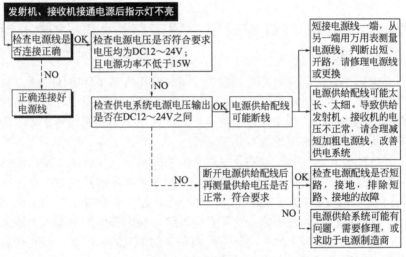

图 4-10　故障检修一

31. 256 防区报警主机系统的应用范围是什么？

HT-110B-10（256 防区）无线智能远程防盗报警系统，由无线防盗报警主机（简称主机）、无线被动红外入侵探测器组成，采用红外热释电传感器、菲涅尔透镜及先进的无线数字遥感、微电脑 CPU 控制。可设 256 个无线防区，菲涅尔透镜可独立布防或撤防，也可将任意防区设置为紧急报警防区，方便实用。一旦发生盗情，探测器向主机发射报警信号，主机即发出警报声，同时显示报警防区、报警时

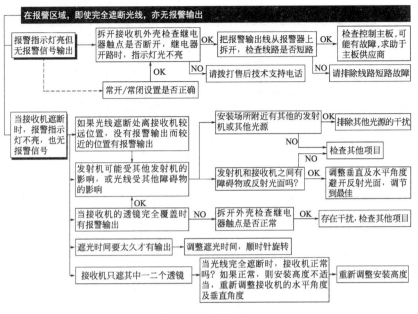

图 4-11 故障检修二

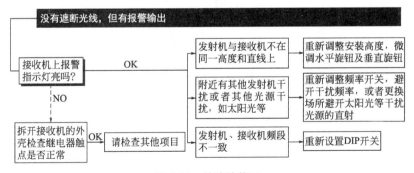

图 4-12 故障检修三

间。该系统无需布线、安装方便、操作简单、人人皆可使用。特别适用于工厂、学校、企事业单位、居民住宅等易发生盗窃的场所的安全防范。

报警器采用微电脑芯片技术，智能化程度高、可靠性能好、抗干

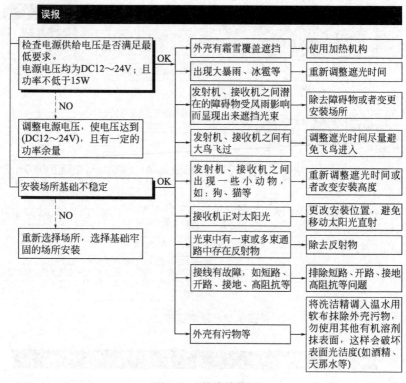

图 4-13　故障检修四

扰强、使用操作简单、报警准确及时，是重要场所、小区安全防范的一代精品。

32. 256 防区报警主机系统的功能特点是什么？

（1）具有 256 个无线防区，各防区可独立布/撤防。

（2）设计独特的组合键盘，操作简单快捷。

（3）可将任意防区设定为紧急报警防区。

（4）主机调频接收，二次变频，具有超高灵敏度、远程接收功能，有效接收距离达 3～10km。

（5）具有万年历功能，24h 制时间显示，可设置两组定时布防、撤防时间；时间和定时设置不会因停电而丢失。

（6）数码显示报警时间和防区。1～30 防区通过指示灯、数码双显示；31～256 防区数码显示。存储和记录最后 150 条报警信息，便于查询。

（7）具有外出布防和留守布防功能，便于用户根据监控需要自由设定。

（8）两种报警声音、三挡报警音量自由选择。

（9）与主机配套的探测器性能可靠、稳定，灵敏度高、误报率低、发射距离远。与主机学习式自动对码，增配简单、快捷。

（10）主机台式造型，外观时尚、豪华大方，金属机箱、坚固耐用。

（11）具有强大的扩展功能：选配电脑扩展模块，与电脑联机，可显示用户资料、报警信息、历史记录，既可独立报警，也可组成报警管理中心系统。

（12）选配电话联网报警模块，增加电话报警功能，构成联网报警系统。

（13）选配可充电池组，可交直流不间断供电，确保系统万无一失。

33. 256 防区报警主机系统的功能基础及其代码是什么？

功能基础及其代码见表 4-1。

表 4-1　功能基础及其代码

代码	功能	代码	功能
01	时间设置	09	留守布防设置
03	报警信息查询与清除	10	进入延时、外出延时设置
04	声响时间设置	11	探测器对码
05	报警音量、声音选择	12	紧急防区设置
06	第一组定时布防、定时撤防时间设置	13	1～30 防区布防指示灯设置
07	第二组定时布防、定时撤防时间设置	14	年份设置
08	开通未启用的防区		

34. 256 防区报警主机系统如何进行系统设置？

插上 220V 交流电源后，将"电源"开关置"开"的位置，交流指示灯亮后进行以下操作，操作时请参阅功能键盘图。

图 4-14　设置时间

（1）设置时间　如图 4-14 所示。按 功能 键，显示屏闪现"01"，按 确认 键，按 键进行选位（可从左到右选择"月""日""时""分"位），当选到相应的位置时对应的数字会闪动，再按 键调整"月""日""时""分"，设完后按 确认 键。

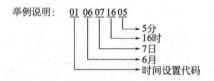

（2）报警信息查询与清除　反复按 功能 键，直至显示屏闪现"03"，按 确认 键，按 或 键查看报警信息（按 报警信息从第一条开始查询；按 从最后一条报警信息开始查询），如图 4-15 所示。

清除报警信息：反复按 功能 键，直至显示屏闪现"03"，按 确认 键，再按 清除 键，屏幕显示"03……"表示已删除所有报警信息。

（3）设置声响时间　反复按 功能 键，直至显示屏闪现"04"，按

图 4-15 查询与清除报警信息

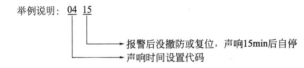

键，按![]键或![]键设置报警时间（有 00～59min 自由设置），设完后按![]键。

（4）报警音量、声音的选择 反复按 功能 键，直至显示屏闪现"05"，按![]键，按![]键选位（左边一位为"音量"，右边一位为"报警声"），当选左边一位时对应数字会闪动。此时，按![]键设置音量大小（0～3声音从小到大）。再按一下![]键切换到右边一位且对应的数字闪动，按![]键设置报警声类型（有 0～3 可选，当选 0 时为静音，选 1～3 可分别听到不同报警声），设完后按![]键。

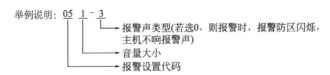

（5）设置第一组定时外出布防、定时撤防时间 反复按 功能 键，直至显示屏闪现"06"，按![]键，按![]键选位（左四位为定时布防的"时""分"位，右四位为定时撤防的"时""分"位），选择相应定时布防或撤防"时""分"位时对应的数字会闪动，再按![]键调整，设完后按 确认 键。

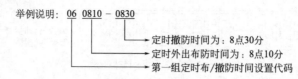

举例说明：06 0810 - 0830

> 定时撤防时间为：8点30分
> 定时外出布防时间为：8点10分
> 第一组定时布/撤防时间设置代码

消除定时布防，定时撤防时间：按功能→06→确认→清除→确认。

（6）设置第二组定时外出布防、定时撤防时间　反复按功能键，直至显示屏闪现"07"，按确认键，按键选位（左四位为定时布防的"时""分"位，右四位为定时撤防的"时""分"位），选择相应定时布防或撤防"时""分"位时对应的数字会闪动，再按键调整，设完后按确认键。

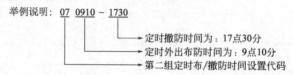

举例说明：07 0910 - 1730

> 定时撤防时间为：17点30分
> 定时外出布防时间为：9点10分
> 第二组定时布/撤防时间设置代码

取消定时布防，定时撤防时间：按功能→07→确认→清除→确认。

（7）设置留守布防（防区独立布/撤防设置）　留守布防：某一防盗防区内有留守（值班）人员，可设置为留守防区，在留守布防状态下留守防区处于撤防状态不接收探测器发出的报警信息，其余防区能处理警戒状态，可以接收报警信号。

反复按功能键，直至显示屏闪现"09"，按确认键，按键或键选择相应防区，再按清除键进行布/撤防选择（防区后显示"1"为布防，防区后显示"0"为撤防），设置完毕后按确认键。

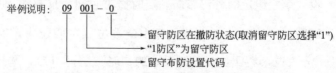

举例说明：09 001 - 0

> 留守防区在撤防状态(取消留守防区选择"1")
> "1防区"为留守防区
> 留守布防设置代码

设置后在留守布防状态，1防区不接收报警信号。

（8）设置进入延时、外出延时

① 进入延时：防区在警戒状态下，从检测到入侵信号开始到主机发出报警声的这段时间内，有 00～59s 自由设置。

设置了进入延时，报警时相应防区灯立即闪烁，延时时间到主机响报警声。

② 外出延时：本机收到布防指令后进入警戒状态下，从检测到入侵信号开始到主机发出报警声的这段时间内，有 00～59s 自由设置。

反复按 功能 键，直至显示屏闪现"10"，按 确认 键，按 键选位（左边两位为"进入延时时间"，右边两位为"外出延时时间"），当选择左边两位时相应按 键调整到所需的时间，设置完毕后按 确认 键。

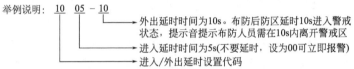

举例说明： 10　05 - 10

→ 外出延时时间为10s。布防后防区延时10s进入警戒状态，提示音提示布防人员需在10s内离开警戒区
→ 进入延时时间为5s(不要延时，设为00可立即报警)
→ 进入/外出延时设置代码

取消延时：反复按 功能 键，直至显示屏闪现"10"，按 确认 键，再按 清除 键。屏幕显示 10 00-00，再按 确认 键。

（9）设置探测器自动对码　反复按 功能 键，直至显示屏闪现"11"，按 确认 键，按 或 键选择相应防区，当选择 001 防区时按下探测器"对码"键不放，指示灯亮时按一下主机 确认 键，主机响提示音的同时屏幕显示 002 防区，表示 001 防区对码成功（重复以上操作选择对 1～256 防区码）。

清除对码：反复按 功能 键，直至显示屏闪现"11"，按 确认 键，按 或 键选择相应防区，再按 清除 键清除该防区码后按 确认 键。

（10）设置紧急防区　反复按 功能 键，直至显示屏闪现"12"，按 确认 键，按 或 键选择相应防区，再按 清除 键进行紧急报警防区设置（防区后为"1"表示该防区已设为紧急报警防区，不受布/撤防控制。防区后为"0"表示紧急报警防区撤销），设置完毕后按 确认

键。紧急报警防区不受布/撤防控制，需安装无线紧急按钮。

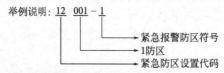

举例说明：12 001 - 1

紧急报警防区符号
1防区
紧急防区设置代码

35. 防盗报警系统如何组成？

无线智能防盗报警系统由报警主机和各种前端探测器组成。前端探测器包括门磁探测器、窗磁探测器、红外探测器、煤气探测器、烟感探测器、紧急报警按钮等。每个探测器组成一个防区，当有人非法入侵，或出现煤气泄漏、火灾警情以及病人老人紧急求救时会触发相应的探测器，家庭报警主机会立即将报警信号传送到主人指定的电话上，主人可进行监听或通知四邻，以及向公安部门报警。如果是住宅小区，只要与小区管理中心联网，则报警信息还会同时传送到小区管理中心，以便保安人员迅速处理，同时小区管理中心的报警主机将会记录下这些信息，以备查阅。

36. 防盗报警系统电路如何构成？

无线智能防盗报警系统的整机方框图如图 4-16 所示。

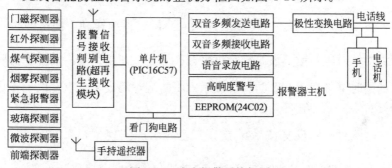

图 4-16 防盗报警系统框图

由图 4-16 报警器的方框图可知，整个系统由前端探测器和主机构成，其中前端探测器中的各种报警探头都采用无线方式。

37. 传感器与信号输入接口如何构成？

这部分电路如图 4-17 所示，由超再生式接收模块和 PT2272 解码电路组成。

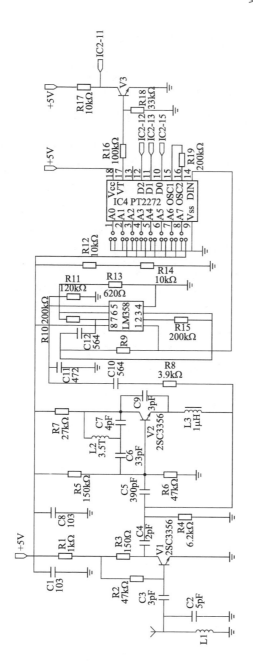

图 4-17　传感器与信号输入接口

38. 主机信号处理电路如何构成？

这部分功能比较复杂，但由于采用单片机进行处理，通过软件进行设置，使得硬件相对简单，如图 4-18 所示。

39. 主机信号处理电路是如何工作的？

主机中的单片机采用美国 Microchip 公司生产的 PIC16C57，该公司生产的 PIC 系列单片机采用精简指令集，具有省电、I/O 端口有较大的输入输出负载能力（输出拉电流可达 25mA）、价格低、速度快等特点。其中的 PIC16C57 为 28 脚 DIP 双列塑料封装，内有 20 个 I/O 口，内带 2KB 的 12 位 EPROM 存储器及 80 个 8 位 RAM 数据寄存器，但由于 PIC16C57 的片内存储量仍然不足，所以外接 ATMEL 公司的 24C02，用以保存诸如用户设置的电话号码等各类参数、采存到的数据等。它是一种低功耗 CMOS 串行 EEPROM，它内含 256×8 位存储空间，具有工作电压宽（2.5～5.5V）、擦写次数多（大于 10000 次）、写入速度快（小于 10ms）等特点。

经 PT2272 进行识别后的报警信号进入到单片机中的 RB1、RB2、RB3、RB5 口后，经比较确认无误，立即从 RB7 口输出高电平，驱动 LED2 报警指示发光二极管发光，同时经 V5 反相后使得 V5 集电极为低电平，高响度警号得电发出高达 120dB 的报警信号。为了减小主机的体积和提高可靠性，高响度警号采用外接方式，使用时只需将高响度警号的插头插入到主机的相应插孔中即可，高响度警号内部有电源电路及放大电路，实际上主机控制的是高响度警号的电源。

如果主机在使用前录有报警语音信息和电话号码，则在出现警情时除了本地有高响度警音外，还会在稍作延时后，开始轮流拨打用户设置的电话号码。这部分功能在单片机中是由 RC2、RC5、RC1 控制的，RB0、RB6 口为外接的 24C02 的时钟控制端，RB6 为读写数据端，RC4、RC1、RA0、RA1、RA2、RA3 口外接的电阻网络为双音多频信号网络。用户接到电话后，首先由 RC2 口输出高电平，用户设置的电话号码数据被调出，经双音多频电阻网络输出至外线，开始拨打用户设置的电话，用户按下接听键后，单片机的 RC7 口输出低

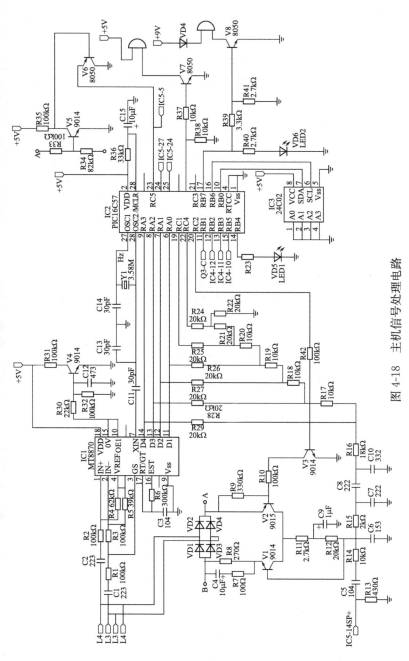

图 4-18 主机信号处理电路

电平，将 IC5 ISD1110 语音集成电路的第 24 脚 PLAYE 变为低电平，这样该集成电路处于放音状态，其中录有的报警语音信息通过第 14 脚 SP＋端经极性变换电路输出至外线，进而传输到用户电话中，如果第一组电话号码不通，在收到回馈的占线及挂机信号后，主机又会拨打第二组电话号码，循环往复。

PIC16C57 单片机采用 3.58MHz 晶振作为振荡器，因为双音多频信号均以该频率值为标准。同时该振荡信号也提供给 IC1（MT8870）双音多频解码集成电路，如果在主机内设置了远程遥控密码，那么当用手机或固定电话进行远程遥控操作时，拨打的电话及操作的功能代码信息均通过电话外线进入 IC1 的第 1 脚和第 2 脚，经 IC1 解码后经第 11、12、13、14 脚（D0、D1、D2、D3）送入 IC2 第 6、7、8、9 脚（RA0、RA1、RA2、RA3 口），由 IC2 处理作出相应设置或动作。

当进行本地或远程布防时，IC2 的第 14 脚（RB4 口）输出高电平，驱动 LED1 发光，以指示布防成功。同理，撤防时，该端口呈低电平，LED1 熄灭，以示撤防。

在进行所有设置时，主机都有声音提示，在主机上是由第 21 脚（RC3 口）输出的，通过 V7 驱动蜂鸣器发声。

在电源的处理上，也充分地考虑了用户的供电情况及可能出现的意外（比如小偷切断电源）等，因此主机内置了由 7 节镍可充电电池组成的后备电池组，平时有市电时可充电电池处于涓流充电状态，一旦停电或遇意外情况，主机能够立即由后备电池供电，具体电路如图 4-19 所示。特别值得一提的是，报警器在使用过程中，往往会遇到停电的情况，

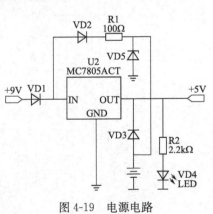

图 4-19　电源电路

如果此时可充电电池的开关没有设置在使用状态，则原来已布防好的主机会撤防，这是不允许的，因此在编制软件过程中要充分地考虑这

一点，要使得主机在来电时的复位过程中自动进行布防，当然可充电电池设置在使用状态时不存在这个问题。

主机内部配备有大容量镍氢可充电电池，如果将主机背后的电池开关置于 ON 位置，则可以使备用电池平时处于浮充状态，在停电时自动切换到备用电池上继续工作，确保工作可靠，如果电池开关置于 OFF 位置，则只使用外部电源，备用电池不工作。正常使用时建议将电池开关置于 ON 位置，如果主机长期不使用应该将电池开关置于 OFF 位置。

为了确保主机工作的可靠性，在主机内设置了自动复位及看门狗电路，确保程序的正常运行。

40. 语音控制与录放电路的功能是什么？

这部分电路采用美国 ISD 公司生产的 ISD1110 高品质单片语音处理大规模集成电路。该集成电路内含振荡器、话筒前置放大、自动增益控制、防混淆滤波器、平滑滤波器、扬声器驱动及 EEPROM 阵列。因此具有电路简单、音质好、功耗小、寿命长等优点。这里采用的是 COB28 脚封装，也就是俗称的黑胶封装。

41. 语音控制与录放电路如何组成？

电路组成如图 4-20 所示，其中的第 5、9、24、27 脚，即 A4、A6、PLAYE（放音控制端）、REC（录音控制端）均由 IC2 单片机 PIC16C57 控制。当需要对主机进行报警语音信息录制时，只要按住 SW 键不放，对着话筒说话即可将其内容写入芯片内。当报警时，主机发出控制命令，使得 IC5（ISD1110）语音集成电路的第 24 脚 PLAYE 变为低电平，这样该集成电路处于放音状态，其中录有的报警语音信息通过第 14 脚 SP＋端经极性变换电路输出至外线，进而传输到用户电话中。

42. 双音多频发送与接收电路是如何工作的？

双音多频电话号码信号由单片机控制保存在 IC3（24C02）EEP-ROM 中，发送时，由单片机发出控制指令，由单片机外接的电阻网络经电话外线发送出去。接收时，由 IC1（MT8870）双音多频集成

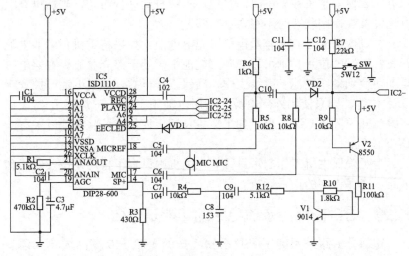

图 4-20　语音控制与录放电路

电路解码器解码，再送入 IC2 单片机中进行处理。

43. 遥控信号发送电路是如何工作的？

　　为了方便用户进行布防和撤防，主机配备有遥控器。这种遥控手柄的体积非常小巧玲珑，可以很方便地像装饰品一样被挂在钥匙圈上，面板上有四个不同图标的操纵按键及一个红色的发射指示灯。为了缩小体积，内部的编码芯片采用宽体贴片的 SC2262S，电池也是用更小的 A27 遥控专用 12V 小电池，发射天线也是内藏式的 PCB 天线。遥控器的电路组成如图 4-21 所示。内部采用进口的声表谐振器稳频，所以频率的稳定度很高。当遥控器没有按键按下时，PT2262不接通电源，其第 17 脚为低电平，所以 315MHz 的高频发射电路不工作。当有按键按下时，PT2262 得电工作，其第 17 脚输出经调制后的串行数据信号。在 17 脚为高电平期间 315MHz 的高频发射电路起振并发射等幅高频信号，在 17 脚为低电平期间 315MHz 的高频发射电路停止振荡，所以高频发射电路完全受控于 PT2262 的 17 脚输出的数字信号，从而对高频电路完成幅度键控（ASK 调制），相当于调制度为 100% 的调幅，这样对采用电池供电的遥控器来说是很有利的。

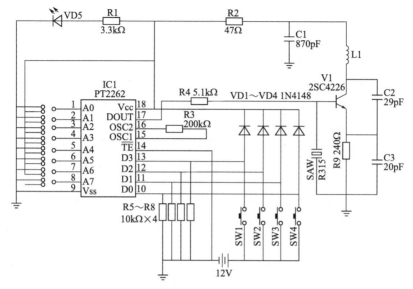

图 4-21　遥控信号发送电路

44.　主机如何安装与连接？

将随机附带的 9V 500mA 的交流电源插入主机的 DC input 9V 电源插座孔内，这时主机上的绿色电源指示灯 power LED 就会点亮。再将电信局的电话线插入主机上的线路输入端口 Line in，并且把随机附带的电话连接线一端水晶插头插入主机的线路输出端口 Line out，另一端插入电话中。将高响度报警器的插头插入主机的 Speaker out 报警输出插孔上，再将主机的天线竖起并全部拉出，这样主机就安装连接完毕了。

45.　报警语音如何录制？

主机可以进行高质量录音，用于在报警时自动在电话中播放。录音方法为：按住主机后面的 Record Button 录音按键不放，大约 3s，听到"哔"的一声后，在距离主机 MIC 麦克风约 20cm 的位置讲话，例如"某某新村某某号有紧急情况，请马上过来"，注意录音时间不

能超过 10s，录音完毕后，松开录音按键，主机发出一长一短的"哔-哔"声后表示录音完成。录入的语音信息永久保存，断电也不会丢失。

46. 如何设置报警电话号码？

本机最多可以设置六组报警电话号码，主机报警时会依次循环拨打所设号码报警，直至拨通为止。如果不需要六组也可以只用其中的几组，如果需要更改其中的某一组号码，只要重复操作覆盖即可。设置方法为：首先按住主机后面的 Record Button 录音按键约 1s 后松手，听到"哔"的一声后，拿起听筒在电话键盘上按入"＃1＊（报警电话号码）＃"即可（注意：正确操作时，每按一个按键，主机都会发出"哔"的一声确认音，按入每一组中最后的＃号后主机会发出一长一短的"哔-哔"声，表示输入完成。在输入设置电话号码的过程中，电话内可能会出现"你拨打的是空号，请核对后再拨"或其他的提示语音，对此用户不用理会），这样就完成了第一组报警电话号码的设置，其他几组的设置方法与此类似。

第一组：输入＃1＊（报警电话号码）＃；

第二组：输入＃2＊（报警电话号码）＃；

第三组：输入＃3＊（报警电话号码）＃；

第四组：输入＃4＊（报警电话号码）＃；

第五组：输入＃5＊（报警电话号码）＃；

第六组：输入＃6＊（报警电话号码）＃。

注意：本地报警电话号码前不需要加区号，手机号码前是否加 0 根据实际情况确定。"＃0＊""＃9＊""＃7＊×××× ＃"和"＃8＊×××× ＃"等已作其他用途，不能设置为报警电话号码。每设置一个电话号码之前，必须先按一下录音键，当主机发出一声短促的"哔"声后，才可进行输入。

注意：设置报警号码请保持周围环境的安静，否则影响录码效果。

47. 如何设置远程控制密码？

远程控制密码最多设置 4 位，例如：1234、111、45 等。设置方法为按住主机后面的 Record Button 录音按键 1s 后松手，听到"哔"的一声后，在电话机键盘上按入"♯7*　（四位控制密码）♯"即可，这样就完成了远程控制密码的设置。如果需要更改密码，只要重复操作覆盖即可。

48. 如何设置报警模式？

本系统拥有两种报警模式：强音报警和静音报警。

（1）设置强音报警。

设置格式为：♯9* 。

操作流程：摘机，按录音键约一秒再释放，输入"♯9* "，听到"哔"的一声，再听到一长一短的"哔-哔"声后表示设置完成。

（2）设置静音报警。

设置格式为：♯0* ；

操作流程：摘机，按录音键约一秒再释放，输入"♯0* "，听到"哔"的一声，再听到一长一短的"哔-哔"声后表示设置完成。

如果主人没有设置报警留言和报警电话号码，主机会每隔 30s 发出一声"哔"，提醒主人录入报警留言和报警电话号，以免影响正常使用。

49. 如何设防？

主机使用非常容易，随机配备了 2 个遥控器，主人每天上班离家或晚上就寝时按下遥控手柄的设防按钮，主机会发出"哔"的一声确认音，同时主机上的 Lock/Unlock Status 红色设防指示灯就会点亮，表示主机处于设防状态。

50. 如何报警？

主机处于设防状态，当各种前端探测器探测到警情信息时，探测器会立即发出无线报警信号，主机接收报警信号后会立即驱动高响度警号进行现场报警，并自动拨打多组报警号码报警。主人接到报警电话接听时，会听到预先录入的报警语音，例如"某某新村某某号有紧急情况，请马上过来"，然后是环境声音，本机能监听到现场的脚步声、说话声等，监听半径达 10m，听感清晰。

主人听清报警留言后可以按电话机的"♯"键（或者是数字键6）确认报警成功，这时主机会停止报警，如果主机拨打的电话没打通，或者没有收到"♯"（或者是数字键6）确认，主机还会依次拨打下一个报警号码，循环往复，直到拨通电话，收到"♯"确认为止。如果按一次"♯"键（或者是数字键6）不能停止报警，可以连续按"♯"键（或者是数字键6）几次即可。

51. 如何解防？

主人在家或者从外面回来时只要按下遥控器上的解防按钮，主机会发出"哔"的一声确认音，同时主机上的 Lock/Unlock Status 红色指示灯就会熄灭，表示主机处于解防状态。

52. 如何进行远程操作？

有时候可能遇到这样的情况：离家出门时忘记布防，等到了工作地点才想起来，还有时候会对家里的情况不放心，因此可以使用远程操作功能。远程操作是通过手机或异地电话登陆报警系统主机后，进行远程监听、远程布防、远程撤防、远程紧急报警、远程解除报警等。

（1）远程登录。进行远程控制之前，必须进行远程登陆。用户可用手机或异地电话拨打与主机并接的电话，当听到 6～8 次电话回铃音之后，主机会自动摘机，并回应"哔"的一声，用户应快速输入预先设置的密码，输入正确后远程登陆成功。登陆成功后用户可通过电话机或手机的键盘进行以下远程操作。

（2）远程监听。按电话键盘的数字 1 可以监听环境声音 20s，如果你想继续监听，只要在 20s 以内再按一次电话键盘的数字 1，就能再监听 20s，这样可以实现连续监听。

（3）远程布防。按数字键 4，主机回应"哔"的一声，表示远程布防成功。

（4）远程撤防。按数字键 5，主机回应"哔"的一声，表示远程撤防成功。

（5）远程紧急报警。按数字键 2，主机回应"哔"的一声，与主机相连接的高响度警号发出 120dB 的强音警笛声，可威吓盗贼，此时主机不会自动拨号。

（6）远程解除报警。按数字键 3，主机回应"哔"一声，主机解除报警，与主机相连的高响度警号停止发声，主机回到报警前的状态。

（7）退出。按数字键 6，可以立即退出。

53.　巡检管理系统如何构成？

经济型巡更系统方案示意图如图 4-22 所示。

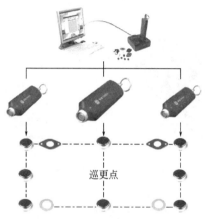

巡更点

图 4-22　经济型巡更系统方案示意图

54.　巡检管理系统的工作过程是什么？

首先在指定的路线或重点设备上安装巡更点，通过管理软件，将巡更点——对应输入巡更地点名称，然后在管理软件中进行相应的设置并制订巡检计划。将巡检器发放到巡逻人员手中。在巡检过程中，巡逻人员必须携带巡检器，按巡检计划到达规定地点，并用巡检器接触指定的巡更点，信息将自动存于巡检器中。每天或每周巡检工作完成后，管理员通过通信座，将巡检器与计算机 USB 口相连，通过管理软件将巡检器内的数据信息读取到计算机中保存，管理人员可以通过报表查询到巡逻人员的具体工作情况。这样不仅提高了工作效率，同时也给管理者和用户提供了一个科学、准确的信息和查询依据。

55. 接触式巡检器的功能是什么？

工作时伴有灯光闪烁及声音提示功能，合金外壳坚固耐用，没有可拆动的零件，独特密封设计实现防水、防尘功能，同时具有防过压、防过流、防雷击、防静电等保护措施，特别适合于实际工作需要。巡检器采用低功耗设计，耗电量极低，大大延长了电池及巡检器的使用寿命，同时采取了防静电、防干扰、防雷击及掉电保护等先进的电路安保措施，数据可存储 20 年以上，确保数据安全可靠，外形如图 4-23 所示。

图 4-23　接触式巡检器外形图

56. 巡更点的作用是什么？

巡更点无需电源，无需布线，具有防水、防尘、防腐蚀、耐高低温、使用寿命长且体积小等特点，具有静电保护功能及唯一性无法复制。各种巡更点的外形如图 4-24 所示。

57. 通信座的作用是什么？

合金外壳，坚固耐用，具有工作状态提示功能。插孔簧片采用美国原装进口白钢片，具有寿命长、故障率低等特点。平均寿命是同类产品的 5 倍，平均无故障时间长达 5 年以上；采用 USB 通信方式，数据读取、传输安全可靠，传输过程中遇到停电或通信线路中断时，不会造成数据的丢失；工作进程可通过面板上三个指示灯显示。外形如图 4-25 所示。

夜光标签

图 4-24　巡更点外形图

图 4-25　通信座外形

第五章

消防控制系统

1. 火灾报警控制器的类型有哪些？

　　按用途、探测技术、信号处理、系统连线以及智能化程度分类又有诸多类型。因此，国内外没有统一的分类。火灾报警控制器按其技术性能和使用要求进行分类，是多种多样的，国内现存的分类如图5-1所示。

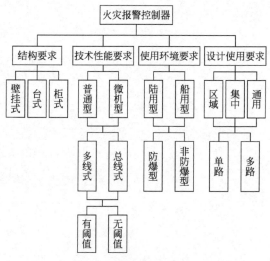

图 5-1　火灾报警控制器的分类

2. 什么是监控智能？

智能集中于控制部分，探测器输出模拟信号。该系统是我国现阶段火灾报警的发展方向。探测器本身相当于传感器，将其探测的参数以模拟信号输出，传输给控制器，由控制器对这些信号进行处理，判断是否发生火灾。它不仅解决了由于探测零点漂移而引起的非真实可靠探测的问题和探测器检查问题，而且提高了系统的抗干扰性，增加了可靠性。

3. 什么是探测智能？

智能位于探测部分。控制部分为开关量信号接收型控制器的系统中，探测器是关键。探测器中的智能根据环境的变化而改变自身的探测零点（探测零点指探测器在无任何补偿情况下输出的基值），对自身进行补偿，并对自身能否真实可靠地完成探测做出判断，在确认自身不能可靠工作时给出故障信号。系统中的一般接收开关量信号的控制器，对火灾探测过程不产生作用。这种系统由于成本、探测器体积等的限制，其智能程度及可靠性不高，但它解决了由于探测零点漂移而引起的非真实可靠探测的问题和自身检查的问题。

4. 什么是探测智能和控制智能兼有？

这是智能化程度更高的系统。其可靠性更高，但缺点是成本高。其传输方式为数字信号，系统根据智能作用的不同，由探测器和控制器分工进行信号采集和处理。这种智能化程度较高的火灾自动报警和系统，在国外被人称为"火灾智能报警系统"。它可像人的感觉器官那样，高可靠探测火灾，实现昼夜 24h 连续监视。人们对火灾智能报警系统的期望在于：首先要求系统早期发现火灾，其次要求消除误报和降低系统的成本费。火灾智能报警系统最终可能发展到机器人智能报警系统。

5. 新型复合型探测研制的火灾自动报警系统有哪些？

在诸多新技术新产品中，一种将通常用的离子感烟改进为用CO传感器组合的复合探测器，由于空气中的CO含量变化早于烟雾和火焰的生成，因此它响应速度更高［可测出（1～20）×10^{-6}的变化］，发展前景很好。新型复合型探测研制的火灾自动报警系统有以下几种。

（1）实用型复合探测器　实用型复合探测器集感烟、感温和感CO传感器三位一体，其中感CO浓度传感器优点在于：比光电式感烟传感器能更早地感知阴燃火灾，对水蒸气和粉尘不敏感，所以非火灾报警少；采用高分子固体电解质电化学式烟感CO浓度，灵敏度高（20×10^{-6}），反应速度快，耗电少，时效稳定性好，寿命长；带有氧化还原反应的监测装置，具有自我诊断寿命功能；带有温度补偿装置，消除了周围温度导致传感器输出对温度的依赖性。

由于三种传感器组成一个复合探测器，电路部分集成电路化，实现了小型化，与原来的感烟探测器一样大。探测器通过开关可以设定固定地址。

复合探测器向中断器传送数据采用依时间多路传输方式，配线用二线制，一对线可以连接多个探测器。

（2）人体红外线探测器　人体红外线探测器由热电偶型探测元件和菲涅耳透镜组成，可以探测一定范围内的人体红外线，并把随人体活动而变化的红外线值转换成电压变化信号输出。

许多非火灾报警都是人为的，确定火灾现场是否有人，是控制产生非火灾报警的有效方法之一。当中央报警控制器收到来自中继器的火灾信号时，电话自动应答系统就自动接通该房间的电话，只要对方拿起话筒，这个信号当即被测出，电话应答系统用来确定在红外线探测器正下方某个范围内是否有人。

（3）模糊专家系统　该新型系统推论，判断火灾、非火灾时用专家系统与模糊技术结合而成的模糊专家系统进行。判断结论用全部要素函数形式表示。判断的依据是各种现象（火焰、阴燃冒烟、吸烟浓烟、水蒸气）的确信度和持续时间。全部要素数是用在建筑物中收集的现场数据了解在试验室取得的火灾、非火灾试验数据编制的。

（4）中央报警控制器 复合探测器、人体红外线探测器用数字信号传输线（NMAST）与中继器连接。建筑物每层设一个中继器，与中央报警控制器相连。当中继器推论、判断火灾时，则要分析火灾状况。中央报警控制器的液晶显示器上，中继器送来的熏烟浓度、温度、CO浓度的变化，模糊专家系统推论、判断火灾、非火灾的确信度，用曲线和圆图分割形式显示，现场是否有人，都一目了然。

该新型系统能够准确地判断火灾与非火灾，如果是火灾，又可以判断是发焰火灾或阴燃火灾，是否产生大量有害气体，火灾现场是否有人；对水蒸气、煤气炉气体能很快判断，不会产生误报；对于吸烟、炒菜产生的烟完全能够识别。

6. 消防探测器的类型有哪些？

火灾探测器可分为感烟式、感温式、光电式、可燃气体式和复合式，而它们各有各自的特点，但各种探测器也有一定的局限和适用范围，要根据安装高度、预期火灾特性及环境条件等选用。其类型如表5-1所示。

表 5-1　消防探测器的类型表

感烟型火灾探测器	点型	光电式	散射型 减光型
		离子式	双源型 单源型
	线型	红外线光束型 激光型	
感光型火灾探测器		红外火焰型 紫外火焰型	
可燃气体型 火灾探测器		气敏半导体型 铂丝型 铂铑型 光电型 固体电介质型	

			水银接点型
感温火灾探测器	点型	定温式	易溶合金 热电偶 玻璃球 半导体 双金属 热敏电阻
		差温式	半导体 热敏电阻 双金属 膜盒型
		差定温式	热敏电阻 双金属 膜盒型
	线型	定温式	多点型 缆型
		差温式	空气管型

7. 什么是感光式火灾探测器？ 分为几种？

感光式火灾探测器也叫做火焰探测器。这种探测器适用于生产、储存和运输高度易燃物品的场所。由于光线的传播速度极快，这种探测器对起火速度快且无烟雾遮蔽的明火火灾反应迅速。

感光式火灾探测器可分为红外线火焰探测器和紫外线火焰探测器。

（1）红外线火焰探测器采用红外线光电管作为敏感元件。红外线火焰探测器对于波长大于 700nm 的红外线非常敏感。

（2）紫外线火焰探测器采用紫外线光电管作为敏感元件。紫外线火焰探测器对于波长小于 400nm 的紫外线非常敏感。紫外线火焰探测器的结构如图 5-2 所示。

感光式火灾探测器适用于：火灾时有强烈火焰辐射的场所，无阴燃阶段火灾的场所，需要对火焰做出迅速反应的场所。

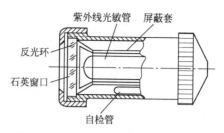

图 5-2　紫外线火焰探测器结构示意图

8. 什么是感烟式火灾探测器？ 分为几种？

感烟式火灾探测器，它是利用火灾发生时的烟雾，通过烟雾敏感检测元件检测之后，并发出报警信号的装置。按敏感元件的不同，感烟式火灾探测器分为离子感烟式和光电感烟式两种。

（1）离子感烟式火灾探测器　离子感烟式火灾探测器能放射 α 射线的放射源镅 241。放射源放出的 α 射线高速运动，从而使空气电离成正负离子，这时在两个极板上加一个电压 E，极板间就会形成离子电流，这样的结构叫做电离室。当发生火灾时，烟雾进入电离室后，对 α 射线产生阻挡作用，使离子电流减小。利用电子线路检测离子电流的变化，这时就可以判断进入电离室的烟雾浓度。当浓度达到一定值时发出报警信号。

为了减少环境温度条件等一些对离子电流方面的影响，提高离子式感烟探测器的稳定性，在探测器上设计了两个电离室，如图 5-3 所示。图 5-4 所示为常用无线感烟报警器的外形及内部结构。

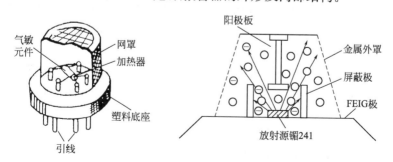

图 5-3　单源离子式感烟火灾探测器结构形式

图 5-4　常用无线感烟报警器外形及内部结构

在图 5-3 中，放射源与阳极板之间是一个相对封闭的空间，烟雾不易进入，叫做电离室，而放射源与金属外罩之间又形成了一个半开放的空间，烟雾容易进入，叫做检测电离室。由于烟雾的作用，从放射源到 FEIG 极和金属外罩间的两个离子电流大小将不同。用电子线路检测两个电流之差，就可以判断烟雾的浓度，起到报警的作用。

（2）光电感烟式火灾探测器　　光电感烟式火灾探测器又分为减光式和散射光式两种。

① 减光式　探测器的检测室内装有发光元件和受光元件。正常情况时，受光元件接收发光元件的一定光量，从而产生光电流，当发生火灾时，探测器的检测室进入大量烟雾，发光元件发射的光受到烟雾的遮

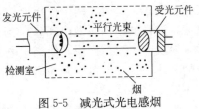

图 5-5　减光式光电感烟
火灾探测器原理图

挡，从而使受光元件接收的光量减少，光电流减小，即探测器发出报警信号。减光式光电感烟火灾探测器原理如图 5-5 所示。这种火灾探测器为点式探测器，即探测器监测的是某一个点上的火灾信号。目前这种形式的探测器应用较少。

② 散射式　目前各国生产的点型光电感烟火灾探测器多为这种形式。这种探测器的检查室内装有发光元件和受光元件。正常情况下，受光元件接收不到发光元件发出的光，所以不产生光电流。在火灾发生时，烟雾进入探测器的检测室，由于烟粒子的作用，发光元件发射的光产生散射，而这种散射光被受光元件所接收，使受光元件阻抗发生变化，产生光电流，从而实现了将烟雾信号转变成电信号的功

能，探测器发出报警信号。散射光式光电感烟火灾探测器的原理如图5-6 所示。

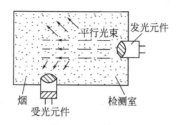

图 5-6　散射光式光电感烟火灾探测器原理图

9.　感温式火灾探测器的工作原理是什么？有何特点？

感温式火灾探测器的工作原理是：物质在燃烧中，释放出大量的热，环境温度升高，使探测器中的热敏元件发生物理变化，将温度信号转变成电信号，再传输给火灾报警控制器，从而发出火灾报警信号。

感温式火灾探测器按探测面的不同，分为点型和线型两种；按工作方式的不同，分为定温式和差温式两种。

（1）定温式点型感温火灾探测器的结构原理　当火灾环境温度达到所规定的某一温度值时，即动作。定温式点型感温火灾探测器根据其传感器件的不同，分多种类型。应用比较广泛的传感器件为不同线胀系数的金属片和半导体热敏电阻。金属片火灾探测器的结构原理如图 5-7 所示，电子定温火灾探测器的结构原理如图 5-8 所示。

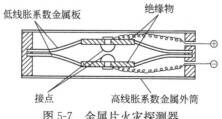

图 5-7　金属片火灾探测器

图 5-7 所示为由线胀系数大的金属外筒和线胀系数小的内部金属板组合而成的定温火灾探测器。当温度升高时，利用其线胀系数的差使触点闭合。

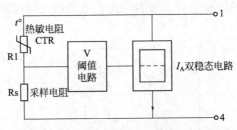

图 5-8　电子定温火灾探测器的原理图

电子定温探测器采用特制热敏电阻作为传感器件，具有技术先进、结构简单、可靠性高等特点，也可以和离子感烟式探测器配合使用以满足不同使用对象和场所的需要。

（2）定温式线型感温火灾探测器的结构与原理　这种探测器实际上是一根热敏电缆，它由两根弹性钢丝、热敏绝缘材料、塑料包带及塑料外护套组成。热敏电缆结构如图 5-9 所示。

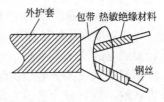

图 5-9　热敏电缆结构图

在正常情况下，两根钢丝间呈绝缘状态，而在每一热敏电缆中都有一极微小的电流。当热敏电缆线路上任何一点的温度上升到额定动作温度时，绝缘材料将会熔化，两根钢丝互相接触，此时报警回路电流变化，控制器发出声、光报警。同时，数码管显示火灾报警的回路号和火警的距离。经人工处理后，热敏电缆可以重复使用。

10.　火焰传感器如何应用？　工作原理是什么？

图 5-10　火焰
传感器外观

在火灾发生初期，先有小的火焰出现，这时的火光含有 200mm 左右狭窄的紫外线频带，只要检测到这段频带的紫外线，就说明有火焰发生，具有这种功能的传感器就是被称为 UVtron 的充气放电管，管内有两个电极，外观如图 5-10 所示，它对红外线及可见光完全没有响应，只对 200mm 的火焰紫外线有较高的灵敏度。

UVtron 在水平方向和垂直方向都有宽的指向特

性，因而适合在大范围内监视火焰的发生。利用 UVtron（型号 R2868）的火灾报警器电路如图 5-11 所示。要使 UVtron 工作，需给阳极加上

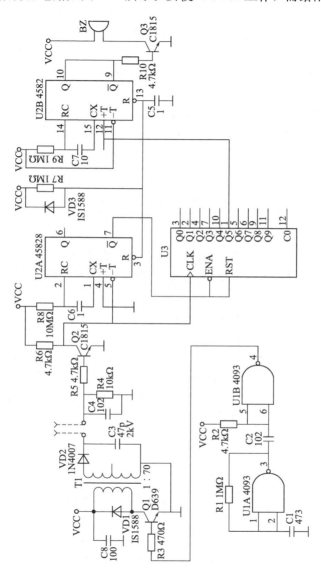

图 5-11　火灾报警器电路（图中电容无单位的是 pF）

350V 电压，由反相器 U1A、U1B、三极管 Q1 及变压器 T1 等构成开关电源，经 VD2 整流后供给阳极直流高压。电路供电电压 VCC＝5V。

为了防止因背景放电产生误动作，由 U2A（单稳多谐振荡器）、U2B（单稳多谐振荡器）、U3（十进制计数器）构成误动作防止电路。当火焰紫外线入射时，产生的脉冲间隔在 1s 之内，而背景放电产生的脉冲，其间隔为 10s 甚至数百秒，所以，如果在 2s 内有连续 5 脉冲出现，可判定为有火焰。输出脉冲经三极管 Q2 后，一路触发 U2A，产生秒脉冲，另一路同时由 U3 计数，当计数达到 5 个以上时，U2B 被触发，其"Q端"输出高电平，使 Q3 导通而驱动继电器或蜂鸣器。R7、VD3、C5 构成上电复合电路，使 U2 的复位端为 0，避免在接电源时产生不需要的脉冲。

11. 安装 UVtron 时需注意哪些事项？

在安装 UVtron 时需注意：

（1）阳极和阴极不能接错，UVtron 引脚长的一个为阳极；

（2）焊接引脚时温度不能过高以免引起玻壳破裂，一般焊接时应使温度低于 300℃，持续时间不超过 5s；

（3）安装地点要避免受到电焊弧光、紫外线菌灯、卤素灯、氙灯以及金属卤化物灯直射；

（4）由于 UVtron 在放电时自身产生紫外线，因而若在 5m 范围内安装了多个 UVtron，要注意避免相互间的影响。

安装探测器时，注意探测器的位置、方向和接线方式，因为它将直接影响到整个火灾自动报警系统的质量与性能。安装探测器时，要按施工图选定的位置，现场定位划线进行安装，在吊顶上安装时，注意纵横成排对称，内部接线要紧密，固定时要紧固而美观。有些设计完善的火灾报警施工图充分考虑了各种管线、风口、灯具等综合因素来确定探测器安置位置，而一般施工图只提供探测器的数量和大致位置。如果在现场施工时，遇到风管、风口、排风机、工业管道、行车和照明灯具等各种障碍时，就要对探测器的位置作必要的移位，如果移位超出了探测器的保护范围，则应与设计单位联系，进行设计修改变更。

12. 什么是消防设施？

消防设施是在火灾发生后及时加以控制、扑灭的设施，因此各国对消防设备均有严格要求。目前常见的消防设施有手动和自动灭火系统、防排烟系统和其他有关设备。

在建筑物内按照适当间隔和高度，装有自动喷头的喷水灭火系统为自动喷水灭火系统。它分为湿式自动喷水灭火系统（如图 5-12 所示）、干式自动喷水灭火系统（如图 5-13 所示）及水喷雾灭火系统。

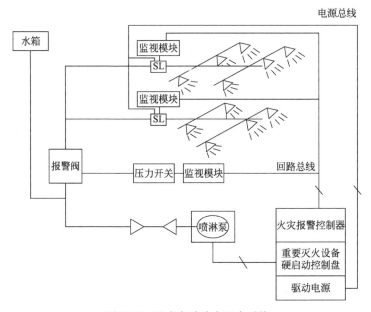

图 5-12　湿式自动喷水灭火系统

（1）湿式自动喷水灭火系统的特点及应用范围　湿式自动喷水灭火系统具有结构简单、工作可靠、灭火迅速等优点，因而得到了广泛应用，但不适于有冰冻的场所或温度超过 70℃ 的场所。

（2）干式自动喷水灭火系统的特点　干式自动喷水灭火系统是在报警阀前的管道内充以压力水，在报警阀后的管道内充以压力气体。干式自动喷水灭火系统由升式喷头、管道系统、充气设备、干式报警

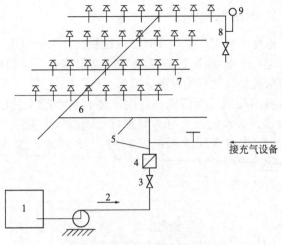

图 5-13　干式自动喷水灭火系统

阀、报警装置和供水设施等组成。

当发生火灾时，由探测器发出的信号经过消防中心的联动盘发出指令操纵电磁或手动两用阀打开阀门，从而使各干式喷头同时按预定方向喷洒水滴。与此同时，联动盘还发出指令启动喷水泵保持水压。水流流经水流开关时，水流开关发出信号给消防中心，表明喷洒水滴灭火的区域。

干式喷水灭火系统适用于环境在 4℃ 以下和 70℃ 以上而不宜采用湿式喷水灭火系统的地方，其特点是报警前的管道无水，不怕结冻，不怕环境温度高，适用于对水流会造成严重损害的地方。

（3）水喷雾灭火系统　水喷雾灭火系统是一种由水雾喷头、管道和控制装置组成的水灭火系统。

蒸汽灭火系统利用水蒸气来降低含氧量进行灭火。

13. 什么是二氧化碳灭火系统？

二氧化碳灭火系统（高压或低压系统），它是由二氧化碳供应源、喷嘴和管路组成的水火火系统（如图 5-14 所示）。

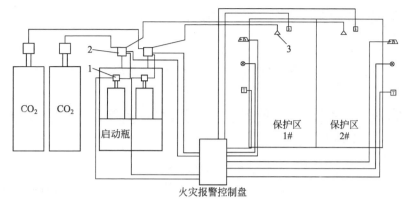

图 5-14　二氧化碳灭火系统

14. 消火栓系统如何构成？

消火栓系统是由供水管路、阀门、软管和水喷嘴组成的灭火装置。室内消火栓系统采用高压或临时高压系统，临时高压系统应该在消火栓处设置启动消防泵的按钮。

15. 消防联动控制的内容是什么？

在火灾自动报警系统中，当接收到来自触发器件的火灾报警信号时，能自动或手动启动相关消防设备并显示其状态的设备，称为消防联动控制设备。消防联动控制设备动作时主要有以下内容：灭火系统控制，包括室内消火栓、自动灭火系统的控制；防排烟系统的控制；消防电梯的控制；火灾应急广播、火灾应急照明与疏散指示的控制；消防通信设备的控制，及时向消防部门发出信号。

16. 室内消火栓系统的功能有哪些？

（1）控制消防水泵的启、停。

（2）显示启动泵按钮启动的位置。

（3）显示消防水泵的工作、故障状态。

17. 自动喷水灭火系统的功能有哪些？

（1）控制系统的启、停。

（2）显示报警阀、闸阀及水流指示器的工作状态。

（3）显示消防水泵的工作、故障状态。

18. 有管网的卤代烷、二氧化碳等灭火系统的功能有哪些？

（1）控制系统的紧急启动和切断装置。

（2）由火灾探测器联动的控制设备，应具有 30s 可调的延时装置。

（3）显示系统的手动、自动工作状态。

（4）在报警、喷射各阶段，控制室应有相应的声、光报警信号，并能手动切除声响信号。

（5）在延时阶段，应能自动关闭防火门、窗，停止通风、空气调节系统。

19. 火灾报警后，消防控制设备对联动控制对象的功能有哪些？

（1）停止有关部位的风机，关闭防火阀，并接收其反馈信号。

（2）启动有关部位的防烟、排烟风机（包括正压送风机）和排烟阀，并接收其反馈信号。

20. 火灾确认后，消防控制设备对联动控制对象的功能有哪些？

（1）关闭有关部位的防火门、防火卷帘，并接收其反馈信号。

（2）发出控制信号，强制电梯全部停于首层，并接收其反馈信号。

（3）接通火灾事故照明灯和疏散指示灯。

（4）切断有关部位的非消防电源。

21. 火灾确认后，消防控制设备按照疏散顺序接通火灾报警装置和火灾事故广播报警装置的控制程序，应符合哪些要求？

（1）二层及二层以上楼层发生火灾，宜先接通着火层及其相邻的上下层。

（2）首层发生火灾，宜先接通本层、二层及地下各层。

（3）地下层发生火灾，宜先接通地下层及首层。

22. 消防联动控制的方式有几种？

消防联动控制的方式有总线－多线联动方式、全总线联动方式和混合总线联动方式。它由火灾报警控制器而定。

23. 总线-多线联动系统如何构成？

如图 5-15 所示。总线-多线联动系统中从消防控制中心到各联动设备点的纵向连线为 10 根左右的总线，但该系统并不减少横向连线。该系统适合于平面面积不是很大，但层高较高的场所。联动控制模块为多路输出控制，多路输入，各层设一个控制模块。在输入输出点不够的情况下，可增加模块，集中放在同一地方，也可划分各设一个控制模块。

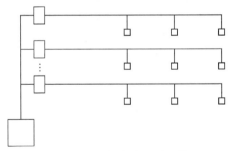

图 5-15　总线-多线联动系统

24. 全总线联动系统如何构成？

如图 5-16 所示。全总线联动控制系统配置有控制模块（控制或

反馈），从控制模块到消防控制中心，采用总线制通信方式，一般是三根以上的通信线。它的特点是系统的管线简单，但所需设备造价较高。在实际应用中，往往兼顾到各方面的要求，采用复合控制模式，即多线制、总线制、全总线制复合控制模式。一般一些重要设备（如泵类等）仍然采用多线制。有些面积不大或设备相对集中的场合采用多路输出控制模块，分散的联动设备则采用全总线联动的模式。联动设备中，有些设备需联动系统提供电源（如某些阀门），这时应考虑联动系统的输出方式与负荷能力，有时需设专用的控制电源。

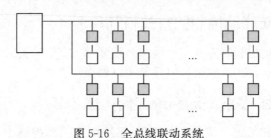

图 5-16　全总线联动系统

25.　混合总线联动系统如何构成？

如图 5-17 所示。有些厂家的总线制报警系统中增加了联动功能，形成报警联动的混合总线。此类总线设备一般包括火灾探测器、报警与反馈模块、控制模块，也有的为控制兼反馈模块。混合总线模式减少了总线的数量，但总线功能不分明，系统调试维护困难，大多数情况下，联动模块还需增加联动电源，实际形成报警二总线、联动四总线的模式。

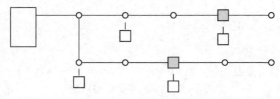

图 5-17　混合总线联动系统

26. 什么是自动防火排烟系统？

火灾发生时产生的烟雾中有大量的一氧化碳，它能使人窒息死亡。另外，目前塑料制品、化纤制品等装饰装修材料以及家具已大量进入建筑物，这些物品一般都易燃，并且燃烧时会产生和释放出大量有毒气体，对人体的危害极大。特别是高层建筑，因其自身的"烟囱效应"，失火时，烟的上升速度极快，会马上扩散到建筑物内的非失火部分。所以，火灾发生后把烟气迅速排出去，并防止其窜入其他地方显得尤为重要。自动防火排烟设备有防火门、防火卷帘门、防烟垂壁、用于空调系统风道的防烟防火调节阀、排烟风机等。这些设备都能由火灾报警控制器输出的联动控制信号进行控制，有些是由自身的温度熔断器等进行控制的，并且还能手动直接控制。

27. 防烟方式有几种？

防烟方式归纳起来有非燃化防烟、密闭防烟、阻碍防烟和加压送风防烟几种方式。

（1）非燃化防烟方式　防烟的基本做法首先是非燃化。非燃化防烟是从根本上杜绝烟源的一种防烟方式。关于非燃化的问题，各国都制定了专门的法规或规范，对包括建筑材料、室内家具材料以及各种管道及其保温绝热材料在内的各种材料的燃化都作了明确的规定，特别是对那些特殊建筑、大型建筑、地下建筑等许多场所，其要求是非常严格的。非燃烧材料的特点是不容易发烟，即不燃烧且发烟量很少，所以非燃材料可使火灾时产生的烟气量大大减少，烟气光学浓度大大降低。

（2）密闭防烟方式　对发生火灾的房间实行密闭防烟也是防烟的一种基本方式，其原理是采用密封性能很好的墙壁等将房间封闭起来，并对进出房间的气流加以控制。房间一旦起火，一般可杜绝新鲜的空气流入，使着火房间内的燃烧因缺氧而自行熄灭，从而达到防烟灭火的目的。

这种方式一般适用于防火分区容易分得很细的住宅、公寓、旅馆等，并优先采用容易发生火灾的房间，如灶房等。这种方式的优点是不需要动力，而且效果很好。缺点是门窗等经常处于关闭状态使用不

方便，而且发生火灾时，如果房间内有人需要疏散，仍将引起漏烟。

（3）阻碍防烟方式　在烟气扩散流动的路线上设置各种阻碍以防止烟气继续扩散的方式称为阻碍防烟方式。这种方式常常用在烟气控制区域的交界处，有时在同一区域内也采用。防烟卷帘、防火门、防火阀、防烟垂壁等都是这种阻碍结构。

（4）加压防烟方式　建筑物发生火灾时，对着火区以外的区域进行加压送风，使其保持一定的正压，以防止烟气侵入的防烟方式称为加压防烟。因为加压区域和非加压区域之间有若干常规的挡烟物，如墙壁、楼板及门窗等，挡烟物两侧的压力差可有效地防止烟气通过门窗周围的缝隙和围护结构缝隙渗漏过来。发生火灾时，由于疏散和扑救的需要，加压区域之间的门总是要打开的，或者是在疏散期间打开，或者是在整个火灾期间打开。如果敞开门洞处的气流速度方向与烟气流向相反，达到一定值时，仍能有效阻止烟气，即阻止烟气由非加压的着火区流动。

加压防烟方式的优点是能有效地防止烟气侵入所控制的区域，而且由于送入大量的新鲜空气，特别适合于作为疏散通道的楼梯间、电梯间及前室的防烟。

28. 什么是自燃排烟方式？

自然排烟是利用火灾产生的烟气流的浮力和外部风力作用通过建筑物的对外开口把烟气排至室外的排烟方式，其实质是热烟气和冷空气的对流运动。在自然排烟中，必须有冷空气的进口和热烟气的排出口。烟气排出口可以是建筑物的外窗，也可以是专门设置在侧墙上部的排烟口。对高层的建筑来说，曾一度采用专用的通风排烟竖井，在平常，由于建筑物内空气温度一般比室外高，产生浮力，使气流上升，便于房间排气。发生火灾时，由于室内温度大幅度上升，室内外温差较大，形成烟囱效应，成为排烟的一种动力，国外常称为烟塔排烟方式。

这种方式由于利用了竖井的"烟囱效应"，产生抽风力，所以排烟效果好，它不受室外条件的影响，而且设备简单，不需要动力，如果考虑了竖井的耐热问题，可排除较高温度的烟气，因此得到了一定的应用。这种方式的主要缺点是占地面积大。

29. 全面通风排烟方式的特点是什么？

在对房间利用排烟机进行机械排烟的同时，利用送风机进行机械送风，这种方式称为全面通风排烟方式。由于这种机械排烟方式给控制区送入了大量的新鲜空气，为避免产生助燃的影响，它不适用于着火区，可用于非着火的有烟区，系统运行时可使系统的送风量稍大于排烟量，使控制区显微正压。这种方式的优点是防烟排烟效果好，而且稳定，不受任何气象条件的影响，从而确保控制区域的安全，缺点是需要送、排风两套机械设备，投资较高，耗电量也较大。

30. 负压机械排烟方式的特点是什么？

利用排烟机把着火房间中产生的烟气通过排烟口排到室外的排烟方式称为负压排烟方式。在火灾发展初期，这种排烟方式能使着火房间内压力下降，造成负压，烟气不会向其他区域扩散。但火灾猛烈发展阶段，由于烟气大量产生，排烟机如来不及将其完全排除，烟气就可能扩散到其他区域中去。另外排烟机要求能承受高温烟气，而且还需要设防火阀，在超温时自动关闭停止排烟。所以，不仅初投资高，而且日常维护管理费用也高。

第 六 章

停车场自动管理系统

1. 停车场智能管理系统的主要功能是什么？

自动计费、费用显示和产生数据；每班操作、收费报表和统计报表；时租、月租和空位信息的自动显示；车辆进出自动计数功能；车一卡防反复进出场功能；防非法闯入、闯出，防盗车报警功能；与其他管理系统联网功能；立即现金查账功能；误操作和每一交易的自动记录；能够独立控制道闸，可用遥控器控制道闸和手动开关栏杆；卡遗失禁用功能；可进行车位分区引导；临时车全自动出卡；防砸车功能；具有联动接口，可连接电视监控系统及车库照明系统。当车辆经过感应器时，自动打开车库、照明系统或照相机进行录像监控。

2. 停车库管理系统如何组成？

停车库管理系统组成如图 6-1 所示。

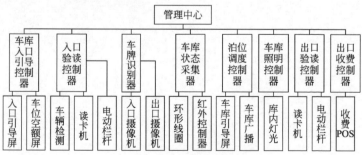

图 6-1　停车库管理系统组成

3. 停车库管理系统的工作过程是什么？

如图 6-2 所示。当车辆驶近入口时，会看到停车库信息显示屏，屏上显示车库内空余车位的情况，若停车满额，则显示库满字样，从而提示驾车人勿再进入。若未满，这时驾车人必须持停车卡经读卡机验读之后，入口电动栏才自动升起放行，当车辆驶过复位环形线圈感应器后，栏杆自动放下。在车辆驶入时，车牌摄像机将其车牌摄入，并送到车牌图像识别器，变成进入车辆的车牌数据，车牌数据与停车卡数据一起存入系统的计算机内。进库车辆在指示灯的引导下，停入规定位置，这时车位检测器输出信号，管理中心的显示屏上立即显示该车位被占用的信息。车辆离库时，汽车驶近出口驾车人持卡经读卡机识读，此时，卡号、出库时间以及出口车牌摄像机摄取并经车牌图像识别器输出的数据一起送入系统的计算机内，进行核对与计费，然后从停车卡存储金额中扣除，最后，出口电动栏才升起放行。车出库后，栏杆放下，车库停车数减 1，入口处信息显示屏显示状态刷新一次。

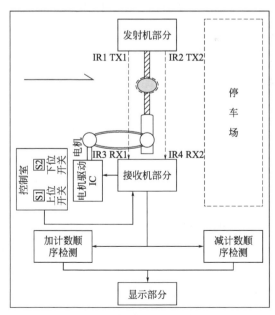

图 6-2 停车库管理系统工作过程图

4. 车辆出入检测与控制系统有几种？ 如何安装？

目前有两种典型的检测方式，一种是光电（红外线）检测方式，如图6-3所示。从图中可见，在水平方向上相对设置红外线收发装置，当有车辆通过时，红外光线被阻断，即接收端发出检测信号。图中有两组检测器使用两套收发装置，是为了区分通地的是人还是汽车，而两组检测器是为了当有车辆同时进入、出去时都能正确地检测。安装时应注意受光器不能受到照明光线的直射。

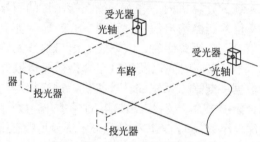

图6-3　红外光电式检测器及安装

另一种是环形线圈检测方式，如图6-4所示，用电缆或绝缘电线做成环形，埋在车路地下，当车辆驶过时，其金属车体使线圈发生短路效应，从而产生感生信号。安装时应注意不能碰触其他金属物，并且在0.5m平面范围内不能有任何金属物。

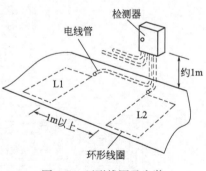

图6-4　环形线圈及安装

5. 信号灯控制系统有几种？

信号灯控制系统，根据车辆检测方式和不同进出口形式，如图6-5和图6-6所示。

（1）出入不同口时的如图6-5（a）所示，当车辆通过环形线圈L1时灯S1点亮，表示有车进入，通过线圈L2使灯S2动作。

（2）出入同口且车道较短时的检测方式，如图 6-5（b）所示，当车辆通过环形圈 L1 先于 L2 时 S1 动作，表示"进车"；当车辆通过线圈 L2 先于 L1 时 S2 动作，表示"出车"。

（3）出入同口且车道较长时的检测方式，如图 6-5（c）所示，在车道上设置 4 个环形线圈 L1～L4。当 L1 先于 L2 动作时，检测控制器动作并点亮 S1 灯，表示"进车"；反之，当 L4 先于 L3 动作时，D2 检测控制器动作并点亮 S2 灯，表示"出车"。

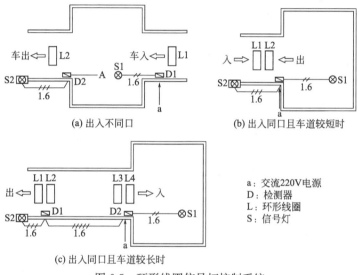

(a) 出入不同口

(b) 出入同口且车道较短时

(c) 出入同口且车道较长时

a：交流220V电源
D：检测器
L：环形线圈
S：信号灯

图 6-5　环形线圈信号灯控制系统

（4）进入不同口时红外线检测方式如图 6-6（a）所示，当 D1 动作时点亮 S1 灯；当 D2 动作时点亮 S2 灯。

（5）出入同口且车道较短时的检测方式如图 6-6（b）所示，当车辆通过红外线检测器，核对"出"方向无误时，S2 灯点亮而显示"出车"。

（6）出入同口且车道较长时的检测方式如图 6-6（c）所示，当车辆进来时，D1 确认方向无误时点亮 S1 灯，显示"进车"，当车辆出去时 D2 确认方向无误时点亮 S2 灯并显示"出车"。

在安装施工中一定要注意信号灯与环形圈或红外装置的距离至少应在 5m 以上，最好有 10～15m。

在北方高寒积雪地区，若车道下设有解雪电热器，则不可使用环

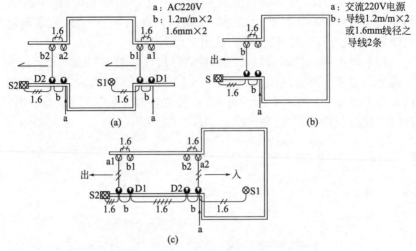

图 6-6　红外线检测信号灯控制系统

形线圈方式。

6. 车位显示系统有几种？

在每个车位设置探测器，检测是否有车辆存在，探测器输出的信号送给系统的计算机，管理中心的显示屏立即显示车库内车位被占用的情况。常用的探测器有光反射探测器和超声波反射探测器两种，因为超声波反射探测器容易维护，所以使用较多。

7. 车位显示系统的功能是什么？

利用车位探测器还可对车库里的车辆进行计数，当然，也可利用进出口车道上的检测器进行计数，对进出车辆数进行加减，确定车库里的停车数。

8. 车满显示系统的原理是什么？

车满显示系统的原理是按车辆计数或按车位检测车辆是否存在，前者是利用车道上的检测器来加减进出的车辆数，然后与车位数进行比较确定是否存在空余车位，后者是在每个车位设置探测器，通过探测器发回的信号确定车位是否有空余。按检测车位的方式，是每个车位上装有探测器。探测器有光反射法和超声波反射法两种，由于超声法探测器易维护使用较多。停车场管理系统的信号灯、指示灯的安装高度为：停车位置 2.1m 以上；场内车道 2.3m 以上；步行道上 2.5m 以上，车道上 4.5m 以上。

9. 停车场的网络拓扑结构是什么？

如图 6-7 所示。

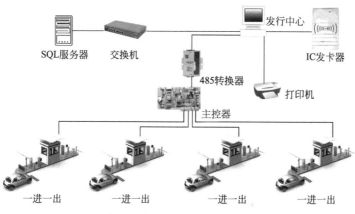

图 6-7　停车场的网络拓扑结构

10. 出入口车道设备布置图是什么？

如图 6-8 所示。

图 6-8　出入口车道设备布置图

11. 标准一进一出设备连接图是什么？

如图 6-9 所示。

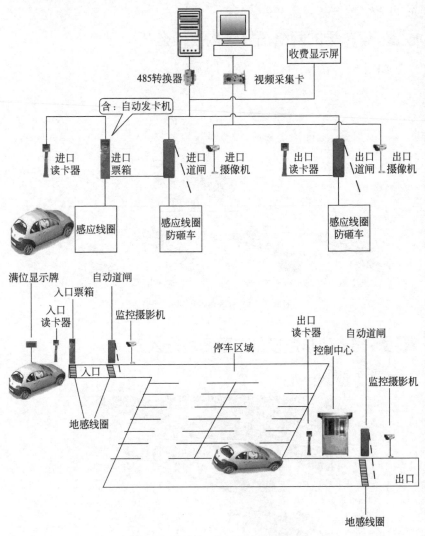

图 6-9　标准一进一出设备连接图

12. 进场流程是什么？

如图 6-10 所示，月卡持有者、储值卡持有者将车驶至入口票箱前取出 IC 卡在读写器感应区域晃动；值班室电脑自动核对、记录，并显示车牌；感应过程完毕，发出"嘀"的一声，过程结束；道闸自动升起，汉字显示屏显示礼貌语"欢迎入场"，同时发出语音，如读卡有误汉字显示屏亦会显示原因，如"金额不足""此卡已作废"等；司机开车入场；进场后道闸自动关闭。

临时泊车者司机将车驶至入口票箱前；司机按动位于读写器盘面的出卡按钮取卡（自动完成读卡，将车牌号读进卡中）；感应过程完毕，发出"嘀"的一声，读写器盘面的汉字显示屏显示礼貌语言，并同步发出语音；道闸开启，司机开车入场；进场后道闸自动关闭。

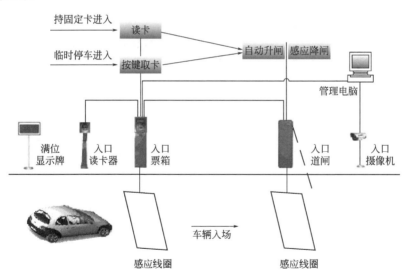

图 6-10 进场流程

13. 出场流程是什么？

如图 6-11 所示，月卡持有者、储值卡持有者将车驶至出口票箱

旁，取出 IC 卡在读写器盘面感应区域晃动；电脑自动记录、扣费，并在显示屏上显示车牌，供值班人员与实车牌对照，以确保"一卡一车"制及车辆安全；感应过程完毕，读写器发出"嘀"的一声，过程结束；读写器盘面上设定滚动式 LED 汉字显示屏显示字幕"一路顺风"同时发出语音，如不能出场，会显示原因；道闸自动升起，司机开车离场；出场后道闸自动关闭。临时泊车者司机将车驶至车场出场收费处；将 IC 卡交给值班员；值班员将 IC 卡在收费器的感应区晃动，收费电脑根据收费程序自动计费；计费结果自动显示在电脑显示屏及读写器盘面的汉字显示屏上，同时会有语音提示；司机付款；值班人员按电脑确认键，电脑自动记录收款金额；中文汉字显示屏显示"一路顺风"，同时会有语音提示；道闸开启，车辆出场；出场后道闸自动关闭。

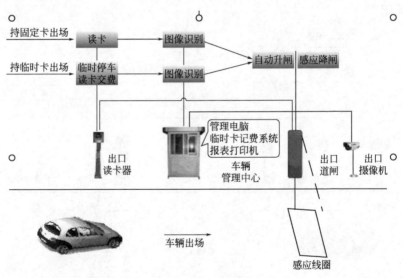

图 6-11　出场流程

14.　出入场自动管理流程是什么？

出入场自动管理流程如图 6-12 所示。

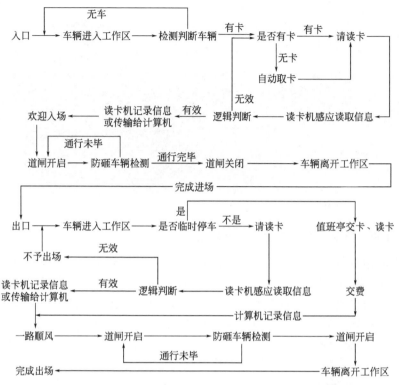

图 6-12　出入场自动管理流程

第七章

楼宇电梯系统

1. 什么是电梯？ 如何分类？

电梯的定义为：用电力拖动的轿厢运行于铅垂的或倾斜不大于15°的两列刚性导轨之间运送乘客或货物的固定设备。习惯上不论其驱动方式如何，都将电梯作为建筑物内垂直交通运输工具的总称。

根据建筑的高度、用途及客流量（或物流量）的不同，应设置不同类型的电梯。

（1）电梯按用途可以分为几类？

① 乘客电梯，为运送乘客设计的电梯，要求有完善的安全设施以及一定的轿内装饰。

② 载货电梯，主要为运送货物而设计，通常有人伴随。

③ 医用电梯，为运送病床、担架、医用车而设计的电梯，轿厢具有长而窄的特点。

④ 杂物电梯，为图书馆、办公楼、饭店运送图书、文件、食品等而设计的电梯。

⑤ 观光电梯，轿厢壁透明，供乘客观光用的电梯。

⑥ 车辆电梯，用于装运车辆的电梯。

⑦ 建筑施工电梯，建筑施工与维修用的电梯。

其他类型的电梯，除上述常用电梯外，还有些特殊用途的电梯，如冷库电梯、防爆电梯、矿井电梯、电站电梯、消防员用电梯等。

（2）电梯按驱动方式可以分为几类？

① 交流电梯，用交流感应电动机作为驱动力的电梯。根据拖动方式又可分为交流单速、交流双速、交流调压调速、交流变压变频调速等。

② 直流电梯，用直流电动机作为驱动力的电梯。这类电梯的额定速度一般在 2.00m/s 以上。

③ 液压电梯，一般利用电动泵驱动液体流动，由柱塞使轿厢升降的电梯。

④ 齿轮齿条电梯，将导轨加工成齿条，轿厢装上与齿条啮合的齿轮，电动机带动齿轮旋转使轿厢升降的电梯。

⑤ 螺杆式电梯，将直顶式电梯的柱塞加工成矩形螺纹，再将带有推力轴承的大螺母安装于油缸顶，然后通过电动机经减速机（或皮带）带动螺母旋转，从而使螺杆顶升轿厢上升或下降的电梯。

⑥ 直线电动机驱动的电梯，其动力源是直线电动机。

（3）电梯按速度可以分为几类？

① 低速梯，常指低于 1.00m/s 速度的电梯。

② 中速梯，常指速度在 1.00～2.00m/s 之间的电梯。

③ 高速梯，常指速度大于 2.00m/s 的电梯。

④ 超高速，速度超过 5.00m/s 的电梯。

随着电梯技术的不断发展，电梯速度越来越高，区别高、中、低速电梯的速度限值也在相应地提高。

（4）电梯按有无司机可以分为几类？

① 有司机电梯，电梯的运行方式由专职司机操纵来完成。

② 无司机电梯，乘客进入电梯轿厢，按下操纵盘上所需要去的层楼按钮，电梯自动运行到达目的层楼，这类电梯一般具有集选功能。

③ 有/无司机电梯，这类电梯可变换控制电路，平时由乘客操纵，如遇客流量大或必要时改由司机操纵。

（5）电梯按机房位置可以分为几类？

有机房在井道顶部的（上机房）电梯、机房在井道底部旁侧的（下机房）电梯，以及有机房在井道内部的（无机房）电梯。

（6）电梯按轿厢尺寸可以分为几类？

经常使用"小型""超大型"等抽象词汇表示，此外还有双层轿

厢电梯等。

2. 电梯的整体结构如何构成？

机械系统由驱动系统、轿厢和对重装置、导向系统、层门和轿门及开关门系统、机械安全保护系统组成。其中驱动系统由驱动（曳引）机、导向轮、钢丝绳和绳头组合等部件组成。导向系统由导轨架、导轨、导靴等部件组成。层门和轿门及开关门系统由轿门、层门、开关门机构、门锁等部件组成。机械安全保护系统主要由缓冲器、超速保护装置、门锁等部件组成。

3. 电梯主要零部件的装配关系是什么？

电梯种类繁多，结构形式多种多样，常见的有机房交流乘客电梯机，电梯系统主要零部件在机房、井道、厅门、底坑中的装配关系如图 7-1 所示。

（1）轿厢　用于运载的单元，由轿架、轿底、围帮和轿门组成。

（2）抱闸　电梯轿厢处于静止且电动机处于失电状态下防止电梯再移动的机电装置。在某些控制形式中，它会在电动机断电时刹住电梯。

（3）抱闸靴　抱闸的运动部分，表面为摩擦面。当抱闸鼓推动它时，它会将处在平层状态下的电梯刹住。在某些控制形式中，它会在电动机断电时刹住电梯。

（4）布置图　按比例绘制的一种图纸，显示电梯平面，井道立面，机房空间情况，相对的尺寸大小和所安装设备的位置。

（5）导轨和导轮　导轨　一种表面经过机械加工的 T 形钢轨，竖直地安装在井道中，用于电梯轿厢或对重的运动导向。导轮——用滚动的轮子代替导靴在导轨表面滑动导向。

（6）电刷　通常由碳或石墨制成，用于连接电动机和发电机的转子。它将电流传递至定子。

（7）对重　用于平衡轿厢加上约 40％的额定载荷的重量。

（8）扶栏　自动扶梯的侧面在梯级以上的部分，它包括裙板、内侧板、盖板和扶手。

（9）扶手带

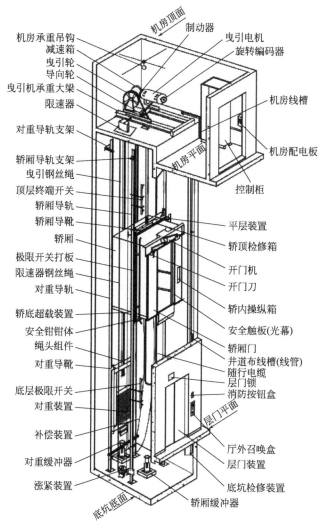

机房顶面　制动器　曳引电机

机房承重吊钩
减速箱
曳引轮
导向轮
曳引机承重大梁
限速器

旋转编码器

机房线槽

对重导轨支架

轿厢导轨支架
曳引钢丝绳
顶层终端开关
轿厢导轨
轿厢导靴
轿厢
极限开关打板
限速器钢丝绳
对重导轨
轿底超载装置
安全钳钳体
绳头组件
对重导靴
底层极限开关
对重装置
补偿装置
对重缓冲器
涨紧装置

机房平面

机房配电板

控制柜

平层装置
轿顶检修箱
开门机
开门刀
轿内操纵箱
安全触板(光幕)
轿厢门
井道布线槽(线管)
随行电缆
层门锁
消防按钮盒

层门平面

厅外召唤盒
层门装置
底坑检修装置

底坑底面
轿厢缓冲器

图 7-1　电梯机结构图

① 安装于自动扶梯扶手的最上面供乘客扶握的移动带。

② 用作支撑的带状物。

（10）扶手架　一种通常用橡胶制成的支架，安装于扶手与扶手

带结合部，以避免乘客的手指被夹入扶手带与扶手的间隙中。

（11）火警操作　一个或一组的设备用于：

① 提供一个特定的信号使正在正常运行的电梯立即降到事先设定的楼层；

② 允许消防员或其他特定的人员使用该电梯。

（12）机房　一台或一组电梯，餐梯，货梯或自动扶梯的曳引机摆放的地方。

（13）轿顶检修盒　安装在轿厢顶部的控制面板。当它启动时，轿厢将脱离正常的操作而只受它控制在检修的速度下运行。

（14）轿厢操纵盘　设置在轿厢内的一块用于操纵电梯的面板。上有楼层选择按钮，开门和关门按钮，警铃按钮以及其他需要用于操纵电梯的开关或按钮。

（15）轿厢对重　以绕鼓的形式与轿厢相连的一组重量。在实际安装中，它的重量约为轿厢重量的70％。

（16）井道　一台或多台的电梯，货梯或餐梯运行的通道。它包括底坑到机房下或楼顶的空间。

（17）控制柜　用于按预先设定的程序控制与之相连的设备的一个或一套设备。

（18）门机　安装于轿厢上由电动机驱动门开或门关的装置。门锁——任何一种机械的，用于防止在电梯厅门内打开厅门的锁。

（19）平层　电梯在平层区域向厅门地坎接近的动作。平层是指完全自动地到达一层或一个停车位置（轿底平面与厅门地坎平齐）的一个过程。

（20）绳轮　安装在轴承上的一个或多个用于缠绕钢丝绳的轮槽的轮子。

（21）随行电缆　用于连接电梯，餐梯或货梯的轿厢与其机房或井道的信号的电缆。

（22）厅门上下行指示　安装在电梯厅内的信号显示装置。当电梯迫近该层时显示电梯运行的方向。

（23）梯级　自动扶梯上运载乘客的平台。

4. 什么是限速器？

（1）一种机械式的速度控制设备。对电梯而言，这是一种用于将曳引绳制动的离心式装置。它会带动轿厢安全装置。当电梯向下的速度超过预定值时，它会启动断电开关并刹住电梯。

（2）对自动扶梯而言，它是一种直接作用的离心装置。当自动扶梯超速时，它会将其断电并制动。

5. 什么是限速器超速开关？

自动扶梯主机的一部分。在离心力的作用下运行，当电动机的实际速度超过额定转速的 20％时动作。

6. 什么是限速器绳？

附在轿架上拖动限速器的一根钢丝绳。当限速器动作时，它会启动安全装置。

7. 什么是曳引机？ 什么是无齿轮曳引机？

曳引机用于提升或降低电梯，货梯，餐梯或驱动自动扶梯。

无齿轮曳引机是一种驱动轮与电动机直接连接的曳引机，由于不使用齿轮箱，因此叫做无齿轮。

8. 什么是有齿轮曳引机？

通过降速齿轮将动力由电动机传输至驱动轮的曳引机。

9. 什么是曳引轮？

曳引式电梯用于挂绕曳引绳的有槽的轮子，轿厢和对重的运动就是通过它由曳引钢丝绳带动的。

10. 什么是液压电梯？

由液体在液压缸中受到压力依靠活塞运动而驱动的电梯。

11. 什么是液压缸？

液压千斤顶的最外圈的圆柱形壳体。

12. 什么是召唤？

在服务的合同中，在常规的定期维护时间以外，客户提出的检查设备的要求。

13. 轿厢的外形与结构分别是什么？

轿厢是用来运送乘客或货物的电梯组件，由轿厢架和轿厢体两大部分组成，轿厢的外形如图 7-2 所示，其基本结构如图 7-3 所示。

标准型1　　　　　　标准型2　　　　　　选配型1

选配型2　　　　　　豪华型1　　　　　　豪华型2

图 7-2　轿厢外形图

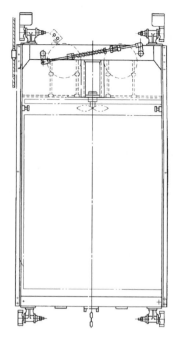

图 7-3　轿厢结构示意图

14.　轿厢架如何构成？有何功能？

　　轿厢架由上梁、立梁、下梁组成。上梁下梁一般可用槽钢焊接或厚的钢板压制而成。立梁用角钢制成，轿厢的负荷（自重和载重）由它传递到曳引钢丝绳。当安全钳动作或蹲底撞击缓冲器时，还要承受由此产生的反作用力，因此轿厢架要有足够的强度。

15.　轿厢有何要求？

　　轿厢体是形成轿厢空间的封闭围壁，除必要的出入口和通风孔外不得有其他开口，轿厢体由不易燃和不产生有害气体和烟雾的材料组成。为了乘员的安全和舒适，轿厢入口和内部的净高度不得小于2m。为防止乘员过多而引起超载，轿厢的有效面积必须予以限制。具体可参见 GB 7588—2003《电梯制造与安装完全规范》对额定载重量和轿厢最大有效面积的对应规定。在乘客电梯中为了保证不会过分

拥挤，标准还规定了轿厢的最小有效面积。

16. 轿厢由哪些部分组成？

一般电梯的轿厢由轿底、轿壁、轿顶、轿门等机件组成。

17. 轿底的结构是什么？

轿底用槽钢和角钢按设计要求的尺寸焊接成框架，然后在框架上铺设一层 3～4mm 厚的钢板而成。

客梯的轿底的结构，需有一个用槽钢和角钢焊接成的轿底框，这个轿底框通过螺栓与轿架的立梁连接，与轿顶和轿壁紧固成一体的轿底放置在轿底框的四块弹性橡胶上。由于这四块弹性橡胶的作用，轿厢能随载荷的变化而上下移动。在轿底装设一套检测装置，就可以检测电梯的载荷情况了。把载荷情况转变为电信号送到电气控制系统，就可以避免电梯在超载的情况下运行，减少事故发生。检测开关在超载（超过额定载荷 10％）时动作，使电梯门不能关闭，电梯也不能启动，同时发出声响和灯光信号（有些无灯光信号），所以也称超载开关。

18. 轿壁的结构是什么？

轿壁多采用薄钢板制成，壁板的两头分别焊一根角钢作堵头。轿壁间以及轿壁与轿顶、轿底间多采用螺钉紧固成一体。为了提高轿壁板的机械强度，减少电梯在运行过程中的噪声，在轿壁板的背面点焊用薄板压成的加强筋。观光电梯轿壁可使用厚度不小于 10mm 的夹层玻璃。

19. 轿顶的结构是什么？

轿顶的结构与轿壁相仿。轿顶装有照明灯，电风扇。

由于检修人员经常上轿顶保养和检修电梯，为了确保电梯设备和维修人员的安全，电梯轿顶应能承受三个带一般常用工具的检修人员的重量。

20. 轿厢内装置还有什么？

轿厢内装置还有操纵箱（轿厢内的操纵装置）、通风装置、照明、停电应急照明、报警和通信装置。

21. 轿门可以分为几种？

轿门也称轿厢门。轿门按结构形式分有封闭式轿门和网孔式轿门两种。按开门方向分有左开门、右开门和中开门三种。客梯的轿门均采用封闭式轿门，如图 7-4 所示。

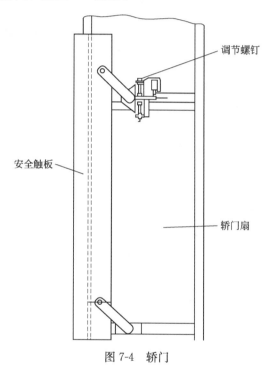

调节螺钉

安全触板

轿门扇

图 7-4　轿门

22. 轿门的结构是什么？

轿门除了用钢板制作外，还可以用夹层玻璃制作，封闭式轿门的结构形式与轿壁相似。由于轿厢门常处于频繁的开、关过程中，所以在客梯的背面常做消声处理，以减少开、关门过程中由于振动所引起的噪声。大多数电梯的轿门背面除做消声处理外，都装有"防夹伤人"的装置，这种装置在关门过程中，能防止动力驱动的自动门门扇

撞击乘用人员。

23. 轿门常用的防撞击人装置有几种形式？

常用的防撞击人装置有安全触板式、光电式、红外线光幕式等多种形式。

24. 什么是安全触板式？

安全触板是在自动轿厢门的边沿上，装有活动的在轿门关闭的运行方向上超前伸出一定距离的安全触板，当超前伸出轿门的触板与乘客或障碍物接触时，通过与安全触板相连的连杆机构使装在轿门上的微动开关动作，立即切断电梯的关门电路并接通开门电路，使轿门立即开启。安全触板碰撞力应不大于5N。

25. 什么是光电式？

在轿门水平位置的一侧装设发光头，另一侧装设接收头，当光线被人或物遮挡时，接收头一侧的光电管产生信号电流，经放大后启动继电器工作，切断关门电路同时接通开门电路。一般在距轿厢地坎高0.5m和1.5m处，两水平位置分别装两对光电装置，光电装置常因尘埃的附着或位置的偏移错位，造成门关不上，为此它经常与安全触板组合使用。

26. 什么是红外线光幕式？

在轿门门口处两侧对应安装红外线发射装置和接收装置。发射装置对整个轿门水平发射40～90道或更多道红外线，在轿门口处形成一个光幕门。当人或物将光线遮住，门便自动打开。该装置灵敏、可靠、无噪声、控制范围大，是较理想的防撞人装置。但它也会受强光干扰或尘埃附着的影响产生不灵敏或误动作。因此也经常与安全触板组合使用，如图7-5所示。

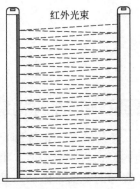

图 7-5　电梯安全光幕

27. 轿门与轿厢及轿厢踏板的连接方式是什么？

封闭式轿门与轿厢及轿厢踏板的连接方式是轿门上方设置有吊门滚轮，通过吊门滚轮挂在轿门导轨上，门下方装设有门滑块，门滑块的一端插入轿门踏板的小槽内，使门在开、关过程中只能在预定的垂直面上运行。

轿门必须装有轿门闭合到位检验装置，该装置因电梯的种类、型号不同而异，常用限位开关，行程开关来检验轿门的闭合位置。只有轿门关闭到位后，电梯才能正常启动运行。在电梯正常运行中，轿门离开闭合位置时，电梯应立即停止。

28. 层门的结构是什么？

层门也叫厅门。层门应为无孔封闭门。层门主要由门框、厅门扇、吊门滚轮等组成。门框由门导轨、左右立柱或门套、门踏板等机件组成。中开封闭式层门如图 7-6 所示，实体图如图 7-7 所示。

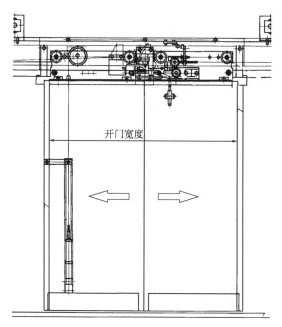

图 7-6　中开封闭式层门

层门关闭后，客梯的门扇之间及门扇与门框之间的间隙应小于 6mm。

电梯的每个层门都应装设层门锁闭装置、证实层门关闭好的电气装置、紧急开锁装置和层门自动关闭装置等安全防护装置。确保电梯正常运行时，不能打开层门。如果某层门开着，在正常情况下，应不能启动电梯或保持电梯继续运行。

图 7-7 实体图

29.　开、 关门机构的操作方式有哪些？

电梯轿、厅门的开启和关闭，通常为自动开关方式。

近年来常见的自动开关门机构有直流调压调速驱动及连杆传动，交流调频调速驱动及同步齿形带传动和永磁同步电机驱动及同步齿形带传动等三种。

30.　直流调压调速驱动及连杆传动开关门机构的特点是什么？

常见的直流调压调速驱动及连杆传动开关门机构如图 7-8 所示。

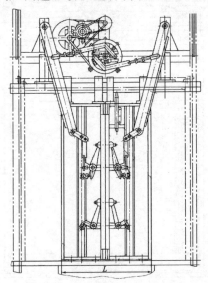

图 7-8 直流调压调速驱动及连杆传动开关门机构

由于直流电动机调压调速性能好、换向简单方便等特点，一般通过带轮减速及连杆机构传动实现自动开、关门。

31. 交流调频调速驱动及同步齿形带传动开关门机构有何特点？

这种开关门机构利用变频技术对交流电机进行调速，利用同步齿形带进行直接传动，可以提高开关门机构传动精确度和运行可靠性等。是目前比较常用的开关门机构，其外形结构示意图如图 7-9 所示。

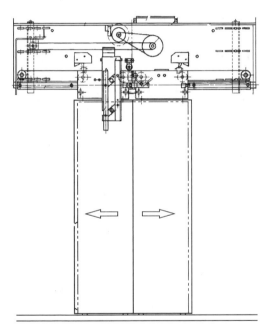

图 7-9 交流调频调速驱动及同步齿形带传动开关门机构外形结构示意图

32. 永磁同步电机驱动及同步齿形带传动开关门机构有何特点？

这种开关门机构使用永磁同步电机直接驱动开关门机构，同时使用同步齿形带直接传动，结构和交流变频驱动类似，特别适用于无机

房电梯的小型化要求。

33. 门锁装置的功能是什么？

门锁装置一般位于层门内侧，是确保层门不被随便打开的重要安全保护设施。层门关闭后，将层门锁紧，同时接通门联锁电路，此时电梯方能启动运行。在电梯运行过程中所有层门都被门锁锁住，一般人员无法将层门撬开。只有电梯进入开锁区，并停站时层门才能被安装在轿门上的刀片带动而开启。在紧急情况下或需进入井道检修时，只有经过专门训练的专业人员方能用特制的钥匙从层门外打开层门。

34. 门锁装置有几种？

门锁装置分手动和自动两种，手动门锁已经被淘汰。自动门锁只装在层门上，又称层门门锁。钩子锁的结构形式较多，按 GB 7588—2003 的要求，层门门锁不能出现重力开锁，也就是当保持门锁锁紧的永久磁铁或弹簧失效时，其重力也不应导致开锁。常见自动门锁的外形及结构如图 7-10 所示。

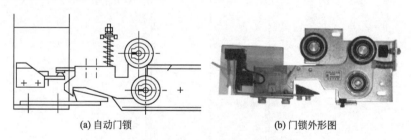

(a) 自动门锁   (b) 门锁外形图

图 7-10　自动门锁的结构及外形

门锁的电气联锁开关，是证实层门闭合的电气装置，当两电气触点刚接通时，锁紧元件之间啮合深度要求至少为 7mm，否则必须调整。

35. 紧急开锁装置的功能是什么？

紧急开锁装置是供专职人员在紧急情况下，需要进入电梯井道进行抢修或进行日常检修维护保障工作时，从层门外用与图 7-11 所示的开锁三角孔相配的三角钥匙开启层门的机件。这种机件每层层门都应该设置，并且均应能用相应的三角钥匙有效打开，而且在紧急开锁之后，当层门闭合时，锁闭装置不应保持开锁位置。这种三角钥匙只能由一个负责人持有，钥匙应带有书面说明，详细讲述使用方法，以防止开锁后因未能有效重新锁上而可能引起事故。

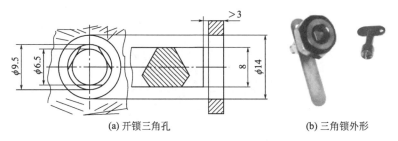

(a) 开锁三角孔　　　　　　(b) 三角锁外形

图 7-11　紧急开锁装置

电梯的门一般有门扇，门滑轮，门靴，门地坎，门导轨架等组成。轿门由门滑轮悬挂在轿门导轨上，下部通过门靴与轿门地坎配合，厅门由门滑轮悬挂在厅门导轨上，下部通过门靴与厅门地坎配合，厅门上装有电气、机械连锁装置的门锁。开门机首先驱动轿门，再有门刀和门轮组成的联动机构驱动厅门，实现开关门动作，它的动力是伺服电机。

36. 按驱动电动机可以将曳引机分为几类？

（1）交流电动机驱动的曳引机；
（2）直流电动机驱动的曳引机；
（3）永磁电动机驱动的曳引机。

37. 按有无减速器可以将曳引机分为几类？

（1）无齿轮曳引机；
（2）有齿轮曳引机。

电梯额定速度和额定载重量发生变化，曳引电动机、减速器、曳引轮的尺寸参数及结构形式也会发生相应变化，因而应根据需要而选择。

38. 有齿轮曳引机的结构与功能分别是什么？

有齿轮曳引机由曳引轮、减速箱和制动轮组成，用于低速和中速电梯，外形如图 7-12 所示。

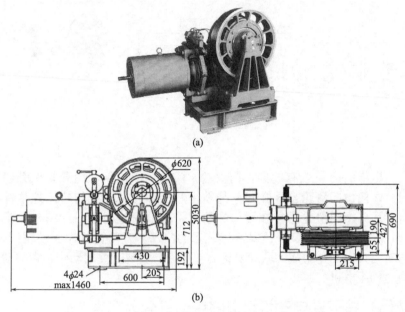

图 7-12　有齿轮曳引机结构

有齿轮曳引机广泛用在运行速度不大于 2.0m/s 的各种交流调速货梯、客梯、杂物电梯。这种曳引机主要由曳引电动机、蜗杆、蜗轮、制动器、曳引绳轮、机座等组成，其中蜗轮蜗杆曳引机同其他驱动型式的曳引机比可以使曳引机的总高度降低，便于将电动机、制动器、减速器装在一个共同的底盘上，使装配工作容易简单。另外由于它是采用蜗轮蜗杆传动的，其优点是运行平稳，噪声和振动小；但其缺点是由于齿面滑动速度大，因此润滑困难，效率低，同时齿面易于磨损。

有齿轮曳引机的曳引电动机是通过联轴器与蜗杆相连的，蜗轮与曳引轮同装在一根轴上。由于蜗杆与蜗轮间有啮合关系，曳引电动机能够通过蜗杆驱动蜗轮和绳轮做正反向运行。电梯的轿厢和对重装置分别连接在曳引钢丝绳的两端，曳引钢丝绳挂在曳引轮上，曳引绳轮转动时，通过曳引绳和曳引轮之间的摩擦力，驱动轿厢和对重装置上下运行。

最近几年又开发了行星齿轮曳引机和斜齿轮曳引机，这两种曳引机克服了蜗轮蜗杆曳引机效率低的缺点，同时提高了有齿轮曳引机的速度和转矩。曳引机安装位置如图 7-13 所示。

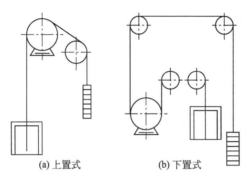

(a) 上置式　　　　　　　(b) 下置式

图 7-13　曳引机安装的位置

39.　有齿轮曳引机产生振动和噪声的原因是什么？

对于一般的电梯制造厂，曳引机都是在厂内组装并使各方面的性能指标合格后才允许出厂的。产生振动和噪声的原因大致如下。

（1）制造厂组装调试时没有加一定的负载，所以在电梯安装工地上安装后一加负载就产生了振动和噪声。

（2）装配不符合要求。减速箱及其曳引轮轴座与曳引机底盘间的紧固螺栓拧紧不匀，引起箱体扭力变形，造成蜗轮副啮合不好。

（3）蜗杆轴端的推力轴承存在缺陷。

（4）制造不好。蜗杆的螺旋角不准及蜗杆偏心和蜗轮偏心、节径误差、动平衡不良及间隙不符合要求，都会产生振动和噪声。

40.　曳引机如何防振和消声？

（1）曳引机在制造厂组装调试时，应适当地加些负载，发现质量问题及时解决。

（2）保证蜗轮蜗杆的制造精度，特别是组装时对轮齿进行修齿加

工和对蜗杆进行研磨加工，可以达到减小振动和噪声的目的。在有条件的制造厂，应推广蜗轮蜗杆配对研磨加工、配对出厂。

（3）在曳引机和机座承重梁之间或砼墩之间放置隔振橡胶垫。

（4）在厂内进行严格的动平衡测试，不符合技术要求的要及时修正。

各类电梯曳引机在出厂前都必须经过严格的动平衡检验以及各种振动和性能测试。

41. 无齿轮曳引机的结构与特点分别是什么？

无齿轮曳引机即无减速器曳引机，它由电动机直接连接，曳引机由曳引轮和制动轮组成，广泛用于中高速电梯上。结构简图如图7-14所示。这种曳引机的曳引轮紧固在曳引电动机轴上，没有机械减速机构，整机结构比较简单。曳引电动机是专门为电梯设计和制造的，非常适合电梯运行工作的特点，具有良好调速性能的交流变频电动机。

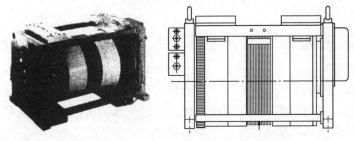

图 7-14　无齿轮曳引机机械结构

该曳引机制动时所需要的制动转矩要比有减速器曳引机大得多，因此无减速器曳引机的制动器比较大，所以曳引轮轴及其轴承的受力要比有减速器曳引机大得多，相应的轴也显得较粗大。由于无齿轮曳引机没有减速器，所以磨损比较低，使用寿命比较长。现在新施工的电梯几乎全部采用无齿轮曳引机。

42. 永磁同步曳引机的结构与特点分别是什么？

具有低速大转矩特性的无齿轮永磁同步曳引机以其节省能源、体积小、低速运行平稳、噪声低、免维护等优点，越来越引起电梯行业的广泛关注。无齿轮永磁同步电梯曳引机，主要由永磁同步电动机、曳引轮及制动系统组成。永磁同步电动机采用高性能永磁材料和特殊的电机结构，具有节能、环保、低速、大转矩等特性。曳引轮与制动轮为同轴固定连接，采用双点支撑，由制动器、制动轮、制动臂和制动瓦等组成曳引机的制动系统。

图 7-15 所示是一种永磁同步曳引机，包括机座、定子、转子体、制动器等。永磁体固定在转子体的内壁上，转子体通过键安装于轴上，轴安装在后机座上的双侧密封深沟球轴承和前机座上的调心滚子轴承上，锥形轴上通过键固定曳引轮，并用压盖及螺栓锁紧曳引轮，轴后端安装旋转编码器，压板把定子压装在后机座的定子支撑上，前机座通过止口定位在后机座上，前机座两侧开有使制动器上的摩擦块穿过的孔。

图 7-15　永磁同步曳引机外形

43. **制动器的结构与功能分别是什么？**

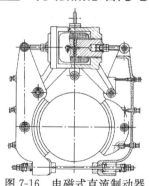

图 7-16　电磁式直流制动器

为了提高电梯的安全可靠性和平层准确度，电梯上必须设有制动器，当电梯的动力电源失电或控制电路电源失电时，制动器应自动动作，制停电梯运行。在电梯曳引机上一般装有如图 7-16 所示的电磁式直流制动器。这种制动器主要由直流抱闸线圈、电磁铁芯、闸瓦、闸瓦架、制动轮，（盘）、抱闸弹簧等构成。

44. **制动器的结构和工作特点是什么？**

电动机通电时制动器松闸，电梯失电或停止运行时制动器抱闸。

制动器必须设有两组独立的制动机构，即两个铁芯、两组制动臂、两个制动弹簧。若一组制动机构失去作用，另一组应能有效地制停电梯运行。有齿轮曳引机采用带制动轮（盘）的联轴器，一般安装

在电动机与减速器之间。无齿轮曳引机的制动轮（盘）与曳引绳轮是铸成一体的，并直接安装在曳引电动机轴上。

45. 制动器的参数尺寸是什么？

电磁式制动器的制动轮直径、闸瓦宽度及其圆弧角可参考表 7-1 规定。

表 7-1　电磁式制动器的参数尺寸

曳引机	电梯额定载重量/kg	制动轮直径/mm	闸瓦	
			宽度/mm	圆弧角度/（°）
有齿轮	100～200	150	65	88
	500	200	90	88
	750～3000	300	140	88
无齿轮	1000～1500	840	200	88

制动器是电梯机械系统的主要安全设施之一，而且直接影响着电梯的乘坐舒适感和平层准确度。电梯在运行过程中，根据电梯的乘坐舒适感和平层准确度，可以适当调整制动器在电梯启动时松闸、平层停靠时抱闸的时间，以及制动力矩的大小等。

为了减小制动器抱闸、松闸时产生的噪声，制动器线圈内两块铁芯之间的间隙不宜过大。闸瓦与制动轮之间的间隙也是越小越好，一般以松闸后闸瓦不碰擦运转着的制动轮为宜。

46. 曳引钢丝绳的结构是什么？

按国家标准生产的电梯专用钢丝绳，其结构如图 7-17 所示。两种钢丝绳均有直径为 8mm、10mm、11mm、13mm、16mm、19mm、22mm 等七种规格，都用纤维绳作芯子。8X19S 表示这种钢丝绳有 3 股，每股有 3 层钢丝，最里层只有一根钢丝，外面两层都是 9 根钢丝，用（1＋9＋9）表示，6X19S 表示的意思与此相似。

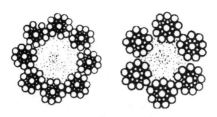

图 7-17 曳引钢丝绳断面结构

47. 曳引钢丝绳的功能是什么？

曳引钢丝绳是电梯中的重要构件。在电梯运行时弯曲次数频繁，并且由于电梯经常处在无制动状态下，所以不但承受着交变弯曲应力，还承受着不容忽视的动载荷。由于使用情况的特殊性及安全方面的要求，电梯用的曳引钢丝绳必须具有较高的安全系数，并能很好地抵消在工作时所产生的振动和冲击。电梯曳引钢丝绳在一般情况下，不需要另外润滑，因为润滑以后会降低钢丝绳与曳引轮之间的摩擦系数，影响电梯正常的曳引能力。因此，国家对曳引钢丝绳的规格和强度有统一的严格标准。

48. 什么是传动速比？

电梯曳引绳的绕法有多种，这些绕法可以看成不同的传动方式，根据绕法的基本概念把它叫做传动速比，也可称为曳引比，它指的是电梯运行时，曳引轮的线速度与轿厢升降速度的比。

49. 曳引绳常见的几种绕法分别是什么？

1∶1绕法：曳引轮的线速度与轿厢升降速度之比为 1∶1［图 7-18（a）］。1∶1绕法也可称为曳引比 1∶1。

2∶1绕法：曳引轮的线速度与轿厢升降速度之比为 2∶1［图 7-18（b）］。2∶1绕法也可称为曳引比 2∶1。

3∶1绕法：曳引轮的线速度与轿厢升降速度之比为 3∶1［图 7-18（c）］。3∶1绕法也可称为曳引比 3∶1。

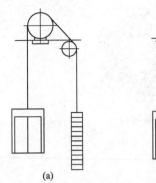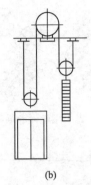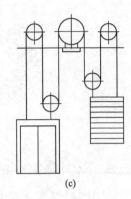

(a)   (b)   (c)

图 7-18　曳引绳各种绕法示意

50. 曳引传动的线速度与载荷力的关系是什么？

（1）当曳引比为 1∶1 时，曳引绳速度＝轿厢运行速度；轿厢侧曳引绳载荷力等于轿厢总重量。

（2）当曳引比为 2∶1 时，曳引线速度＝2 倍轿厢运行速度；轿厢侧曳引绳载荷力＝1/2 轿厢总重量。

（3）当曳引比为 3∶1 时，曳引线速度＝3 倍轿厢运行速度；轿厢侧曳引绳子载荷力＝1/3 轿厢总重量。

51. 什么是绳头组合？

绳头组合又叫曳引绳锥套。曳引绳锥套在曳引系统中，是曳引钢丝绳连接轿厢和对重装置的（或是曳引钢丝绳连接曳引机承重梁及绳头板大梁的）一种过渡机件。

52. 什么是曳引机承重梁？

是固定、支撑曳引机的机件。是由工字钢或两根槽钢金属材料做成的，梁的两端分别稳固在对应井道墙壁的机房地板上。

53. 绳头板大梁如何构成？

一般由槽钢做成，按背靠背的形式放置在机房内预定的位置上，梁的一端固定在曳引机的承重梁上，另一端稳固在对应井道墙壁的机房地板上。绳头板是曳引绳锥套连接轿厢、对重装置或曳引机承重梁、绳头板大梁的过渡机件。绳头板是用钢板制成的。板上有固定曳引绳锥套的孔，每台电梯的绳头板上钻孔的数量与曳引钢丝绳的根数相等，孔按国标规定的形式排列。每台电梯需要两块绳头板。

54. 曳引绳锥套可分为几种？

按用于曳引钢丝绳直径分为 $\phi 3\text{mm}$ 和 $\phi 6\text{mm}$ 两种。如按结构形式又可分为组合式、非组合式、自锁楔式三种，如图 7-19 所示。

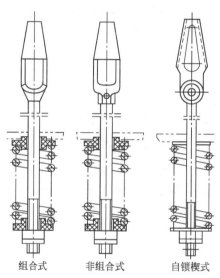

| 组合式 | 非组合式 | 自锁楔式 |

图 7-19　曳引绳锥套

55. 绳头组合如何构成？

组合式的曳引绳锥套，其锥套和拉杆是两个独立的零件，它们之间用铆钉铆合在一起。非组合式的曳引绳锥套，其锥套和拉杆是一体的，如图 7-20 所示。

曳引绳锥套与曳引钢丝绳之间的连接处，其抗拉强度应不低于钢丝绳的抗拉强度。因此曳引

图 7-20　绳头组合

绳头一般预先做成类似大蒜头的形状,穿进锥套后再用巴氏合金浇灌。还有一种自锁楔式曳引绳锥套是20世纪90年代设计生产的,它可以省去浇灌巴氏合金的环节,它的钢丝绳绕过楔形块套入锥套,依靠楔形块与锥套内空斜面的配合使钢丝绳在拉力作用下自动锁紧,在钢丝绳的拼接处有绳卡,以防绳头滑脱。这种可拆式接头方式便于调节绳长,但抗冲击能力较差。

56. 什么是补偿链?

由于轿厢升降,轿厢侧和对重侧的曳引钢丝绳重量比随之变化,为了修正这个变化,减轻曳引电动机负载,将轿厢和对重用补偿链连接起来,一般用于30m以上的电梯,基本是现代电梯的标准配置,其外形如图7-21所示。

图7-21　几种常见的补偿链

57. 电梯的引导系统包括几种?

电梯的引导系统,包括轿厢引导系统和对重引导系统两种。这两种系统均由导轨、导轨架和导靴三种机件组成。

58. 导轨及导轨架的功能是什么?

每台电梯均具备有用于轿厢和对重装置的两组导轨。导轨是电梯的轿厢和对重装置在井道做上下垂直运行的重要机件,类似火车的铁轨。

导轨架是固定导轨的机件,固定在电梯外道内的墙壁上。每根导轨上至少应设置两个导轨架。

导轨架在井道墙壁上的固定方式有多种,其中常用的几种方式是埋入式、焊接式、预埋螺栓和胀管螺栓固定式。

　　导轨及其附件应能保证轿厢与对重（平衡重）间的导向，并将导轨的变形限制在一定的范围内。不应出现由于导轨变形而导致不安全隐患的发生，确保电梯安全运行。

59.　导靴的功能是什么？

　　导靴，是确保轿厢和对重沿着导轨上下运行的装置，安装在轿架和对重架上，也是保持轿门地坎、层门地坎、井道壁及操作系统各部件之间的恒定位置关系的装置。电梯产品中常用的导靴有滑动导靴和滚轮导靴两种。

60.　滑动导靴分为几种？　特点是什么？

　　滑动导靴有刚性滑动导靴和弹性滑动导靴两种。刚性滑动导靴和弹性滑动导靴这两种导靴的结构比较简单，主要用于额定载重量2000kg 以上，运行速度不高的电梯上。

61.　滚轮导靴的特点是什么？

　　刚性滑动导靴和弹性滑动导靴的靴衬无论是铁的还是尼龙衬套的，在电梯运行过程中，靴衬与导轨之间摩擦力还是很大的。这个摩擦力不但增加曳引机的负荷，而且是轿厢运行时引起振动和噪声的原因之一。在近几年的电梯产品中为减少导轨与导靴之间的摩擦力，节省能量，提高乘坐舒适感，均采用滚轮导靴。

　　滚轮导靴主要由两个侧面导轮和一个端面导轮构成，三个滚轮从三个方面卡住导轨，使轿厢沿着导轨上下运行。当轿厢运行时，三个滚轮同时滚动，保持轿厢在平衡状态下运行。为了延长滚轮的使用寿命，减少滚轮与导轨工作面之间在做滚动摩擦运行时所产生的噪声，滚轮外缘一般由耐磨塑料材料制作，使用中不像滑动导靴那样需要润滑。

62.　什么是对重装置？　有何作用？

　　对重装置位置是在井道内，通过曳引绳经曳引轮与轿厢连接。作用是在电梯运行过程中，通过对重导靴在对重导轨上滑行，起平衡轿厢的作用。

63. 对重架如何构成？ 对重架分为几种？

对重架用槽钢和钢板焊接而成。

根据使用场合的不同，对重架的结构形式也不同。对于不同曳引方式，对重架可分为用于 2：1 吊索法的有轮对重架和用于 1：1 吊索法的无轮对重架两种。根据不同的对重导轨，又可分为用于 T 形导轨，采用弹簧滑动导靴的对重架，以及用于空心导轨，采用钢性滑动导靴的对重架两种。

根据电梯的额定载重量的不同，对重架所用的型钢和钢板的规格要求也不同。在实际使用中不同规格的型钢作对重架直梁时，必须配相对应的对重铁块。

64. 对重铁块有几种？ 功能是什么？

对重铁块一般用铸铁做成。在小型电梯中也有采用钢板夹水泥的对重块。对重块一般有 50kg、75kg、100kg、125kg 等几种，分别适用于额定载重量为 500kg、1000kg、2000kg、3000kg 和 5000kg 等几种电梯。对重铁块放入对重架后，需用压板固定好，防止在电梯运行过程中窜动而产生意外和噪声。

为了使对重装置能对轿厢起最佳的平衡作用，必须正确计算对重装置的总重量。对重装置的总重量与电梯轿厢本身的净重和轿厢的额定载重量有关，这在出厂时由厂家设计好，不允许随便改动。

65. 操纵箱的功能是什么？

操纵箱一般位于轿厢内，是供乘客控制电梯上下运行的操作控制中心。

操纵箱装置的电气元件与电梯的控制方式、停站层数有关。轿厢内按钮开关控制电梯操纵箱，如图 7-22 所示。

66. 操纵箱上装配的电气元件包括几种？

操纵箱上装配的电气元件一般包括下

图 7-22 轿厢内按钮操纵箱

列几种。

发送轿内指令任务，命令电梯启动和停靠层站的元件，如轿厢内控制电梯的手柄开关、轿厢内按钮开关、控制电梯工作状态的手指开关或钥匙开关，急停按钮开关、点动开关门按钮开关、轿厢内照明灯开关、电风扇开关、蜂鸣器开关等。同时近年来出现了把指层灯箱合并到轿厢内操纵箱和厅外召唤箱中去的情况，而且采用数码管显示，既节能又耐用，指层灯箱内装置的电气元件包括电梯上下运行方向灯，电梯所在层楼指示灯，这些开关各厂家设计不同形状也各异。

67.　召唤按钮箱的功能是什么？

召唤按钮箱是设置在电梯停靠站厅门外侧，给厅外乘用人员提供召唤电梯的装置。

最近几年来出现了召唤和电梯位置及运行方向合为一体的召唤指层箱，被广泛应用，如图 7-23 所示。

68.　轿顶检修箱的功能是什么？

轿顶检修箱位于轿厢顶上，以便于检修人员安全、可靠、方便地检修电梯。检修箱装设的电气元件一般包括控制电梯慢上慢下的按钮、点动开关门按钮、急停按钮、轿顶正常运行和检修运行的转换开关等，如图 7-24 所示。

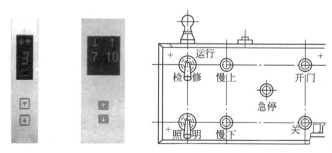

图 7-23　召唤按钮　　　　图 7-24　轿顶检修箱

69.　换速平层装置的功能是什么？

换速平层装置也称井道信息装置。换速平层装置是一般低速或快速电梯实现到达预定停靠站时，提前一定距离把快速运行切换为平层

前慢速运行，平层时自动停靠的控制装置。

70. 常用的换速平层装置有几种？

（1）干簧管换速平层装置，已经被淘汰。

（2）双稳态开关换速平层装置，很少使用。

（3）光电开关换速平层装置。

71. 光电开关装置的特点及外形分别是什么？

随着电子控制、制造技术的发展，国内开始采用固定在轿顶上的光电开关和固定在井道轿厢导轨上的遮光板构成的光电开关装置。该装置利用遮光板路过光电开关的预定通道时，由遮光板隔断光电发射管与光电接收管之间的联系，由接收管实现对电梯的换速、平层停靠、开门控制功能，这种装置具有结构简单、反应速度快、安全可靠等优点。光电开关外形及平层感应器外形图如图 7-25 所示。

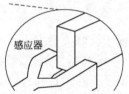

(a) 光电开关外形示意图　　　(b) 平层感应器外形图

图 7-25　光电开关外形及平层感应器外形图

72. 旋转编码器的功能是什么？ 结构是什么？

随着计算机技术的发展，国内外许多公司开发出了用于曳引机上的旋转编码器，利用其发出的信号，通过计算机精确的计算，利用时间控制理论，检测电梯的运行速度和运行方向，再通过变频器将实际速度与变频器内部的给定速度相比较，从而调节变频器的输出频率及电压，使电梯的实际速度跟随变频器内部的给定速度，达到调节电梯速度的，选层、确定电梯运行方向的目的。旋转编码器外形和结构如图 7-26 所示。

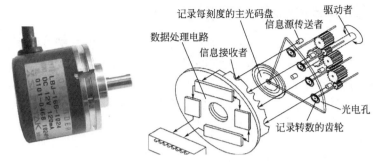

图 7-26　旋转编码器外形及结构图

73. 数字选层器的原理什么？

所谓数字选层器，实际上就是利用旋转编码器得到的脉冲数来计算楼层的装置。这在目前大多数变频电梯中较为常见。原理：装在电动机尾端（或限速器轴）上的旋转编码器，跟着电动力同步旋转，电动机每转一转，旋转编码器能发出一定数量的脉冲数（一般为 600 或 1024 个）。在电梯安装完成后，一般要进行一次楼层高度的写入工作，这个步骤就是预先把每个楼层的高度脉冲数和减速距离脉冲数存入电脑内，在以后运行中，旋转编码器的运行脉冲数再与存入的数据进行对比，从而计算出电梯所在的位置。一般地，旋转编码器也能得到一个速度信号，这个信号要反馈给变频器，从而调节变频器的输出数据。

74. 旋转编码器的原理和特点分别是什么？

旋转编码器是集光机电技术于一体的速度位移传感器。当旋转编码器轴带动光栅盘旋转时，发光元件发出的光被光栅盘狭缝切割成断续光线，并被接收元件接收产生初始信号。该信号经后继电路处理后，输出脉冲或代码信号。其特点是体积小，重量轻，品种多，功能全，频响高，分辨能力高，力矩小，耗能低，性能稳定，可靠使用寿命长等。

75. 增量式编码器的特点是什么？

增量式编码器轴旋转时，有相应的相位输出。其旋转方向的判别和脉冲数量的增减，需借助后部的判向电路和计数器来实现。其计数起点可任意设定，并可实现多圈的无限累加和测量。还可以把每转发出一个脉冲的 Z 信号，作为参考机械零位。当脉冲已固定，而需要提高分辨率时，可利用带 90°相位差的 A、B 两路信号，对原脉冲数进行倍频。

76. 绝对值编码器的特点是什么？

绝对值编码器轴旋转时，有与位置一一对应的代码（二进制，BCD 码等）输出，从代码大小的变更即可判别正反方向和位移所处的位置，而无需判向电路。它有一个绝对零位代码，当停电或关机后再开机重新测量时，仍可准确地读出停电或关机位置地代码，并准确地找到零位代码。一般情况下绝对值编码器的测量范围为 0°～360°，但特殊型号也可实现多圈测量。

77. 正弦波编码器的特点是什么？

正弦波编码器也属于增量式编码器，主要的区别在于输出信号是正弦波模拟量信号，而不是数字量信号。它的出现主要是为了满足电气领域的需要——用作电动机的反馈检测元件。在与其他系统相比的基础上，人们需要提高动态特性时可以采用这种编码器。为了保证良好的电机控制性能，编码器的反馈信号必须能够提供大量的脉冲，尤其是在转速很低的时候，采用传统的增量式编码器产生大量的脉冲，从许多方面来看都有问题，当电机高速旋转（6000r/min）时，传输和处理数字信号是困难的。在这种情况下，处理给伺服电机的信号所需带宽（例如编码器每转脉冲为 10000）将很容易地超过 MHz 门限；而另一方面采用模拟信号大大减少了上述麻烦，并有能力模拟编码器的大量脉冲。这要感谢正弦和余弦信号的内插法，它为旋转角度提供了计算方法。这种方法可以获得基本正弦的高倍增加，例如可从每转 1024 个正弦波编码器中，获得每转超过 1000000 个脉冲。接收此信号所需的带宽只要稍许大于 100kHz 即已足够。

78. 什么是限位开关装置？

为了确保司机、乘用人员、电梯设备的安全，在电梯的上端站和下端站处，设置了限制电梯运行区域的装置，称为限位开关装置。

控制式极限位置保护开关装置的行程开关安装在图 7-27 所示上、下滚轮组之间，当安装在轿厢上的行程开关随轿厢上、下运行碰到碰铁时，开关的常闭触点断开，常闭触点控制的电源接触器线圈失电，接触器控制的电梯供电电路或控制电路失电，电磁抱闸抱死电梯停转。

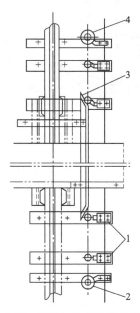

图 7-27　极限位置保护开关装置
1—行程开关；2—下滚轮组；3—碰铁；4—上滚轮组

79. 控制柜的功能与结构分别是什么？

控制柜是电梯电气控制系统完成各种主要任务，实现各种性能的控制中心。

控制柜由柜体和各种控制电气元件组成，如图7-28所示。图7-29所示为内部结构图。

图7-28　控制柜控制电气元件图

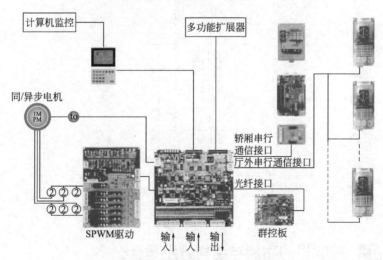

图7-29　电梯控制柜内部结构图

控制柜中装配的电气元件，其数量和规格主要与电梯的停层站

180

数、额定载荷、速度、拖动方式和控制方式等参数有关，不同参数的电梯，采用的控制柜不同。现代新式电梯几乎全部采用微机或单片机控制，也全部是组合式电路板，不允许随便拆卸和维修。

80. 电梯控制系统如何组成？

电梯控制系统可分为电力拖动系统和电气控制系统两个主要部分。电力拖动系统主要包括电梯垂直方向主拖动电路和轿厢开关电路。二者均采用易于控制的直流电动机或三相异步电机及永磁同步电机作为拖动动力源。主拖动电路大部分采用 PWM 调制方式及变频技术，达到了无级调速的目的。而开关门电路大部分也采取了变频门机驱动技术。电气控制系统则由众多呼叫按钮、传感器、控制用继电器、指示灯、LED 显示部分和控制部分的核心器件微机控制或 PLC 控制。从控制方式和性能上来说，这两种方法并没有太大的区别。国内厂家大多选择第二种方式，其原因在于生产规模较小，如果自己设计和制造微机控制装置成本较高；而 PLC 可靠性高，程序设计方便灵活。特别是 PLC 集信号采集、信号输出及逻辑控制于一体，与电梯电力拖动系统一起能很好实现电梯控制的所有功能。

81. PLC 控制如何在电梯控制系统中工作？

PLC 控制在电梯控制系统中一般将呼叫到响应计作一次工作循环，这个电梯工作循环过程又可细致分为自检、正常工作、强制工作等三种工作状态。电梯在三种工作状态之间来回切换，构成了一个完整的电梯工作过程。

82. 什么是电梯的自检状态？

当 PLC 上电后，PLC 中的程序就开始运行，但因为电梯尚未读入任何数据，也就无法在收到请求信号后通过固化在 PLC 中的程序做出响应。为满足处于响应呼叫就绪状态这一条件，必须使电梯处于已知楼层的平层状态且电梯门处于关闭状态。电梯自检过程为：先按下启动按钮，再按下恢复正常工作按钮，电梯首先的工作是使电梯门处于关闭状态，然后电梯自动向上运行，经过两个以上平层点后停

止，再返回到首层等待工作任务（通常这一过程根据不同厂家设计的不同而不同，这点请注意）。

83. 电梯的正常工作状态是什么？

电梯完成一个呼叫响应的步骤如下。

（1）电梯在检测到门厅或轿箱的呼叫信号后将此楼层信号与轿箱所在楼层信号比较，然后通过选向模块进行运行选向。

（2）电梯通过拖动调速模块或变频模块驱动电机拖动轿箱运动。轿箱运动速度要经过低速转变为中速再转变为高速，并以高速运行至减速点后为减速做好准备。

（3）当电梯检测到目标层楼层检测点产生的减速点信号时，电梯进入减速状态，由中速变为低速，并以低速运行至平层点后停止。

（4）平层后，经过一定延时后开门，直至碰到开门到位行程开关；再经过一定延时后关门，直到碰到关门到位行程开关。电梯控制系统始终实时显示轿箱所在楼层（其中电梯在首层是处在开门还是关门状态由厂家设计的不同而不同）。

84. 什么是电梯强制工作状态？

当电梯的初始位置需要调整或电梯需要检修时，应设置一种状态使电梯处于该状态时不响应正常的呼叫，并能移动到轿厢导轨上、下行程极限点间的任意位置。控制台上的消防/检修按钮按下后，电梯立刻停止原来的运行，然后按下强迫上行（下行）按钮，电梯上行（下行）；一旦放开该按钮，电梯立刻停止，当处理完毕时可用恢复正常工作按钮来使电梯跳出强制工作状态。在电梯处于检修状态期间，电梯一般是以点动方式运行的。

85. 电梯控制系统原理是什么？

电梯控制系统原理框图如图 7-30 所示，主要由轿箱内指令电路、门厅呼叫电路、主拖动电机电路、开关门电路、楼层显示电路、按钮记忆灯电路、楼层检测与平层检测传感器及 PLC 电路等组成。

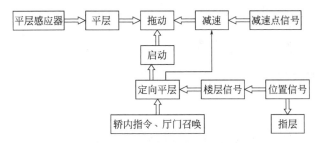

图 7-30　电梯控制系统原理框图

86. 电梯控制系统的硬件如何组成？

电梯控制系统的硬件结构如图 7-31 所示。包括按钮编码输入电路、楼层传感器检测电路、发光二极管记忆灯电路、PWM 控制直流电机无级调速电路、轿厢开关门电路、楼层显示电路及一些其他辅助电路等。一般为减少 PLC 输入输出点数，采用编码的方式将呼叫及指层按钮编码等五位二进制码输入 PLC。

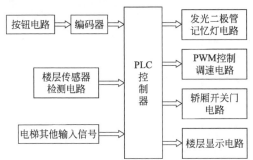

图 7-31　电梯控制系统硬件结构框图

87. 系统输入部分的功能是什么？

系统输入部分分为三个部分，一是直接输入到 PLC 输入口的开关量信号部分，包括：按钮操纵箱上的启动按钮、恢复正常工作按钮、消防/检修按钮、强迫上行（下行）按钮部分以及开关门行程到位开关信号等。二是楼层检测输入信号部分。三是其他输入信号。

88. 系统输出部分的功能是什么？

系统的输出部分包括发光二极管记忆灯电路、PWM 控制调速电

路、轿厢开关门电路和楼层显示电路等。

89. 系统软件流程是什么？

软件流程图如图 7-32 和图 7-33 所示。

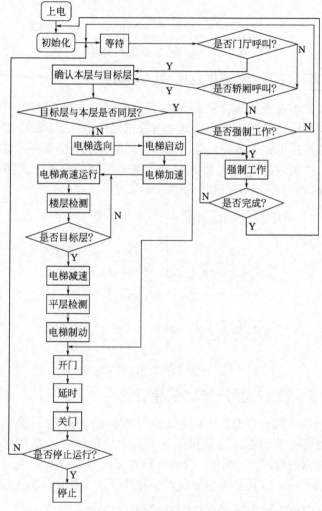

图 7-32　电梯控制主程序流程图

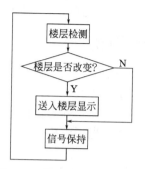

图 7-33　楼层实现程序流程图

90. **系统的其他功能包括哪些？**

　　PLC 电梯系统除去能实现实际旅客电梯系统的绝大部分功能外，还包括：门厅召唤功能、轿厢内选层功能、顺向截梯功能、智能呼叫保持功能、电梯自动开关门功能、电梯手动开关门功能、清除无效指令功能、智能初始化功能、消除/检修功能、楼层显示功能和电梯平滑变速功能。

　　各生产厂家实际应用中还根据需要增加了如下的许多功能。

　　（1）增加与微机通信的接口，实现联网控制，多台电梯的综合控制由微机完成。

　　（2）优化电梯的选向功能，使之能随客流量的变化而改变，达到高效运送乘客的目的。

　　（3）增加出现紧急情况时的电梯处理办法。

　　（4）需输入密码才能乘电梯到达特殊楼层功能，且响应该楼层呼叫时不响应其他楼层呼叫。

　　（5）设置电容感应装置，如关门时仍有乘客进出，则轿门未触及人体时就能自动重新开门。

　　（6）其他人性化的功能。

91. **三菱 FX2N-64MR PLC 在电梯中如何实现 PLC 控制？**

　　本设计在用 PLC 控制变频调速实现电流、速度双闭环的基础上，

在不增加硬件设备的条件下，实现电流、速度、位移三环控制。

92. 硬件电路如何构成？

系统硬件结构图如图 7-34 所示，其各部分功能说明如下。

Q1——三相电源断路图；K1——电源控制接触器；K2——负载电机通断控制接触器；VS——变频器；BU——制动单元；RB——能耗制动电阻；M——主拖动曳引电机。

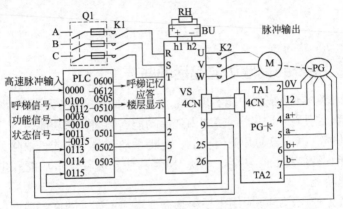

图 7-34　系统硬件结构图

93. 主电路如何构成？

主电路由三相交流输入、变频驱动、曳引机和制动单元几部分组成。由于采用交-直-交电压型变频器，在电梯位势负载作用下，制动时回馈的能量不能馈送回电网，为限制泵升电压，采用受控能耗制动方式。

94. PLC 控制电路如何构成？

PLC 接收来自操纵盘和每层呼梯盒的召唤信号、轿厢和门系统的功能信号以及井道和变频器的状态信号，经程序判断与运算实现电梯的集选控制。PLC 在输出显示和监控信号的同时，向变频器发出运行方向、启动、加/减速运行和制动停梯等信号。

95. 电流、速度双闭环电路如何构成？

采用 YASAKWA 公司的 VS-616G5 CIMRG5A 4022 变频器。变频器本身设有电流检测装置，由此构成电流闭环；通过和电机同轴连接的旋转编码器，产生 a、b 两相脉冲进入变频器，在确认方向的同时，利用脉冲计数构成速度闭环。

96. 80 系列 PLC 电梯控制系统如何构成？

电梯控制系统主要由变频调速主回路、输入输出单元以及 PLC 单元构成，如图 7-35 所示，用来完成对电梯曳引机及开关门机的启动，加减速，停止，运行方向，楼层显示，层站召唤，轿厢内操作，安全保护等指令信号进行管理和控制功能。

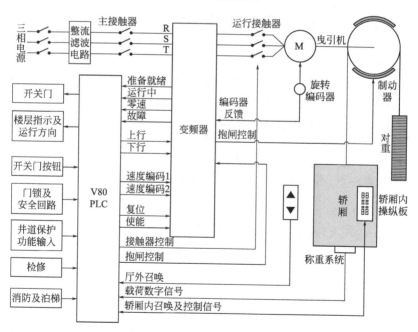

图 7-35　电梯控制系统原理图

97. 变频调速主回路由几部分构成？

变频调速主回路由三相交流输入、变频调速驱动、曳引机和制动

单元构成，变频器采用日本安川公司矢量控制电梯专用变频器616G5，其具有良好的低速运行特性，适合在电梯控制系统中应用。三相电源 R、S、T 经接线端子进入变频器为其主回路和控制回路供电，输出端 U、V、W 接电动机的快速绕组，外接制动单元减少制动时间，加快制动过程。旋转编码器用来检测电梯的运行速度和运行方向，变频器将实际速度与变频器内部的给定速度相比较，从而调节变频器的输出频率及电压，使电梯的实际速度跟随变频器内部的给定速度，达到调节电梯速度的目的。变频器输入信号为：上、下行方向指令，零速、爬行、低速、高速、检修速度等各种速度编码指令，复位和使能信号。变频器输出信号为：

（1）变频器准备就绪信号，在变频器运转正常时，通知控制系统变频器可以正常运行；

（2）运行中信号，通知 PLC 变频器正在正常输出；

（3）零速信号，当电梯运行速度为零时，此信号输出有效并通知PLC 完成抱闸、停车等动作；

（4）故障信号，变频器出现故障时，此信号输出有效并通知PLC 做出响应，给变频器断电。

98. 输入/输出单元如何构成？

输入/输出单元为 PLC 的 I/O 接口部分，主要由厅外呼叫、轿厢内选层、楼层及方向指示、开关门、井道内的上下平层、上下强迫换速开关、门锁、安全保护继电器、检修、消防、泊梯、称重等单元构成。

99. 输入单元包括哪些部分？

（1）厅外呼叫单元，用来对各层站的厅外召唤信号进行登记、记忆和消除，而且兼有无司机状态的"本层厅外开门"功能，全集选方式的呼梯信号为 $2N-2$ 个（N 为层站数），下集选方式的呼梯信号为 N 个。

（2）轿厢内选层单元，负责对预选楼层指令的登记、消除和指示，呼梯信号数为电梯停站层数 N。

（3）开关门按钮，输入 PLC 控制轿门的开闭（厅门也同时动作）。

（4）上下平层装置，用来保证电梯轿厢在各层停靠时准确平层，通常设置在轿顶，电梯轿厢上行接近预选层站时，上平层感应器限进入遮磁板，电梯仍继续慢速运行，当下平层感应器再进入遮磁板时，上行接触器线圈失电，制动器抱闸停车。

（5）上下限强迫换速开关，用于保护电梯的高速运行安全，避免电梯出现冲顶或蹲底事故，当电梯到达上下端站时，装在轿厢边的上下限强迫换速开关打板，信号输入 PLC，PLC 发出换速信号强迫电梯减速运行到平层位置。

（6）门锁装置（或轿门和厅门联锁保护装置），轿门闭合和各厅门闭合上锁是电梯正常启动运行的前提。

（7）安全回路，通常包括轿厢内急停开关、轿顶内急停开关、安全钳开关、限速器断绳开关、限速器超速开关、底坑急停开关、相序保护继电器、上下限极限开关等。

（8）检修、消防和泊梯。检修、消防和泊梯为电梯的三种运行方式，检修运行为电梯检修时的慢速运行方式。消防运行有消防返回基站和消防员专用两种运行状态。泊梯状态，消除内选和外呼信号，自动返回泊梯层、关门并断电。

（9）称重单元，用来检测轿厢负荷，判断电梯处于欠载、满载或超载状态，然后输出数字信号给 PLC，根据负载情况进行启动力矩补偿，使电梯运行平稳。

100. 输出单元包括哪些部分？

（1）楼层及方向指示单元，包括电梯上下行方向指示灯、层楼指示灯以及报站钟等，目前的方向及层楼指示灯主要有七段码显示方式和点阵显示方式，本系统为七段码显示方式。

（2）开关门单元，用于控制电梯的厅门和轿门的打开和关闭，在自动定向完成或电梯平稳停靠后，PLC 给出相关指令，由变频门机完成开关门动作。

101. PLC 单元的功能是什么？

PLC 单元为电梯控制系统的核心部分，由 PLC 提供变频器的运行方向和速度指令，使变频器根据电梯需要的速度曲线调节运行方向和速度。通过 PLC 的合理编程，实现自动平层、自动开关门、自动

掌握停站时间、内外呼信号的登记与消除、顺向截梯及自动换向等集选控制功能。

102. PLC 的 I/O 接口配置如何构成？

PLC 选用 V80 系列，PLC 的输入输出点数可根据需要配置，并可根据用户的要求增加并联功能。以编制一台 4 层 4 站的电梯为例，先根据控制要求计算所需要的 I/O 接口点数，其中输入点数为 32，输出点数为 24。选用 V80 系列 PLC 的一个 CPU 单元 M40DR 和一个扩展单元 E16DR 来完成电梯控制系统的逻辑控制。

103. 输入接口配置是什么？

见表 7-2。

表 7-2 输入接口

序号	输入接点	输入功能	序号	输入接点	输入功能
1	10001	完全回路	17	10017	四楼指令按钮
2	10002	关门按钮	18	10018	一楼上召按钮
3	10003	检修开关	19	10019	二楼上召按钮
4	10004	门锁	20	10020	二楼下召按钮
5	10005	消防开关	21	10021	三楼上召按钮
6	10006	上强迫减速限位	22	10022	三楼下召按钮
7	10007	下强迫减速限位	23	10023	四楼下召按钮
8	10008	完全触板	24	10024	80%满载
9	10009	上平层感应器	25	10033	110%超载
10	10010	下平层感应器	26	10034	抱闸反馈
11	10011	开门按钮	27	10035	变频器准备就绪
12	10012	开门到位	28	10036	变频器运行中
13	10013	变频器故障	29	10037	零速
14	10014	一楼指令按钮	30	10038	泊梯开关
15	10015	二楼指令按钮	31	10039	旋转编码上行方向
16	10016	三楼指令按钮	32	10040	旋转编码上行方向

104. 输出接口配置是什么？

见表 7-3。

表 7-3 输出接口

序号	输出线圈	输出功能	序号	输出线圈	输出功能
1	00001	上行方向指示	13	00013	门区照明
2	00002	下行方向指示	14	00014	报站钟
3	00003	开门继电器	15	00015	照明
4	00004	关门继电器	16	00016	主接触器控制
5	00005	速度编码 1	17	00017	抱闸控制
6	00006	速度编码 2	18	00018	七段码楼层显示 A
7	00007	变频器使能	19	00019	七段码楼层显示 B
8	00008	变频器复位	20	00020	七段码楼层显示 C
9	00009	1 楼召唤输出指示	21	00021	七段码楼层显示 D
10	00010	2 楼召唤输出指示	22	00022	七段码楼层显示 E
11	00011	3 楼召唤输出指示	23	00023	七段码楼层显示 F
12	00012	4 楼召唤输出指示	24	00024	七段码楼层显示 G

105. I/O 接口的工作过程是什么？

电梯完成一个呼叫响应的步骤如下。

（1）电梯在检测到门厅或轿厢的召唤信号后将此楼层信号与轿厢所在楼层信号比较，通过选向模块进行运行选向。

（2）电梯开始启动，通过变频器驱动电机拖动轿厢运动。轿厢运动速度由低速转变为中速再转变为高速，并以高速运行至目标层。

（3）当电梯检测到目标层减速点后，电梯进入减速状态，由高速变为低速，并以低速运行至平层点停止。

（4）平层后，经过一定延时开门，直至碰到开门到位行程开关；再经过一定延时后关门，直到安全触板开关动作。

106. 电梯运行次数综合显示器原理是什么？

为确保电梯的安全运行，规定电梯运行到规定的时间后，必须进

行检查保养，消除设备隐患，使设备随时处于完好状态。电梯运行次数综合显示器就是根据这一要求设计生产的，它可以直观了解设备运行了多少次，而且使管理、考核也有了科学的依据。

原理如图 7-36 所示，其核心元件为 U1 AT89C2051 单片机，它完成对由 Q1 输入来的脉冲进行计数统计和送出显示数据的功能。为保证在掉电后保持所运行的计数值和增加仪器的抗干扰能力，采用了集数据保持、电源电压监视和看门狗三种功能于一体的非易失性器件U2 X25045。U3 为电源检测元件，型号为 HT7044A，用作掉电保持数据之用。HT7044A 片内包括一个高精度、低功耗的标准电源，一个比较器、迟滞电路和一级输出驱动，在 Vin 电压低于 4.4V 时，Vout 输出为高电平。HT7044A 的 Vout 端接到 AT89C2051 单片机的外加中断 INT0 P3.2 端，在掉电过程中进入中断保护程序，将显示器上的运行次数写入 X25045 的 EEPROM 中保护，在上电复位时将数据从 X25045 中读出，送出显示。U4 为 BCD 码显示译码驱动器

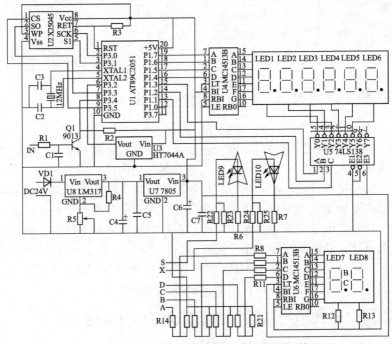

图 7-36　电梯运行次数综合显示器原理图

192

MC14513B，它接受来自 AT89C2051 的 BCD 码显示数据，并译成相应的段码送给显示器，显示器在 74LS138 的相关位的驱动下进行显示 Q1 接受来电梯送出的计数脉冲信号，经它隔离和放大后送给 AT89C2051 进行处理。从实际使用的情况看，Q1 的输入信号可以取自电梯中上升或下降交流接触器的辅助触点的常开触点，或是在电梯牵引轮上装置传感器，而后输给 Q1，使单片机 AT89C2051 正常工作和计数显示。LED1～LED6 为 6 位高亮度共阴极数码管，计数范围为 0～999999 次，可够常规使用的电梯运行一年以上。为保证数据的真实可靠，本仪器在面板上不设置清零按键，一投入使用即无法清零，只有一直运行到 999999 后才转为 0。LED9 和 LED10 为两个红色的箭头指示发光块，分别表示电梯处于上升或下降状态，LED7、LED8 为楼层显示器，本显示器只设计了 0～19 层，因此 LED7 只需将 B、C 段相连后引出接高电平（显示 1）或接低电平（显示无）即可。其中 S、X、A、B、C、D 均由电梯中原有的控制线中引出。R14～R21、R22～R25 为分压电阻，通过合理地选择阻值，可使输给 BCD 译码器 MC14513B 和 LED9、LED10 中的电压达到最佳值。本机的电源供取自电梯控制柜中原有的直流 24V，为保证输入电压的极性不被接反，在输入端口串接了一个二极管 VD1。安装调整时，可调整 R5 使 7805 的输入为 9～8V 即可。

107. 电梯故障及其主要原因和排除方法是什么？

电梯故障及其主要原因和排除方法，见表 7-4。

表 7-4 常见电梯故障及其主要原因和排除方法

故障现象	主要原因	排除方法
接关门按钮不能自动关门	① 开关门电路的熔断器熔体烧断 ② 开门继电器损坏或其控制电路有故障 ③ 关门长——限位开关的触点接触不良或损坏 ④ 安全触板不能复位或触板开关损坏 ⑤ 光电门保护装置有故障	① 更换熔体 ② 更换继电器或检查其电路故障点并修复 ③ 更换限位开关 ④ 调整安全触板或更换触板开关 ⑤ 修复或更换

故障现象	主要原因	排除方法
在基站厅外扭动开关门钥匙开关不能开启厅门	① 厅外开关门钥匙开关触点接触不良或损坏 ② 基站厅外开关门控制开关触点接触不良或损坏 ③ 开门第一限位开关的触点接触不良或损坏 ④ 开门继电器损坏或其控制电路有故障	① 更换钥匙开关 ② 更换开关门控制开关 ③ 更换限位开关 ④ 更换工业局电器或检查其电路故障点并修复
电梯到站不能自动开门	① 开关门电路熔断器熔体烧断 ② 开门限位开关触点接触不良或损坏 ③ 提前开门传感器插头接触不良、脱落或损坏 ④ 开门继电器损坏或其控制电路有故障 ⑤ 开门机传动皮带松脱或断裂	① 更换熔体 ② 更换限位开关 ③ 修复或更换插头 ④ 更换继电器或检查其电路故障点并修复 ⑤ 调整或更换皮带
开或关门时冲击声过大	① 开、关门限速粗调电阻调整不正确 ② 开、关门限速细调电阻调整不妥或调整环接触不良	① 调整电阻环位置 ② 调整电阻环位置或调整其接触压力
开、关门过程中门扇抖动或有卡住现象	① 踏板滑槽内有异物堵塞 ② 吊门滚轮的偏心挡轮松动，与上坎的间隙过大或过小 ③ 吊门滚轮与门扇连接螺栓松动或滚轮严重磨损	① 清除异物 ② 调整并修复 ③ 调整或更换吊门滚轮
选层登记且电梯门关妥后电梯不能启动运行	① 厅、轿厢内门电联锁开关接触不良或损坏 ② 电源电压过低或断相 ③ 制动器抱闸未松开 ④ 直流电梯的励磁装置有故障	① 检查修复或更换电联锁开关 ② 检查并修复 ③ 调整制动器 ④ 检查并修复
轿厢启动困难或运行速度明显降低	① 电源电压过低或断相 ② 制动器抱闸未松开 ③ 直流电梯的励磁装置有故障 ④ 曳引电动机滚动轴承润滑不良 ⑤ 曳引机减速器润滑不良	① 检查并修复 ② 调整制动器 ③ 检查并修复 ④ 补油或清洗更换润滑油脂 ⑤ 补油或更换润滑油

故障现象	主要原因	排除方法
轿厢运行时有异常的噪声或振动	① 导轨润滑不良 ② 导向轮或反绳轮轴与轴套润滑不良 ③ 传感器与隔磁板有碰撞现象 ④ 导靴靴衬严重磨损 ⑤ 滚轮式导靴轴承磨损	① 清洗导轨或加油 ② 补油或清洗换油 ③ 调整传感器或隔磁板位置 ④ 更换靴衬 ⑤ 更换轴承
轿厢平层误差过大	① 轿厢过载 ② 制动器未完全松闸或调整不正确 ③ 制动器刹车带严重磨损 ④ 平层传感器与隔磁板的相对位置尺寸发生变化 ⑤ 再生制动力矩调整不妥	① 严禁过载 ② 调整制动器 ③ 更换刹车带 ④ 调整平层传感器与隔磁板相对位置尺寸 ⑤ 调整再生制动力矩
轿厢运行未到换速点突然换速停车	① 门刀与厅门锁滚轮碰撞 ② 门刀或厅门调整不正确	① 调整门刀或门锁滚轮 ② 调整门刀或厅门锁
轿厢运行到预定停靠层站的换速点不能换速	① 该预定停靠层站的换速传感器损坏或与换速隔磁板的位置尺寸调整不正确 ② 该预定停靠层站的换速继电器损坏或其控制电路有故障 ③ 机械选层器换速触点接触不良 ④ 快速接触器不复位	① 更换传感器或调整传感器与隔磁板之间的相对位置尺寸 ② 更换继电器或检查其电路故障点并修复 ③ 调整触点接触压力 ④ 调整快速接触器
轿厢到站平层不能停靠	① 上、下平层传感器的干簧管触点接触不良或隔磁板与传感器的相对位置参数尺寸调整不妥 ② 上、下层继电器损坏或其控制电路有故障 ③ 上、下方向接触器不复位	① 更换干簧管或调整传感器与隔磁板的相对位置参数尺寸 ② 更换继电器或检查其电路故障点并修复 ③ 调整上、下方向接触器
有慢车没有快车	① 轿门、某层站的厅门电联锁开关触点接触不良或损坏 ② 直流电梯的励磁装置有故障 ③ 上、下运行控制继电器、快速接触器损坏，或其控制电路有故障	① 更换电联锁开关 ② 检查并修复 ③ 更换继电器、接触器或检查其电路故障点并修复

续表

故障现象	主要原因	排除方法
上行正常下行无快车	① 下行第一、二限位开关触点接触不良或损坏 ② 直流电梯的励磁装置有故障 ③ 下行控制继电器、接触器损坏或其控制电路有故障	① 更换限位开关 ② 检查并修复 ③ 更换继电器、接触器或检查其电路故障点并修复
下行正常上行无快车	① 上行第一、二限位开关触点接触不良或损坏 ② 直流电梯的励磁装置有故障 ③ 上行控制继电器、接触器损坏，或其控制电路有故障	① 更换限位开关 ② 检查并修复 ③ 更换继电器、接触器或检查其电路故障点并修复
轿厢运行速度忽快忽慢	① 直流电电梯侧的测速发电机有故障 ② 直流电梯的励磁装置有故障	① 修复或更换测速发电机 ② 检查并修复
电网供电正常，但没有快车也没有慢车	① 主电路或直流电、交流控制电路的熔断器熔体烧断 ② 电压继电器损坏，或其电路中的安全保护开关的触点接触不良、损坏	① 更换熔体 ② 更换电压继电器或有关安全保护开关

第 八 章

楼宇空气调节系统及空调系统

1. 空气如何组成？

　　自然界中的空气（大气）是由干空气、水蒸气等组成的混合物，干空气主要由表 8-1 所示的几种气体混合组成。干空气的平均分子量为 28.97。

表 8-1　干空气的组成

名称	分子量	体积分数/%
氮（N_2）	28.02	78.08
氧（O_2）	32.00	20.95
氩（Ar）	39.04	0.93
二氧化碳（CO_2）	44.01	0.03
其他稀有气体（He，Ne，Kr 等）		0.01

2. 什么是湿空气？

　　实际上单纯的干空气在自然界是不存在的。因为地球表面大部分是海洋、湖泊和江河，每时每刻有大量的水分蒸发为水蒸气到大气中去，使大气成为干空气和水蒸气的混合气体，称为湿空气，习惯上称为空气。

　　在高度 90km 以下，干空气的组成分及比例基本稳定不变，而且它对整个湿空气的热工性能无特殊意义，所以在空调中往往把干空气当作一个不变的整体看待。湿空气中的水蒸气，其含量虽然不大，但

当它的含量变化时，却对湿空气的物理性能影响很大，其含量的多少决定了空气的干燥和潮湿程度，对生产和生活都有很大的影响。因此，在空气调节方面，首先应当掌握湿空气的物理性质。

湿空气的物理性质是用一些称为状态参数的物理量来衡量的，其主要状态参数有温度、压力、湿度、焓等。

3. 什么是空气温度？

空气温度表示空气的冷热程度。我国工程上一般用摄氏温标 t_c（℃），有时也用绝对温标 T（K）。美、英等国过去习惯用华氏温标 t_F（℉）来表示温度的高低。

4. 什么是空气压力？

垂直作用在物体单位面积上的力，称为压力，也称压强。其关系式为：

$$p = F/S$$

式中　p——压力，N/m^2；

F——垂直作用力，N；

S——物体面积，m^2。

在空调器中，有空气的压力和制冷系统内的制冷剂对制冷系统内每一处的压力。

压力的单位为 Pa（帕），10^3 Pa 为 kPa（千帕），10^6 Pa 为 MPa（兆帕）。

5. 绝对压力与表压力的区别是什么？

绝对压力是表示物体实际所受的压力大小，而表压是用压力计测出的压力。如果将气体装入容器中，气体就要膨胀，要向外挤压容器的内壁，所以，用压力计测出的压力，表示施加在容器内的力和大气从外部给容器外壁施加的力之差值，即

表压力＝绝对压力－标准大气压

也就是：绝对压力＝表压力＋标准大气压（0.10133MPa）

6. 什么是湿空气压力？

湿空气是指含有水蒸气的空气，也就是干空气和水蒸气所组成的

混合气体。

道尔顿定律指出：混合物的压力等于各组成部分的分压力之和。因此，湿空气的压力必然是干空气分压力和水蒸气分压力之和：

$$p = p_g + p_z$$

式中　p——湿空气压力，即大气压；

　　p_g——干空气分压力；

　　p_z——水蒸气分压力。

在一定温度下，水蒸气在空气中所占的份量愈多，空气就愈潮湿，水蒸气的分压力也愈大。如果空气中水蒸气的含量超过某一限量（饱和点），空气中就有水珠析出。这说明在一定温度下，空气中容纳水蒸气的数量是有限度的，即大气中水蒸气的分压力有一个极限值。当空气中从水蒸发为水汽的分子数目与从空气中水蒸气凝结为水的分子数目相等时，大气中容纳的水蒸气的数目达到了最大的限度，这时湿空气处于饱和状态，称为"饱和"。与此相应的水蒸气分压力，称为该温度下的饱和水蒸气分压力（P_{ZB}）。

7. 什么是空气湿度？什么是绝对湿度？

空气湿度是指空气中所含水蒸气量的多少。

湿空气的绝对湿度，是指 $1m^3$ 的湿空气中含有水蒸气的质量，用 y_z 表示，其单位为 kg/m^3。绝对湿度只能反映湿空气在某一温度下，在单位容积下所含水蒸气的质量，不能直接反映湿空气的干、湿程度。

例如：在 20℃下，湿空气的 $y_z = 0.01722kg/m^3$，这时湿空气处于饱和状态。如果在 30℃下，湿空气的 y_z 仍为 $0.01722kg/m^3$，因为 30℃下的饱和湿空气绝对湿度 y_B 为 $0.0302kg/m^3$。所以，温度若升高至 30℃，空气就显得比较干燥。

8. 什么是相对湿度？

若空气中水蒸气含量未达到该温度下的最大限值，则这种空气称为未饱和空气。

空气中能容纳水蒸气量的限值与温度有关，空气温度愈高，其限值愈大；空气温度愈低，其限值愈小。这是由于空气中水蒸气在其自

身分压力作用下保持其固有的饱和特性。由此规律可以推论：某一温度下的饱和空气，若在水蒸气分压力不变的条件下，将其温度提高，它就变成未饱和空气。相反，某一温度的未饱和空气，如在水蒸气分压力不变的条件下，将其温度下降到某一温度，它就可变成饱和空气。这时的温度实际上就是对应于水蒸气分压力的饱和温度，通常称为空气的露点温度 T_1。如果空气温度降到露点温度以下，空气中水蒸气含量超出了该项温度下所允许的最大好限值。此时，空气中的一部分水蒸气就会凝结成露珠而被析离出来。

相对湿度 φ 就是空气中的绝对湿度 Z 与同温度下饱和绝对湿度 Z_b 之比值，常用百分数表示，

$$\varphi = \frac{Z}{Z_b} \times 100\%$$

利用理想气体状态方程，由上式可导出

$$\varphi = \frac{p_s}{p_{sb}} \times 100\%$$

相对湿度 φ 表示空气接近饱和空气的程度。$\varphi = 0$，则属于干空气；$\varphi = 100\%$，则称为饱和空气。可见，φ 值能够比较明确地表示空气干燥和潮湿的程度。

9. 什么是含湿量？

每千克干空气所伴有水蒸气的质量（g）称为空气的含湿量，用符号 d 表示，其单位为（g/kg）。

含湿量 d 几乎同水蒸气分压力成正比，而同空气的总压力成反比。它确切表达了空气中实际含有的水蒸气量的多少。

在空调技术中，含湿量同温度一样是一个重要的状态参数，对空气进行减湿或加湿处理时，干空气的质量是保持不变的，仅是水蒸气含量发生变化，所以空调工程计算中，常用含湿量的变化来表达加湿和去湿程度。

10. 什么是密度和比体积？

单位容积空气所具有的质量，称为空气的密度 ρ，其表达式为：

$$\rho = \frac{m}{V}$$

式中 m——空气的总质量，kg；

V——空气的总容量，m³。

单位质量的空气所占有的容积称为空气的比体积（v），其表达式为：

$$v = \frac{V}{m}$$

式中 m——空气的总质量，kg；

V——空气的总容积，m³。

密度与比体积互为倒数，即

$$\rho = \frac{1}{v}$$

由前述可知，湿空气为干空气与水蒸气的混合物，两者混合均匀并占有相同的容积，因此，湿空气的密度 ρ 为干空气密度 ρ_g 与水蒸气密度 ρ_z 之和，即

$$\rho = \rho_g + \rho_z$$

11. 什么是空气调节？

空气调节的任务是对房间或公共建筑物内的空气状态参数进行调节，以创造一个温度适宜、湿度恰当的舒适环境。一般来说，空气调节主要是指空气的温度、湿度控制。

12. 什么是温度调节？

按照人类的生理特征和生活习惯，常要求居住和工作环境与外界的温差不宜过大（5℃左右），室温夏季保持在 25～27℃，冬季保持在 16～20℃为宜。

13. 什么是湿度调节？

保持相对湿度：冬季在 40％～50％之间，夏季在 50％～60％之间。

14. 空气的加热设备的工作原理是什么？

空气的加热是通过加热器来实现的，空调系统中所用的加热器一

般是以热水或蒸汽为热媒的空气加热器和电加热器，以热水或蒸汽为热媒的空气加热器一般均采用肋片管式换热器，由几排（每排有数根）肋片管和联箱组成。当热水或蒸汽在管内流动，空气在肋片管间流动时，空气被高温的肋片表面及基管加热。空气加热器的工作特点是：空气和管内水的流速越大，加热越快；热水（或蒸汽）与空气间的温差越大，加热越快；空气与加热器接触面积越大，加热也越快。肋片管式空气加热器一般作为空调系统的加热器，在冬季将空气加热到指定温度，以便于系统进入加湿处理，夏季一般不使用。电加热器是通过电阻丝将电能转化为热能来加热空气的设备，它具有加热均匀、加热量稳定、效率高、结构紧凑和易于控制等优点，常用于各类小型空调机组内。在恒温恒湿精度较高的大型集中式系统中，常采用电加热器作为末端加热设备来控制局部加热。电加热器有裸线式和管式两种，裸线式加热器加热迅速、热惯性小、结构简单，但易断线和漏电，安全性差；管式电加热器加热均匀、热量稳定、经久耐用、安全性好，可直接装在风道内，但其热惯性较大、结构复杂。电加热器的缺点是耗电量大、加热量大的场合不宜采用。

15. 空气减湿冷却设备的工作原理是什么？

空气的减湿与冷却可以通过表冷器来实现。与空气加热器结构类似，表冷器也都是肋片管式换热器，它的肋片一般多采用套片和绕片，基管的管径较小，表冷器内流动的冷媒有制冷剂和冷水两种。以制冷剂为冷媒的表冷器称为直接蒸发式表冷器，多用于各类局部机组中。以冷水作为冷媒的表冷器称为水冷表冷器，多用于集中式空调系统和半集中式空调系统的末端设备中。当空气沿表冷器的肋片间流过时，通过肋片和基管表面与冷媒进行热量交换，空气放出热量温度降低，冷媒得到热量温度升高。当表冷器的表面温度低于空气的露点温度时，空气中的一部分水蒸气将凝结出来，此时称表冷器处于湿工况，从而达到对空气进行降温减湿处理的目的。增大空气和冷水的流速，增加换热面积和空气与冷水间的温差，都可以提高传热量，设计时一般取表冷器迎面风速 2.5m/s 左右，管内水流速 0.6～1.5m/s。表冷器的调节方法有两种，一是水量调节，二是水温调节。水量调节是改变进入表冷器的冷水流量，水温不变，使表冷器的传热效果发生变化，水量减少，表冷器传热量降低，空气温降小，除湿量也少。水温调节是在水量不变条件下，通过改变表冷器进水温度，改变其传热效果。进水温度越低，空气温降越大，除湿量也增加。水温调节多用于温度控制精度较高的场合。

16. 空气的加湿设备的工作原理是什么？

建筑空调系统一般采用向空气中喷蒸汽的办法进行加湿，常用的喷蒸汽加湿方法有干蒸汽加湿和电加湿两种。干蒸汽加湿是将具有一定压力的蒸汽由蒸汽加湿器均匀地喷入空气中。而电加湿则是用于加湿量较小的机组或系统中。电加湿器分为电热式加湿器和电极式加湿器两种。电热式加湿器是将电热元件直接放在盛水的容器内，利用加热元件所散出的热量加热水而产生蒸汽的。电热式加湿器体积较大。完整的电热式加湿器，除蒸汽发生器外，尚需配备自动补水设施、用于恒定蒸汽压力的电源控制设施、湿度敏感元件、湿度调节器和带电动调节阀的喷管组件。电极式加湿器是用 3 根不锈钢棒（也可以是铜镀铬）作为电极，放在不易锈蚀的水容器中，以水作为电阻，通电后水被加热而产生蒸汽的。通过调整水位的高低，可以改变水的电阻，从而改变热量和蒸汽发生量。电极式加湿器结构紧凑，多用于各类空调机组内，其加湿量较小。

17. 什么是空气状态调节？

空气调节是对房间或公共建筑物内的空气状态参数，主要是温度和相对湿度进行调节，使空气从一个状态变化到另一个状态。当被调节的空气状态（温度和相对湿度）偏离了设定值时，通过合理的加热、加湿、冷却和去湿步骤，使空气的状态发生人为的改变达到设定状态。图 8-1 说明了整个空气调节处理流程。

图 8-1　空气调节处理流程

18. **冬季新空气加热加湿处理的原理是什么？**

冬季新空气的气温低，如果将新空气加热至室内气温的标准，这时新空气中的水汽总量未发生变化，即水汽分压未变，因此加热后的空气相对湿度会大大降低。为了使加热后空气的相对湿度也能达到室内空气湿度的标准，在调节的过程中必须要进行加湿处理。

19. **夏季新空气减温去湿处理的工作原理是什么？**

夏季新空气的调节与冬季相反，新空气的气温高于室内空气，需要对夏季新空气进行减温去湿处理。如果对新空气只进行降温，这时新空气中的水汽总量未发生变化，即水汽分压未变，因此降温后的空气相对湿度会大大增加。为了使降温后的空气的相对湿度也能达到室内空气湿度的标准，在调节的过程中必须要进行去湿处理。

20. **影响室内空气环境参数变化的原因是什么？**

影响室内空气环境参数变化主要有两个原因：外部原因，如太阳辐射和外界气候条件的变化；内部原因，如室内人和设备产生的热、湿和其他有害物质。当室内空气参数偏离了规定值时，就需要采取相应的空气调节措施和方法，使其恢复到规定的要求值。

21. **一般空调系统如何构成？**

（1）空调系统必须有一部分空气取自室外，进风口连同引入通道和阻止外来异物的结构等，组成了进风部分。

（2）空气过滤部分。由进风部分取入的新风，必须先经过一次预过滤，除去颗粒较大的尘埃。一般空调系统都装有预过滤器和上过滤器两级过滤装置，根据过滤的效率不同，可以分这初效过滤器、中效过滤器和高效过滤器。

（3）空气的热湿处理部分。将空气加热、冷却、加湿、减湿等不同的处理过程组合在一起统称空调系统的热湿处理部分。热湿处理设备主要有直接接触式和表面式两大类型。直接接触式与空气进行热湿交换的介质直接与被处理的空气接触，通常是将其喷淋到被处理的空气中；表面式与空气进行热湿交换的介质不与空气直接接触，热湿交换是通过处理设备的表面进行的，如表面式换热器。

（4）空气的输送和分配部分。将调节好的空气均匀地输入和分配到空调房间内，以保证其合适的温度场和速度场。这是空调系统空气输送和分配部分的任务，它由风机和不同形式的管道组成。根据用途和要求不同，有的系统只采用一台送风机，称为双风机系统；有的系统采用一台送风机，一台回风机，则称双风机系统。管道截面通常为矩形和圆形两种，一般低速风道多采用矩形，而高速风道多用圆形。

（5）冷热源部分。为了保证空调系统具有加温和冷却能力，必须具备冷源和热源两部分。冷源有自然冷源和人工冷源两种。自然冷源指深井水，人工冷源有空气膨胀制冷和液体气化制冷两种。

热源也有自然和人工两种。自然热源指地热和太阳能，人工热源是指用煤、石油、煤气作燃料的锅炉所产生的蒸汽和热水，目前应用得最为广泛。

22. 局部式、集中式空调是如何工作的？

按照空气处理设备的设置情况，空调系统可分为集中系统、半集中系统和全分散系统。集中系统的所有空气处理设备（包括风机、冷却器、加热器、加湿器、过滤器等）都设在一个集中的空调机房内，如图 8-2 所示。经集中设备处理后的空气，用风道分送到各空调房间，因而，系统便于集中管理、维护。此外，某些空气经处理后其品质，如温度、湿度、精度、洁净度等也达到了较高的水平。在半集中空调系统中，除了集中空调机房外，还设有分散在被调节房间的二次设备（又称末端装置）。全分散系统也称局部空调机组。这种机组通常把冷、热源和空气处理、输送设备（风机）集中设置在一个箱体内，形成一个紧凑的空调系统。通常的窗式空调器及柜式、壁挂式分体空调器均属于此类机组。它不需要集中的机房，安装方便，使用灵活，可以直接将此机组放在要求空调的房间内进行空调，也可以放在相邻的房间用很短的风道与该房间相连。一般说来，这类系统可以满足不同房间的不同送风要求，使用灵活，移动方便，但装置的总功率必然较大。

23. 中央空调是如何工作的？

在智能楼宇中，一般采用集中式空调系统，通常称为中央空调系

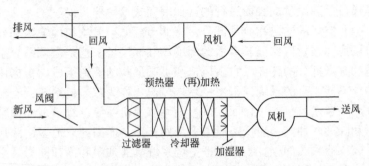

图 8-2　典型的集中式空调系统

统，对空气的冷热处理集中在专用的机房里。按照所处理空气的来源，集中式空调系统可分为封闭式系统、直流式系统和混合式系统。封闭式系统的新风量为零，全部使用回风，其冷、热消耗量最省，但空气品质差。直流式系统的回风量为零，全部采用新风，其冷、热消耗量大，但空气品质好。由于封闭式系统和直流式系统的上述特点，两者都只在特定情况下使用。对于绝大多数场合，采用适当比例的新风和回风相混合，这种混合系统既能满足空气品质要求，经济上又比较合理，因此是应用最广的一类集中式空调系统（如图 8-3 所示）。

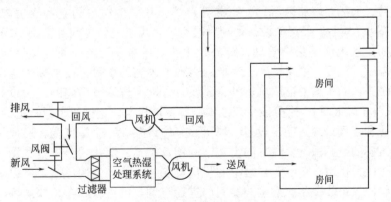

图 8-3　中央空调系统原理

24. 中央空调的热湿处理系统如何构成？

中央空调的空气热湿处理系统如图 8-4 所示，系统主要由风门驱动器、风管式温度传感器、湿度传感器、压差报警开关、二通电动调节阀、压力传感器以及现场控制器等组成。

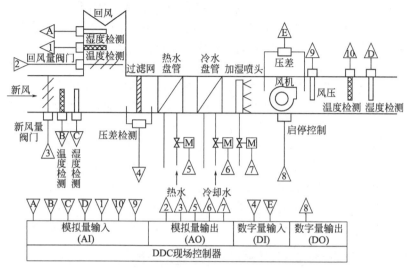

图 8-4　空气热湿处理系统框图

25. 空调空气热湿处理系统的监控功能有哪些？

（1）将回风管内的温度与系统设定的值进行比较，用 PID（比例加积分、微分）方式调节冷水/热水电动阀开度，调节冷冻水或热水的流量，使用风温度保持在设定的范围之内。

（2）对回风管、新风管的温度与湿度进行检测，计算新风与回风的焓值，按回风和新风的焓值比例，控制回风门和新风门的开启比例，从而达到节能的目的。

（3）检测送风管内的湿度值与系统设定的值进行比较，用 PI（比例加积分）调节，控制湿度电动调节阀，从而使送风湿度保持在所需要的范围之内。

（4）测量送风管内接近尾端的送风压力，调节送风机的送风量，以确保送风管内有足够的风压。

（5）风机启动/停止的控制、风机运行状态的检测与故障报警、过滤网堵塞报警等。

当环境温度过高时，室外热量从墙体和窗口传入，加上电灯、冰箱、电视机及人体散发的热量，使室温过高，空调系统通过循环方式把房间水的热量带走，使室内温度稳定于一定值。当循环空气（新风加回风）通过热湿处理系统时，高温空气经过冷却盘管先进行热交换，盘管吸收了空气中的热量，使空气温度降低，然后再将冷却后的循环空气吹入室内。冷却盘管的冷冻水由冷水机组提供，它是由压缩机、冷凝器与蒸发器组成的，压缩机把制冷剂压缩，压缩后的制冷剂进入冷凝器，被冷却水冷却后，变成液体，析出的热量由冷却水带走，并在冷却塔里排入大气。液体制冷剂由冷凝器进入蒸发器进行蒸发吸热，使冷冻水降温，然后冷冻水进入水冷风机盘管吸收空气中的热量，如此循环往复，把房间的热量带出。反之，如果要升高室内温度，需以热水进入风机盘管，空气加热后送入室内。空气经过冷却后，有水分析出，相对湿度减少，变得干燥。如果想增加湿度，可进行喷水或喷蒸汽，对空气进行加湿处理，以补充室内水汽量的不足。

26. 地源热泵户型蓄冰中央空调的优点是什么？

地源热泵户型蓄冰中央空调，其优点在于：

（1）以土壤为热源，由于全年土壤温度波动小，随着土壤深度的增加，土壤温度变化相对稳定。冬季土壤温度比空气温度高，夏季又比空气温度低，所以热泵的供热供冷的 COP 值均高。据重庆大学刘宪英教授科研组的测定，与空气源热泵相比，地源热泵 COP 值平均提高 30% 左右，因而可以大大减少户型中央空调的耗电量，也为用户节省了运行费用。

（2）在室外气温处于极度状态时，用户对冷（热）量的需求量处于高峰期，由于土壤温度有延迟，这时它的温度并不处于极端状态，它可以提供较小的冷凝温度和较高的蒸发温度，提高机组的制冷（制热）能力，尽可能满足用户要求。

（3）土壤源热泵的埋地盘管不需要除霜，减少了结霜和除霜的损失及复杂的除霜控制，从而降低了户型中央空调机组的造价。

（4）土壤源热泵不需要风机，可以减少噪声和热风污染，而且运行情况好于空气源热泵，有较高的可靠性，为用户的使用带来了很大的方便。

（5）土壤源热泵的主机，可安装在储藏室或车库内，完全不影响建筑外观。

（6）也正是由于土壤温度的延迟作用，可以提高户型中央空调单机的制冷量。再加上夜间蓄冰，可减少白天机组制冷量，使机组压缩机容量减小，降低机组造价，同时还可以适应更多的单相电用户的需要。

（7）夏季，即便是在夜间，土壤源热泵的冷凝温度也低于空气源热泵，因而可以减小制冷系统运行时的压缩比，这为户型中央空调利用低谷电蓄冰创造了极为有利的条件。

27. 地源热泵户型蓄冰中央空调机应注意哪些问题？

（1）双热力膨胀阀　热力膨胀阀是最常用的节流元件，它依靠蒸发器出口制冷剂的过热度大小来调整阀的开度，达到自动调节机组的制冷量以满足外界热负荷变化的需要。

热力膨胀阀的容量与制冷剂的质量流量、阀前后压差等制冷工况有关。由于空调工况与蓄冰工况的制冷剂流量、阀前后压差及运行特性等差别很大，两种工况采用同一膨胀阀显然是不合理的。特别是由于热力膨胀阀本身构造所限，其适用的温度及调节范围均小；另外，充液式热力膨胀阀在蓄冰工况下运行，其蒸发器出口过热度常比空调工况下大得多。膨胀阀容量过小，会造成蒸发器传热面积得不到充分利用，制冷量下降；若膨胀阀容量过大，则又会影响其调节性能，加大蒸发器出口温度的波动及过热度，制冷系统效率下降，严重时会出现液击现象。

由于制冷主机在空调工况或在蓄冰工况下运转，一般均在额定负荷下工作，因此其运行条件都相对比较稳定，更适合采用双膨胀阀，即按空调工况和蓄冰工况分别选择热力膨胀阀，机组在空调工况下运行，使用空调用膨胀阀；在蓄冰工况下运行，使用蓄冰用膨胀阀。

为适应现代控制水平要求，采用电子膨胀阀更好，其制冷剂流量调节范围大，允许系统负荷波动大。据介绍和工程实践证明，在低负荷下，采用电子膨胀阀的冷水机组较用热力膨胀阀的机组运转效率高28%，且冷水温度可控制在±0.1℃范围内。

（2）双蒸发器 空调工况和蓄冰工况的蒸发温度差别较大，对同一台制冷压缩机，制冷量也有较大差别。为了提高蒸发器的传热效率和保证制冷压缩机的良好回油，机组应配置两台蒸发器，一台用于电力低谷段蓄冰，一台用于电力高峰段释冷量不足时，制取冷冻水供空调使用。

采用双蒸发器，如匹配合理，稍加改进还可以同时蓄冰和制取冷冻水，满足电力低谷段空调所需冷量。

（3）盘管外融冰 作为户用蓄冰中央空调系统，流程应尽量简单，机组尺寸也不能太大。采用盘管外融冰方式蓄冷，盘管成为直接蒸发制冷系统的蒸发器，蓄冷箱内的水在盘管外表面结成一定厚度的冰，这不仅可以减小蓄冷箱体积，减少乙二醇水溶液的复杂流程和冷损失，还可以提高制冷系统的蒸发温度，增大机组的制冷量，降低机组成本。

盘管外融冰方式可让空调回水与蓄冷箱内的冰直接换热，融冰速度快，释冷温度可大于等于 $1\sim2℃$，与空调回水混合后，可直接提供 $7℃$ 的冷冻水。

28. 通风系统的任务是什么？ 分为几种？

通风的任务是冲淡和排出室内空气，借以改善空气的条件。用通风方法改善内部环境，即把不符合卫生标准的污染空气经净化或直接排至室外，把新鲜空气经净化符合卫生要求送入室内。前者为排风，后者为送风，为此而设置的设备及管道称为通风系统。通风方式有局部通风和全面通风；按照空气流动动力不同，可分为机械通风和自然通风。

29. 什么是全面通风？

也称稀释通风，它利用清洁空气稀释室内空气中的有害物浓度，同时不断把污染空气排至室外，使室内空气中有害物浓度不超过卫生标准规定的最高允许浓度。

30. 什么是局部通风？

该系统分为局部送风和局部排风，它们利用局部气流，使局部工作地点不受有害物的污染，形成良好的空气环境。

31. 通风系统的设计原则是什么？

散发热、湿或有害物的房间，及一般的地下室均考虑进行通风换气。

在供暖地区设计通风换气时，应作空气平衡及热平衡计算，并采取相应的补风及加热措施，以保证通风运行的效果。

在民用建筑的下列房间，应设置自然通风和机械通风进行全面换气，如办公室、居室、厨房、厕所、盥洗室、浴室。

送风系统室外进风的采气口位置，应设置在室外空气较为清洁的地点，远离排风口的上风侧，而且低于排风口。

32. 通风控制的功能是什么？

通风风机的控制方案如图 8-5 所示，该控制方案的主要功能如下。

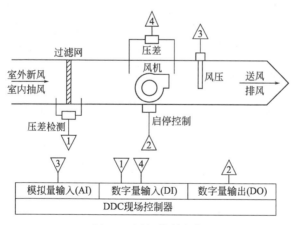

图 8-5　风机控制方案

（1）风机控制。分站根据其内部的软件及时钟，按时间程序或事件来启动或停止风机（闭合或断开控制回路）。

（2）过滤器报警。风机启动后，过滤网前后将建立起一个风压。如果过滤器干净，风压将小于一个指定值，接触器的干接点会断开。

反之如果过滤器太脏，过滤网前后的风压变大，接触器的干接点将闭合。分站根据接触器的干接点的情况会发出过滤网报警信息。

（3）风机故障报警。风机启动后，如果运行正常，则在风机前后将建立起一个风压，接触器的干接点将闭合。反之，如果风机运行不正常，这时风机前后的风压将小于一个指定值或者为零，接触器的干接点会断开。分站根据接触器的干接点的情况会发出风机故障报警信息。

33. 风机的节能运行有何特点？

空调装置节能是一种必然的趋势，从节约能量的观点出发。将由定风量系统发展到变风量系统。定风量式的全空气空调系统中，一般按房间最大热湿负荷确定送风量，风量确定后便全年固定不变。实际上，在大多数情况下，空调房间的负荷低于最大负荷，当实际负荷低于最大负荷时，为了维持室温设计水平，必须减小送风温差，具体方法是通过再热或混合，以热量抵消部分冷量，无论在热量上还是在冷量上都造成了一定浪费。变风量系统采取的方法是，保持送风湿度不变，当实际负荷减小时，通过改变送风量维持室温，不但避免了无用的热耗，同时风机耗能也小，从而节约了能源和运行费用。

34. 实现风机的变风量运行有几个方案？

（1）改变风机风量　可通过改变风机转速的方法来改变风机风量，一般采用变频调速技术。

（2）在离心风机入口设置可调导向叶片　通过调节叶片的开启度来调节风量，通过风机出口方向管道的压力信号控制导向叶片的开启度。

（3）采用叶片角可变的轴流风机　叶片角的改变可改变风机风量。

（4）通过多台风机的并联运行控制来调节风量　这是一种有级差的调节方法。

在选择风机时，风量、风压余量应过大，并且应进行运行工况的分析，确定经济合理的台数，使调节简单，全年运行费用低廉，以达到节约能源的目的。

第九章

楼宇供电及给排水系统

1. 楼宇供电系统如何构成？

　　楼宇是由电力系统供电的，由于发电厂距负荷中心较远，需要通过输电线路和变电所等中间环节，才能把电力输送给用户。同时，为了提高供电的可靠性和实现经济运行，常将许多的发电厂和电力网连接在一起并联运行，由发电厂、电力网（输电、变电、配电）和用户组成统一体，并称为电力系统、输配电系统或供电系统。

2. 什么是电力网？

　　输配电线路和变电所等连接发电厂和用户的中间环节是电力系统的一部分，称为电力网。电力网常分为输电网和配电网两大部分。由35kV 及以上的输电线路和与其相连接的变电所组成的网络称为输电网。输电网的作用是将电力输送到各个地区或直接送给大型用户。35kV 以下的直接供电给用户的线路称为配电网或配电线路。用户电压等级如果是 380V/220V，则称为低压配电线路。把电压降为380V/220V 的用户变压器称为用户配电变压器。如果用户是高压电气设备，这时的供电线路称为高压配电线路。连接用户配电变压器及其前级变电所的线路也称为高压配电线路。

　　以上所指的低压，是指 1kV 以下的电压。1kV 及以上的电压称为高压。一般还把 3kV、6kV、10kV 等级的电压称为配电电压，把高压降为这些等级电压的降压变压器称为配电变压器；接在 35kV 及

以上电压等级的变压器称为主变压器。因此，配电网是由 10kV 及以下的配电线路和配电变压器所组成的，其作用是将电力分配到各类用户。

3. 什么是电压等级？

电力网的电压等级较多，不同电压等级有不同的作用。从输电的角度看，电压越高则输送的距离就越远，传输的容量越大，电能的损耗就越小，但要求绝缘水平也越高，因而造价也越高。目前，我国电力网的电压等级主要有 0.22kV、0.38kV、3kV、6kV、10kV、35kV、110kV、220kV 共 8 级。

4. 什么是负荷等级？

在电力网上，用电设备所消耗的功率称为用户的用电负荷或电力负荷。用户供电的可靠性程度用负荷等级来区分，它是由用电负荷的性质决定的。用电负荷等级划分为 3 类：一级负荷、二级负荷、三级负荷（见表 9-1）。

表 9-1　电力负荷等级

一级负荷	二级负荷	三级负荷
中断供电将造成人员伤亡者 中断供电将造成重大政治影响者 中断供电将造成重大经济损失者 中断供电将造成公共场所的秩序严重混乱者	中断供电将造成较大政治影响者 中断供电将造成较大经济损失者 中断供电将造成公共场所秩序混乱者	凡不同一级和二级负荷者

5. 负荷设备有哪些？

在楼宇用电设备中，属于一级负荷的设备有：消防控制室，消防水泵，消防电梯，防排烟设施，火灾自动报警，自动灭火装置，火灾事故照明，疏散指示标志和电动防火门窗、卷帘、阀门等消防用电设备，保安设备，主要业务用的计算机及外设，管理用的计算机及外设，通信设备，重要场所的应急照明。属于二级负荷的设备有：客梯、生活供水泵房等。空调、照明等属于三级负荷。

6. 典型楼宇供配电系统如何构成？

中大型楼宇的供电电压一般采用10kV，有时可采用35kV，变压器装机容量大于5000kV·A。为了保证供电可靠性，应至少有两个独立电源，具体数量应由负荷大小及当地电网条件而定。两路独立电源运行方式，原则上是两路同时供电，互为备用。此外，必要时还需装设应急备用发电机组。

7. 负荷分布及变压器的配置如何构成？

高层建筑的用电负荷一般可分为空调、动力、电热、照明等。全空调的各种商业性楼宇的空调负荷属于大宗用电，占40%～50%。冷热源设备一般放在大楼的地下室、首层或下部。动力负荷主要指电梯、水泵、排烟风机、洗衣机等设备。普通建筑的动力负荷都比较小，随着建筑高度的增加，在超高层建筑中，由于电梯负荷和水泵容量的增大，动力负荷的比重将会明显增加。动力负荷中的水泵、洗衣机等亦大部分放在下部，就负荷的竖向分布来说，负荷大部分集中在下部，因此将变压器设置在建筑物的底部是有利的。40层以上的高层建筑电梯设备较多，此类负荷大部分集中于大楼的顶部，竖向中段层数较多，通常设有分区电梯和中间泵站。在这种情况下，应将变压器按上、下层配置，或者按上、中、下层分别配置，供电变压器的供电范围为15～20层。为了减少变压器台数，单台变压器的容量一般都大于1000kV·A。由于变压器深入负荷中心而进入楼内，从防火要求考虑不应采用一般的油浸式变压器和油断路器等在事故情况下能引起火灾的电气设备，而应采用干式变压器和真空断路器。负荷中心是供配电设计中的一个重要概念，它实际上是一种最佳配电点，需要按所要达到的优化目标的目标函数，以及不同的计算条件来确定。变电所应尽量设在负荷中心，以便于配电，节省导线，也有利于施工。事实上，负荷的大小不是恒定不变的，因此负荷中心常会变动。在设计时也往往由于各种实际因素而不能将配电点布置在通过计算而得到的负荷中心上。只有在负荷比较平稳的部门，才可将变电所设在负荷中心或大负荷的近旁。

8. 供电系统的主接线是如何工作的？

电力的输送与分配，必须由母线、开关、配电线路、变压器等组

成一定的供电电路，这个电路就是供电系统的一次接线，即主接线。现代智能楼宇由于功能上的需要，一般都采用双电源进线，即要求有两个独立电源，常用的供电方案如图9-1所示。图9-1（a）所示为两路高压电源，正常时一用一备，即当正常工作电源发生事故停电时，另一路备用电源自动投入。此方案可以减少中间母线联络柜和一个电压互感器柜，对节省投资和减小高压配电室建筑面积均有利。这种接线要求两种都能保证100％的负荷用电。当清扫母线或母线故障时，将会造成全部停电。因此，这种接线方式常用在大楼负荷较小，供电可靠性要求相对较低的建筑中。图9-1（b）所示为两种电源同时工作，当其中一路出现故障时，由母线联络开关对故障回路供电。该方案由于增加了母线联络柜和电压互感器柜，变电所的面积也相应增大。这种接线方式是商用性楼宇、高级宾馆、大型办公楼宇常用的供电方案。当大楼的安装容量大，变压器台数多时，尤其适宜采用这种方案，因为它能保证较高的供电可靠性。当变压器台数较少时，还可以从邻近楼宇高压配电室以放射式向该楼宇变压器供电。目前最常用的双电源主接线方案如图9-2所示，采用两路10kV独立电源，变压器低压采取单母线分段的方案。对于规模较小的建筑，由于用电量不大，当地获得两个电源又较困难，附近又有400V的备用电源时，可采用一路10kV电源作为主电源，400V电源作为备用电源的高供低设备主接线方案，如图9-3所示。智能楼宇供电以低压为主。

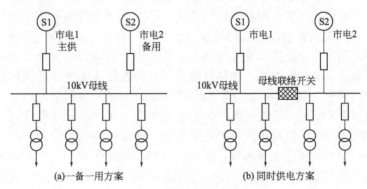

图9-1　常用高压供电方案

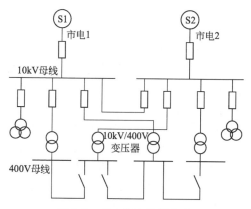

图 9-2　双电源主接线方案

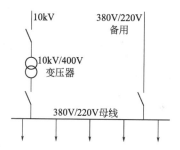

图 9-3　高供低设备主接线方案

9. 什么是低压配电方式？是如何工作的？

低压配电方式是指低压干线的配线方式。低压配电干线一般是指从变电所低压配电屏分路开关至各大型用电设备或楼层配电盘的线路。用电负荷分组配电系统是指负荷的分组组合系统。智能楼宇由于负荷的种类较多，低压配电系统的组织是否得当，将直接影响大楼用电的安全运行和经济管理。低压配电的接线方式可分为放射式和树干式两大类。放射式配电是一独立负荷，或一集中负荷，均由一单独的配电线路供电，它一般用在供电可靠性高、单台设备容量较大和容量比较集中的低压配电场所。大型消防系统、生活水泵和中央空调的冷冻机组对供电可靠性要求高，而且单台机组容量较大，因此考虑放射

式专线供电。对于楼层用电量较大的大厦，可采用一回路供一层楼的放射式供电方案。树干式配电是一独立负荷或一集中负荷按它所处的位置依次连接到某一条配电干线上。树干式配电所需配电设备及有色金属消耗量较少，系统灵活性好，但干线发生故障时影响范围大，一般适用于用电设备比较均匀，容量不大，又无特殊要求的场合。图9-4（a）和（b）所示分别为放射式和树干式接线图。国内外智能楼宇低压配电方案基本上都采用放射式，楼层配电则为混合式。混合式即放射—树干的组合方式，如图9-4（c）所示。有时也称混合式为分区树干式，在高层住宅中，住户配电箱多采用单极塑料小型开关，是一种自动开关组装的组合配电箱。对一般照明及小容量插座采用树干式接线，即住户配电箱中每一岔路开关带几盏灯或几个小容量插座；而对电热水器、窗式空调器等大宗用电量的家电设备，则采用放射式供电。

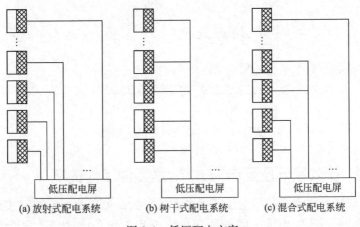

(a) 放射式配电系统　　(b) 树干式配电系统　　(c) 混合式配电系统

图 9-4　低压配电方案

10. 什么是后备供电与应急供电？

智能楼宇中的用电负荷种类繁多，但并非所有的民用负荷在任何情况下都必须保证供电，可以将电负荷分成保证负荷和非保证负荷。保证负荷包括一级负荷和在非消防停电时仍要求保证的负荷，其余则为非保证负荷或一般负荷。目前智能楼宇大部分为高层建设，对于高层建筑中的消防设备，如消防水泵、消防电梯、应急照明等，国家高层民用建筑设计防火规范中规定，一类建筑为一级负荷，二类建筑为二级负荷。高层建筑中许多部位的负荷为一级负荷，如银行证券大楼业务用的大型计算机、主机及大量工作站、微机、保安用的一些监控设备、大楼设备管理用的一些智能型设备及一些重要部分的照明等设备的供电负荷均为一级负荷。根据变电所设计规范，一级负荷要求有两路电源供电，二级负荷当条件许可时也可由两路电源供电，特别是属于消防用的二级负荷，按规定也应两路电源供电。因此，智能楼宇对供电的可靠性要求较高，一般都要求两路电源供电。

11. 自备发电机的容量有几类？

实际运行中，当一路电源故障时往往另一路也会出现故障，因为再上一级电源往往是同一电源。因此，为了确保智能化大楼供电的可靠、安全，设置自备发电机是十分必要的。国外有些大楼城市电网供应了三路、四路电源，但仍然设置自备发电机组。自备发电机组容量的选择目前尚无统一的计算公式，因此在实际工作中所采用的方法也各不相同。有的简单地按照变压器容量的百分比确定，例如用变压器容量的 $10\%\sim20\%$ 确定，有的根据消防容量相加，也有的根据业主的意愿确定。自备发电机的容量选得太大，会造成一次投资的消费过高，选得太小，事故时一则满足不了使用的要求，二则大功率电动机启动困难。因此，应按自备发电机的计算负荷选择，并按大功率电动机的启动来检验。在计算自备发电机容量时，可将智能建筑用电负荷分为以下三类。

（1）第一类负荷　即保安型负荷，保证大楼人身安全及大楼内智能化设备安全、可靠运行的负荷，有消防水泵、消防电梯、防排烟设备、应急照明及大楼设备的管理计算机监控系统设备、通信系统设备、从事业务用的计算机及相关设备等。

（2）第二类负荷　即保障型负荷，保障大楼运行的基本设备负荷，也是大楼运行的基本条件，主要有工作区域的照明、部分电梯、通道照明等。

（3）一般负荷　除上述负荷外的负荷，例如舒适用的空调、水泵及其他一般照明、电力设备等。

计算自备发电机容量时，第一类负荷必须考虑在内，第二类负荷是否考虑应视城市电网情况及大楼的功能而定，若城市电网很稳定，能保证两路独立的电源供电，且大楼的功能要求不太高，则第二类负荷可以不计算在内。虽然城市电网稳定，能保证两路独立的电源供电，但大楼的功能要求很高或级别相当高，那么应将第二类负荷计算在内，或部分计算在内。例如银行、证券大楼的营业大厅的照明，主要职能部门房间的照明等。若将保安型负荷和部分保障型负荷相叠加，并依此来选择发电机容量，则其数据往往偏大。因为在城市电网停电，大楼并未发生火灾时，消防负荷设备不启动，自备发电机启动只需提供给保障型负荷供电即可。而发生火灾时，保安型负荷中只有计算机及相关设备仍供电，工作区域照明不需供电，而只需保证消防设备的用电。因此要考虑两者不同时使用，择其大者作为发电机组的设备容量。在初步设计时自备发电机容量可以取变压器总装机容量的10%～20%。

12. 自备发电机组的特点有哪些？

自备发电机组的工作型式有以下特点。

（1）启动装置　由于自备发电机组为应急所用，因此首先要选有启动装置的机组，一旦城市电网中断，应在 15s 内启动且供电，机组在市电停后延时 3s 后开始启动发电机，启动时间约 10s（总计不大于 15s，若第一次启动失败，第二次再启动，共有三次自启动功能，总计不大于 30s），发电机输出，主开关合闸供电。当市电恢复后，机组延时 13～15min（可调）不卸载运行，5min 后，主开关自动跳闸，机组再空载冷却运行约 10min 后自动停车。图 9-5 所示为机组运行流程图。

（2）外形尺寸　机组的外形尺寸要小，结构要紧凑，重量要轻，辅助设备也要尽量减小，以缩小机房的面积和层高。

（3）自启动方式　自启动方式尽量采用电启动，启动电压为直流 24V，若用压缩空气启动，则需要一套压缩空气装置，应尽量避免采用。

（4）冷却方式　在有足够的进风、排风通道情况下，尽量采用闭式水循环及风冷的整体机组，耗水量少，每年只更换几次水并加少量

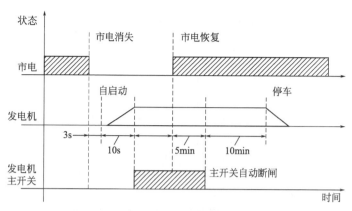

图 9-5　发电机运行流程图

防锈剂即可。在没有足够进、排风通道的情况下，可将排风机、散热管与柴油机主体分开，单独放在室外，用水管将室外的散热管与室内地下层的柴油主机相连接。

（5）发电机形式　发电机宜选用无刷型自动励磁的方式。

13. 供电系统如何设计？

用电负荷分组配电的常见方案是，在市电停供时，供一般负荷的各分路开关均因失压而脱扣，这时备用电源或发电机组应投入或启动，但一般负荷应甩掉（或部分甩掉），以保证余下负荷的供电。为了避免火灾发生时切除一般负荷出现误操作，一级负荷可集中一段母线供电，以提高供电可靠性。如果一级负荷母线与一般负荷母线之间加防火间隔，还可减小相互影响。发电机机组作为大楼的自备应急电源，其配电系统应在正常电源故障停电后，能快速可靠地对重要负荷恢复供电，减小电源故障造成的损失。在低压配电系统中，对不需要由机组供电的一般负荷，不能接在应急母线上，对允许短时间停电但也重要的负荷（例如营业大厅的照明）可以手动合闸。

图 9-6 所示为一路备用市电与一路自备电源负荷不分组方案，这种方案是负荷不按种类分组，备用电源接至同一母线上，非保证负荷采用失压脱扣方式甩掉。其特点是接线简单、供电可靠，用电设备末端市电和应急电源回路两路自切，正常情况下，两路电源只有市电回

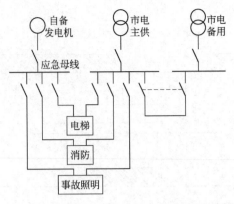

图 9-6 一路备用市电与一路自备电源配电系统

路带电，应急电源回路为备用，常用于一些重要负荷较少的建筑。图
9-7 所示为两路市电与自备电源一级负荷单独分组方案，这种方案是
将消防用电等一级负荷单独分出，并集中一段母线供电，备用发电机
组仅对此段母线提供备用电源。方案的特点为，两个电源的双重切
换，正常情况下，消防设备等用电设备为两路市电同时供电，末端自
切，应急母线的电源由其中一路市电供给，当两路市电中失去一路
时，可以通过两路市电中间的联络开关合闸，恢复大部分设备的供
电，当两路市电全部失去时，自动启动机组，应急母线由机组供电，

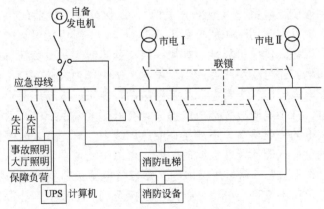

图 9-7 两路市电与自备电源配电系统

保证消防设备等重要负荷的供电。对大厅照明等稍重要的负荷，由于配电开关上装有失压脱扣器，在市电故障时已全部分闸，然后可以根据机组负荷情况手动合闸。例如此时无火灾，那么这些负荷可以全部合闸，若一旦发生火灾，这些回路开关应能根据消防发出的指令自动跳闸。这种方案适用于城市电网较稳定、大楼重要负荷较多的工程。

14.　楼宇供配电监控系统的设备配置有哪些？

大厦供配电系统主要由高压配电柜、低压配电柜、电力变压器、空调动力配电柜、应急柴油发电机组和直流操作柜组成。通常大厦为一类用电负荷，采用两路高压供电，两路电源互为备用。当工作电源失电后，备用电源自动投入运行，确保整座大厦的供电，在两路电源均失电的情况下，自备发电机组自动投入，向大厦负载供电。

15.　供配电监控系统的监控功能有哪些？

在电气设计中，对于采用双回路供电电源和自备发电机组的供配电系统，均设置了一整套完整的电气联锁启停和保护装置。当工作电源失电后，备用电源通过联锁装置的切换投入运行，担负起全部负载的供电，当发生两路供电电源都失电时，应急柴油发电机组将在最短的时间内（约 10s）自动启动投入运行，担负起确保负载的供电。当外部供电电源恢复供电后，电气联锁装置将使柴油发电机组自动停机。因此，大厦供配电监控系统，主要是监测大厦供配电设备和柴油发电机组的运行状态。供配电监控系统具体的监控功能如下。

（1）高压进线、出线和中间联络断路器状态监测和故障报警，高压进线电压、电流、有功功率、无功功率、功率因数等参数的检测。

（2）变压器断路器状态监测和故障报警，变压器温度检测和高温报警。

（3）低压进线，中间联络和重要出线回路断路器状态监测和故障报警，低压进线电压、电流、有功功率、无功功率、功率因数和电量统计等参数的检测。

（4）直流操作柜断路器状态监测与报警，直流输出电压和电流等参数的检测。

（5）发电机运行状态、控制柜断路器状态与故障报警，电压、电

流、有功功率、无功功率、功率因数、频率、油箱油位、进口油压、冷却出水水温和水箱水位等监测和故障/超限报警。

（6）火灾时，切断相关区域的非消防电源。

图9-8所示为供配电低压监控系统，该监控系统由现场设备传感器、执行器以及直接数字控制器组成。对6～10kV高压线路的电压电流测量方法如图9-9所示。

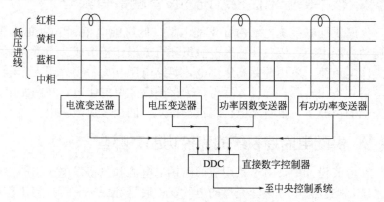

图9-8　供配电低压监控系统

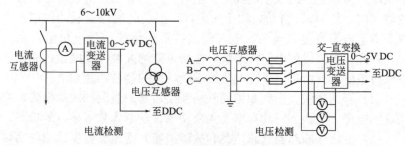

图9-9　高压线路的电压电流测量方法

低压端（380V/220V）的电压及电流测量方法与高压侧基本相同，只不过是电压和电流互感器的电压等级不同。

16. 功率、功率因数如何检测？

通过测量电压与电流的相位差可测得功率因数，有了功率因数、

224

电压、电流数值可求得有功功率和无功功率。因此，可以先测量功率因数，然后间接得出功率数据，这是一种间接的测量功率的方法。

比较精确的测量功率的方法是采用模拟乘法器构成的功率变送器，或者用数字化测量的方法（高速采样电压、电流数据，再对数字信号进行处理），直接测量功率数据。

17. 供电品质如何监测？

供电品质的指标通常是电压、频率和波形，其中尤以电压和频率最为重要。电压质量包括电压的偏移、电压的波动、电压的三相不平衡度等。

18. 什么是频率？

在电气设备的铭牌上都标有额定频率，我国电力工农业政策的标准频率为 $50\,\text{Hz}$。由于频率直接影响电子设备的正常工作，因此对于频率的偏差要求很严格，规定电力系统对用户的供电频率偏差范围为 $\pm0.5\%$。在电网频率偏差超过允许值时，监测系统应报警，必要时应切断市电供电，改用备用电源或应急发电机供电。

19. 什么是电压偏移？

在实际运行中由于电力系统负荷的变化等，用电设备端电压偏离额定值，当电压过高或过低时，监测系统应报警，同时需采取系统或局部的调压及保护措施。

20. 什么是电压波动及谐波？

电动机的启动，电梯、电焊类冲击负荷的工作，将引起供配电系统中的电压时高时低，这种短时间的电压变化称为电压波动。电力系统中交流电的波形从理论上应该是正弦波，但实际上由于三相电气设备的三相绕组不完全对称，带有铁芯线圈的励磁装置，特别是大型晶闸管装置、电力电子设备的应用，在电力系统中产生了与 $50\,\text{Hz}$ 基波成整数倍的高次谐波，于是电压的波形畸变成了非正弦波，谐波对电气设备的正常运行、通信系统、计算机系统等有较大影响。

21. 什么是电压的不平衡度？

在低压系统中采用三相四线制、单相负荷接于相电压上。由于单相负荷在三相系统中不可能完全平衡，因而三个相电压不可能完全平衡。电压的不平衡度可以通过测量三个相电压及三个相电流的数据，再经相互比较其差值来检测。差值越大则不平衡度越大。当这个不平衡电压加于三相电动机时，由于相电压的不平衡使得电动机中的负序电流增加，因而增加了转子内的热损失。应尽量使单相负荷平衡地分配在三相中，对相电压不平衡敏感的负荷（如电子计算机类设备）应采用分开回路的措施，同时监测系统应予报警。

22. 楼宇照明系统的功能是什么？

电气照明是建筑物的重要组成部分。照明设计的优劣除了影响建筑物的功能外，还影响建筑艺术的效果。室内照明系统由照明装置及其电气部分组成。照明装置主要是灯具，照明装置的电气部分包括照明开关、照明线路、照明配电盘等。照明的基本功能是创造一个良好的人工视觉环境。在一般情况下是以明视条件为主的功能性照明，在那些突出建筑艺术的厅堂内，照明的装饰作用需要加强，成为以装饰为主的艺术性照明。

23. 楼宇照明设计的原则是什么？

楼宇照明设计的原则是在满足照明质量要求的基础上，正确选择光源和灯具，并满足节约电能、安装和使用完全可靠、配合建筑的装饰、经济合理以及预留照明条件等。

24. 照明设计的一般步骤是什么？

确定照明方式、照明种类、照度设计标准；确定光源及灯具类型，并进行布置；进行照度计算，并确定光源的安装功率；确定照明的配电系统；线路计算，包括负荷、电压损失计算，机械强度校验，功率因数补偿计算等；确定导线型号、规格及敷设方式，并选择配电控制设备及其安装位置等；绘制照明平面布置图，同时汇总安装容量，列出主要设备及材料清单等。

25. 什么是照度？

照度用来表示被照面上光的强弱，以被照场所光通的面积密度来表示。照度的单位为勒克斯（lx，lm/m^2）。例如，在 40W 白炽灯下 1m 处的照度约为 30lx；加一搪瓷伞形罩后照度就增加到了 73lx。阴天中午室外照度为 8000～20000lx；晴天中午在阳光下的室外照度可高达 80000～120000lx。而当照度为 1 lx 时，人眼仅能辨别物体的轮廓；照度为 5～10lx 时，看一般书籍比较困难。阅览室和办公室的照度不应低于 50lx。

26. 照明方式有几种？

照明方式可分为以下三种：

（1）一般照明　在整个场所或场所的某部分照度基本上均匀的照明。对于工作位置密度很大而对光照方向又无特殊要求，或工艺上不适宜装设局部照明装置的场所，优先考虑单独使用一般照明。

（2）局部照明　局限于工作部位的固定的或移动的照明。对于局部地点需要高照度，并对照射方向有要求的场所，宜采用局部照明。但在整个场所不应只设局部照明而无一般照明。

（3）混合照明　混合照明为一般照明与局部照明共同组成的照明。对于工作位置需要较高照度并对照射方向有特殊要求的场所，宜采用混合照明。此时，一般照明照度按不低于混合照明总照度的 5%～10%选取，且最低不低于 20lx。

27. 照明按功能可分成几类？

（1）工作照明　正常工作时使用的室内外照明，一般可单独使用，也可与事故照明、值班照明同时使用，但控制线路必须分开。

（2）事故照明　正常照明因故障熄灭后，供事故情况下继续工作或安全通行的照明。在由于工作中断或误操作容易引起爆炸、火灾以及人身事故会造成严重政治后果和经济损失的场所，应设置事故照明。事故照明布置在可能引起事故的设备、材料周围以及主要通道和出入口，并在灯的明显部位涂以红色，以示区别。事故照明通常采用白炽灯（或卤钨灯）。事故照明若兼作为工作照明的一部分则需经常

点亮。

（3）值班照明　在非生产时间内供值班人员使用的照明。例如对于三班制生产的重要车间、有重要设备的车间及重要仓库，通常宜设置值班照明。可利用常用照明中能单独控制的一部分，或利用事故照明的一部分或全部作为值班照明。

（4）警卫照明　用于警卫地区周边附近的照明。

（5）障碍照明　装设在建筑物上作为障碍标志用的照明。在机场周围较高的建筑上，或有船舶通行的航道两侧的建筑上，应按民航和交通部门的有关规定装设障碍照明。

28. 住宅楼宇照明的要求是什么？

住宅楼宇的照明主要应满足不同居住水平、不同居住条件的生活需要。在住宅或公寓照明中，常用光源有白炽灯和荧光灯两种。住宅楼宇照明的平均照度值，各房间的照度不能要求一致，如起居室、卧室为 30～75lx，餐厅、厨房为 50～100lx，走道、楼梯为 15～30lx等。一般来说，高照度能创造活跃、愉快的气氛，低照度能创造轻快、宁静的气氛。

29. 办公型楼宇照明的要求是什么？

办公室是长时间进行公务活动的场所，不应只考虑工作面的照明，还应使整个房间的视觉环境比较舒适，不致引起心理及眼睛的疲劳。确定办公型楼宇的照度应该从视力、心理、节能等方面综合考虑。按心理学的观点，照度值通常在读书之类的视觉工作中至少需要500lx，为进一步减小眼睛的疲劳就需要 1000～2000lx。办公型楼宇一般照明的照度值，可在 75～200lx 范围内选取。对设计室、绘图室可以取 300～500lx。在有计算机显示屏的工作场所，不宜取过高的照度，否则显示屏的反差减弱。为使工作面有较好的照度均匀度和控制反射眩光，宜采用与办公桌成垂直的接近蝙蝠翼形配光的荧光灯带。典型蝙蝠翼形配光曲线如图 9-10 所示，其特点是在 30～60lx 范围内光强值较高，即这部分出射的光通较多，以达到减少光幕反射，限制眩光，提高照度均匀度的目的。

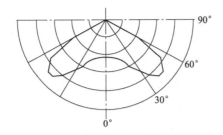

图 9-10　蝙蝠翼形配光曲线

30.　学校建筑照明的要求是什么？

学校的教室、实验室、绘图室等合适的照度值一般是 $100\sim300\mathrm{lx}$；教室黑板上的垂直照度平均值不宜低于 $200\mathrm{lx}$；电化教学中演播区内主光垂直照度值取 $2000\sim3000\mathrm{lx}$，书库架上（距地面 $0.25\mathrm{m}$ 处）的垂直照度为 $20\sim50\mathrm{lx}$。教室内的一般照明宜采用荧光灯，为避免光幕反射，安装灯具时其长轴应与学生看黑板的视线方向一致。灯具可以吊下也可以吸顶安装，有吊顶时也可用嵌入式灯具。灯具距桌面的最低悬挂高度不应低于 $1.7\mathrm{m}$，以选择蝙蝠翼形配光的荧光灯最为合适。

31.　照明配电线路的要求是什么？

照明灯具的工作电压通常为 $220\mathrm{V}$，其配电线路采用 $380\mathrm{V}/220\mathrm{V}$ 三相四线制供电。线路一般采用放射式，由总配电盘经中央楼梯或两侧走廊处，采取干线立管的方式向各层分配电盘供电，如图 9-11 所示。各分配电盘引出的各支线对各房间的照明灯具供电。各层的分配电盘安装的位置应在同一垂直线上，便于干线立管的敷设，事故照明用电应同其他照明用电加以

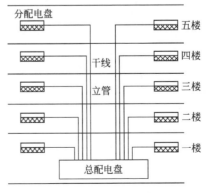

图 9-11　照明配电线路示意

229

区分，单独敷设配电线路。另外，应留有适量的照明插座、吊顶内预留线槽，以便供增补局部照明及接用办公电器。

32. 楼宇照明光源可以分为几类？

常用照明电光源可分为两大类。一类是热辐射光源，如白炽灯、卤钨灯等；另一类是气体放电光源，如荧光灯、高压汞灯、高压钠灯、金属卤化物灯、氖灯等。灯具由光源和控照器（灯罩）组成，也称照明器。

33. 照明光源的光电参数特性有哪些？

作照明用的光源，其主要性能指标是光效、寿命、色温、显色指数、启动再启动等。这些性能指标之间，有时是互相矛盾的。在实际选用时，一般应先考虑光效高、寿命长，其次才考虑显色指数、启动性能等。气体放电光源一般比热辐射光源光效高、寿命长，能制成各种不同光色；白炽灯由于其结构简单、使用方便、显色性好，在一般场所仍被普遍采用。常用照明电光源的主要特性比较见表9-2。

表 9-2　常用照明电光源的主要特性比较

光源名称特性	白炽灯	卤钨灯	荧光灯	荧光高压汞灯	管形氙灯	高压钠灯	金属卤化物灯
额定功率范围/W	10～1000	500～2000	6～125	50～1000	1500～100000	250～400	400～1000
光效/(1m/W)	6.5～19	19.5～21	25～67	30～50	20～37	90～100	60～80
平均寿命/h	1000	1500	2000～3000	2500～5000	500～1000	3000	2000
一般显色指数 Ra	95～99	95～99	70～80	30～40	90～94	20～25	65～85
色温/K	2700～2900	2900～3200	2700～6500	5500	5500～6000	2000～2400	5000～6500
启动稳定时间	瞬间	瞬时	1～3s	4～8min	1～2s	4～8min	4～8min
再启动时间	瞬时	瞬时	瞬时	5～10min	瞬时	10～20min	10～15min
功率因数 $\cos\varphi$	1	1	0.33～0.7	0.44～0.67	0.4～0.9	0.44	0.4～0.61
频闪效应	不明显	不明显	明显	明显	明显	明显	明显
表面亮度	大	大	小	较大	大	较大	大
电压变化对光通的影响	大	大	较大	较大	较大	大	较大

续表

光源名称特性	白炽灯	卤钨灯	荧光灯	荧光高压汞灯	管形氙灯	高压钠灯	金属卤化物灯
环境变化对光通的影响	小	小	大	较小	小	较小	较小
耐热性能	较差	差	较好	好	好	较好	好
所需附件	无	无	镇流器、启辉器	镇流器	镇流器、解发器	镇流器	镇流器、解发器

34. 楼宇照明控制有几种方式？

正确的控制方式是实现舒适照明的有效手段，也是节能的有效措施。目前设计中常用的控制方式有跷板开关控制方式、断路器控制方式、定时控制方式、光电感应开关控制方式、智能控制器控制方式等。

35. 跷板开关控制方式的特点是什么？

该方式以跷板开关控制一套或几套灯具，是采用得最多的控制方式，它可以配合设计要求随意布置，同一房间不同的出入口均需设置开关。单控开关用于在一处启闭照明。双控及多程开关用于楼梯及过道等场所在上层下层或两端多处启闭照明。双控及多程开关原理如图 9-12 所示。该控制方式线路烦琐，维护量大、线路损耗多，很难实现舒适照明。

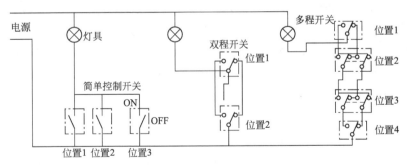

图 9-12　双控及多程开关原理

36. 断路器控制方式的特点是什么？

该方式以断路器控制一组灯具，控制简单，投资小，但由于控制的

灯具较多，造成大量灯具同时开关，在节能方面效果很差，又很难满足特定环境下的照明要求，在智能楼宇中应尽量避免使用。

37. 定时控制方式的特点是什么？

该方式以定时控制灯具，可利用 BAS 的接口，通过控制中心来实现，但该方式遇到天气变化或临时更改作息时间，较难适应，一定要通过改变设定值才能实现，很不方便。此外，还有一类延时开关，特别适用于一些短暂使用照明或人们容易忘记关灯的场所，使照明点燃后经过预定的延时时间后自动熄灭。

38. 光电感应开关控制的特点是什么？

光电感应开关通过比较工作面照度测定值与设定值来控制照明开关，可以最大限度地利用自然光，达到更节能的目的，也可提供一个不易受季节与外部气候影响的相对稳定的视觉环境，特别适合一些采光条件好的场所，当检测的照度低于设定值的极限值时开灯，高于极限值时关灯。

39. 居民住宅供电系统的保护性接地有几种形式？

随着强制性标准 GB 50096—2011《住宅设计规范》于 2012 年 8 月 1 日开始实施，不合乎规范要求的 TN-C 系统已不再适用于住宅低压配电系统中了。现在住宅电气的设计和安装有了明确的依据。新规范"以人为核心"，在保证"适用、安全、卫生、美观"的前提下，对住宅安全方面提出了相当严格的要求。新规范明确规定了住宅应采用 TF、TN-C-S 或 TN-S 等低压配电系统接地形式，并进行总等电位联结。下面介绍不宜采用 TN-C 系统的原因，以及新规范中的三种低压配电系统的接地形式和故障防范。

40. 什么是接地？

用电设备的接地，一般分为保护性接地和功能性接地。保护性接地又分为接地和接零两种形式。所谓"接地"，是指用电设备外露可导电部分对地直接的电气连接。而接零则是指外露可导电部分通过保护线（PE）或 PEN 线与供电系统的接地点进行直接电气连接（交流系统中，接地点即为中性点）。

41. 什么是 TN-C 系统？ 有何特点？

TN-C 系统被称为三相四线系统，整个系统的中性线（N）与保护线（PE）是合一的，称 PEN 线（图 9-13）。由于 TN-C 系统中采用的是保护接零，即用电设备的外露可导电部分与 PEN 有良好的导线连接。当用电设备发生接地故障时，由于 PEN 线阻抗小，较大的

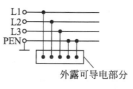

外露可导电部分

图 9-13　TN-C 系统

短路电流使保护装置迅速动作，反应灵敏度高。但由于 TN-C 系统需要依靠 PEN 线中的不平衡电流来维持三相电压的均衡，所以 TN-C 系统一般适用于三相负荷较平衡的场合。目前，住宅用户中绝大部分是单相用户，难以实现三相负荷的平衡，PEN 线中将有较大的、不稳定的不平衡电流流过，而且大量家电设备（如日光灯）使用中产生的高次谐波也叠加到中性线 N 上，使中性点接地电位偏移。一旦 PEN 线发生断路故障或 PEN 线接触电阻增大，中性点电位将严重地偏移，使家电设备外露可导电的金属外壳带电，造成电击事故的发生，而且接地故障最易引发电气火灾，所以新规范中已明确规定居民住宅供电不再使用 TN-C 系统了。

42. 什么是 TT 系统？ 有何特点？

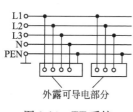

外露可导电部分

图 9-14　TT 系统

亦为三相四线系统，系统有一点直接接地，无 PE 线。用电设备的外露可导电部分保护（PE）线接至与电力系统接地点无直接关联的接地极（图 9-14 所示）上。TT 系统的特点是中性点 N 与保护接地线 PE 无一点电气连接，即 N 与 PE 线是分开的，适用于公共电网供电的住宅，一般每幢住宅楼各

有单独的接地极和 PE 线。所以不管三相负荷是否平衡、中性线是否带电，PE 线均不会带电，用电设备外露导电部分亦不会带电，保证了使用安全。当用电设备发生单相接地故障时，由于 TT 系统单相短路保护的灵敏度比 TN 系统低（TT 系统以大地为故障电流通路，与电源和 PE 线的接地电阻有关，故障电流小），熔断器和断路器往往不能立即

动作，造成设备外壳带电。所以必须采用漏电保护器来切断电源，才能提高 TN 系统触电保护的灵敏度，使 TT 系统更为安全可靠。

43. 什么是 TN-S 系统？有何特点？

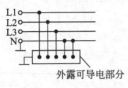

图 9-15　TN-S 系统

　　也称三相五线制系统，该系统是三相四线加 PE 线的接地系统。整个系统的中性线（N）与保护线（PE）是分开的（图 9-15 所示），用电设备外露可导电部分接到 PE 线上。一般当住宅楼内有独立变电站时便采用 TN-S 系统。由于 TN-S 系统中性线 N 与保护接地线 PE 除在变压器中性点共同接地外，两线从变电站低压母线处便分开了，所以与 TT 系统一样，不管中性线 N 是否带电，PE 线均不带电，与 PE 线连接的设备外壳同样均不会带电。而且在 TN-S 系统中，发生电气故障时，通过 PE 线的接地电流较大，一般熔断器、断路器都能动作切断电源（灵敏度高）。因此，TN-S 接地系统明显提高了使用安全性。在用户配电箱内，PE 线与接地线排的总接地端子板连接。

44. TN-C-S 系统的特点是什么？

　　该系统有一点直接接地，用电设备的外露可导电部分通过保护线与接地点连接，系统中前一部分线路的中性线 N 与保护线 PE 是合一的，第二部分是 TN-S 系统，即 N 与 PE 线是分开的（图 9-16 所示）。采用 TN-C-S 系统时，当保护线与中性线分开后（通常在住宅进户

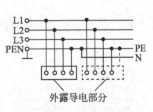

图 9-16　TN-C-S 系统

处）就不能再合并了（中性线 N 绝缘水平应与相线相同）。因此在住宅中采用 TN-C-S 系统，实际上就成了 TN-S 系统。也即 PNE 线在进入用户配电箱后，配电箱内分开设置了 N 端子板和 PE 端子板，N 和 PE 线进入住宅便互相分开不再有任何电气连接了。

45. 接地故障如何防范？

　　接地故障不同于一般的电气短路故障。而是带电导体通过金属材

料与大地发生的短路故障。由于接地故障比较隐蔽，经常是多次火灾发生的起因，而且往往还伴随接地故障而发生电击人身伤害事件。因此，为了住宅居住人员的安全，有必要加强对接地故障的防范意识。

（1）不能随意更改接地系统　若原先采用的是 TN-C-S 系统（100kV·A 以上变压器，中性点接地电阻为 40Ω，PE 线接地电阻为 10Ω），后来改变成了 TT 系统。当发生用电设备金属外壳单相接地短路时，由于 PE 线未按 TT 系统的接地电阻要求接地，必将使设备金属外壳带上较高的电压（理论计算达 157V），从而发生间接电击事故。

（2）严禁 PE 线与 N 线连接，若 PE 线与 N 线连接便成了 TN-C 系统，其不良后果前面已经讨论了。

（3）每套住宅总电源进线断路器，应具有漏电保护功能，除空调电源外，其他电源插座电路应设置漏电保护装置，通过两级保护分别起到防电气火灾和防电击的作用。住宅内家用电器通常由插座供电，电源插座上应安装额定动作电流不大于 30mA 的快速漏电保护器，以防止电击造成的人身伤害事故。而当发生电弧性接地故障时，由于电弧有很大的阻抗，限制了接地故障电流，使断路器、熔断器不能及时切断电源，造成火灾。所以要在住宅的电源进线处安装额定动作电流为 300mA 的漏电保护器，并带有 0.15s 的延时，可以避免电气火灾的发生（低于 500mA 的电弧能量尚不足以引燃起火）。

（4）作总等电位和局部等电位联结　总等电位联结是将进线配电箱及 PE 总母线排、接地极引来的接地干线，建筑物的公共设施管道、建筑物的防雷接地汇接到进线配电箱的总接地端子板上。对特别潮湿的卫生间应作局部等电位联结措施来防止间接电击。

通过以上的防范措施，便可以有效避免由于接地故障所造成的电气火灾和人身电击事故的发生。

46. 楼宇给排水系统的特点有哪些？

智能楼宇大多是高层建筑，其给排水系统的特点如下。

（1）高层建筑内人数众多，对生活卫生及保安防火设施要求较为严格，因此必须装设共有标准较高的给水排水系统，以保证给水排水的安全可靠性。

（2）高层建筑的高度大，造成给水管道内的静压力较大。过大的

水压力，不但影响使用、浪费水量，而且增加维修工作量，为此对给水管道系统、热水管道系统及消防给水系统必须进行竖向分区。

（3）高层建筑发生火灾的因素很多，一旦着火，火势猛、蔓延快，扑救不易，人员流散也很困难，因此，当高度超过十层以上时，要求建筑内消防系统必须有自救能力，为此高层建筑要设置独立的消防供水系统。

（4）高层建筑内设备复杂，各种管道交错，因此必须搞好综合布置，要求不渗不漏；另外高层建筑对防震、防沉降、防噪声等要求也较高，因此在给排水工程设备中，还需要考虑抗震、防噪声等措施。

以上情况要求智能楼宇的给水排水工程的规划、设计、使用材料设备及施工等方面比一般建筑都更高，必须全面规划、相互协作，做到技术先进，经济合理，工程安全可靠。

47. 楼宇供水系统有何特点？ 分为几种？

高层建筑的高度大，一般城市管网中的水压力不能满足用水要求，除了最下几层可由城市管网供水外，其余上部各层均需提升水压供水。由于供水的高度增大，如果采用统一供水系统，显然下部低层的水压将过大，过高的水压对使用、材料设备、维修管理均将不利，为此必须进行合理竖向分区供水。分区的层数或高度，应根据建筑物的性质、使用要求、管道材料设备的性能、维修管理等条件，结合建筑层数划分。在进行竖向分区时，应考虑低处卫生器具及给水配件处的静水压力，在住宅、旅馆、医院等居住性建筑中，供水压力一般为300~350kPa；在办公楼等公共建筑中可以稍高些，可用 350~450kPa 的压力，最大静水压力不得大于 600kPa。

为了节省能量，应充分利用室外管网的水压，在最低区可直接采用城市管网供水，并将大用水户如洗衣房、餐厅、理发室、浴室等布置在低区，以便由城市管网直接供水，充分利用室外管道压力，可以节省电能。

根据建筑给水要求、高度、分区压力等情况，进行合理分区，然后布置给水系统。给水系统的形式有多种，各有其优缺点，但基本上可划分为两大类，即重力给水系统及压力给水系统。

48. 重力给水系统的特点是什么？

这种系统的特点是以水泵将水提升到最高处水箱中，以重力向给水管网配水，如图 9-17 所示。对楼顶水池水位的监测及当高/低水平超限时报警，根据水池（箱）的高/低水位控制水泵的启/停，监测给水泵的工作状态和故障，当使用水泵出现故障时，备用水泵会自动投入工作。重力给水系统用水是由水箱直接供应的，即为重力供水，供水压力比较稳定，且水箱储水，供水较为安全。但水箱重量很大，会增加建筑的负荷，占用楼层的建筑的负荷，占用楼层的建筑面积且有产生噪声振动的弊端，对于地震区的供水尤为不利。

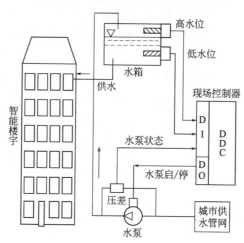

图 9-17　重力给水系统

49. 　压力给水系统的特点是什么？

　　压力供水系统是在地下室或某些空余之处设置水泵机组、气压水箱等设备，采用压力给水来满足建筑物的供水需要。压力给水可采用并联的气压水箱给水系统，也可采用无水箱的几台水泵并联给水系统。

50. 　并联气压给水系统的特点是什么？

　　并联气压给水系统以气压水箱代替高位水箱，而气压水箱可以集中于地下室水泵房内，以避免楼房设置水箱的缺点，如图 9-18 所示。气压水箱需用金属制造，投资较大，且运行效率较低，还需设置空气

压缩机为水箱补气，因此耗费动力较多，近年来有的采用密封式弹性隔膜气压水箱，可以不用空气压缩机充气，既可节省电能又防止空气污染水质，有利于环境卫生。

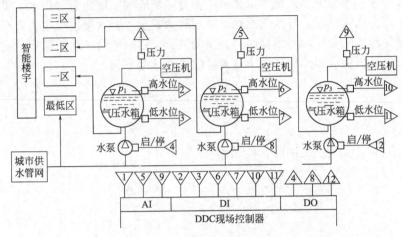

图9-18　并联气压给水系统

51. 水泵直接给水系统的特点是什么？

这种系统可以采用自动控制的多台水泵并联运行，根据用水量的变化，开停不同水泵来满足用水的要求，也可节省电能。如采用计算机控制更为理想。水泵直接供水，最简便的方法是采用调速水泵供水系统，即根据水泵的出水量与转速成正比关系的特性，调整水泵的转速而满足用水泵的变化，同时也可节省动力。

52. 水泵调速有几种方法？

（1）采用水泵电动机可调速的联轴器。电动机的转速不可调，在用水量变化时，通过调可调速的水泵电动机的联轴器，以此改变水泵的转速以达到调节水量的目的，联轴器类似汽车的变速箱。

（2）采用调速电动机。由用水量的变化而控制电动机的转速，从而使水泵的水量得到调节，方法设备简单、运行方便、节省动力、效果很好，如图9-19所示。近来，有一种自动控制水泵叫叶片角度的水泵，即随着水量的变化控制叶片角度的改变来调节水泵的出水量，以满足用水量的需要。这种供水系统设备简单、使用方便，是一种有前途的新型水泵给水系统。无水箱的水泵直接给水系统，最好是用于水量变化不太大的建筑物中，因为水泵必须长时间不停地运行。即便在夜间，用水量很小时，也将消耗动力，且水泵机组投资较高，需要进行技术经济比较后才能确定。

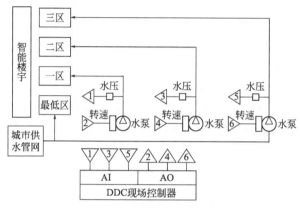

图 9-19 调速水泵给水系统

53. 楼宇排水泵有何要求？

智能楼宇的卫生条件要求较高，其排水系统必须通畅，保证水封不受破坏。有的建筑采用粪便污水与生活废水分流，避免水流干扰，改善卫生条件。智能楼宇一般都建有地下室，有的深入地下 2～3 层或更深些，地下室的污水常不能以重力排除，在此情况下，可将污水集中于污水集水井，然后以排水泵将污水提升至室外排水管中。污水泵应为自动控制，保证排水安全。智能楼宇排水监控系统的监控对象为集水井和排水泵。

54. 楼宇给排水系统的设备配置包括哪些？

楼宇给排水系统通常包括给水系统（生活用水及消防用水）、排水系统、热水系统。

（1）给水系统的设备配置　大厦给水系统的设备主要有地下储水池、楼层水箱和天面水箱、生活给水泵、气压装置和消防给水泵。

（2）排水系统设备配置　大厦排水系统的设备主要有排水水泵（潜水泵）、污水集水井和废水集水井。

（3）热水系统设备配置　大厦热水系统的设备主要有自动燃油/燃气热水器（炉）、热水箱和热水循环水泵（回水泵）。

55. 给水系统监控功能有哪些？

大厦给水系统监控功能如下。

（1）地下储水池水位、楼层水池、天面水池水位的监测及当高/低水平越限时的报警，对于生活给水泵，根据水池（箱）的高低水位控制水泵的启/停，监测生活给水泵的工作状态和故障，当使用水泵出现故障时，备用水泵会自动投入工作。

（2）气压装置压力的检测与控制（消防水泵由消防报警系统监控）。

图 9-20 所示为一个典型的给水监控系统，从图中可知，大厦给水监控系统由水位开关、直接数字控制器等组成。

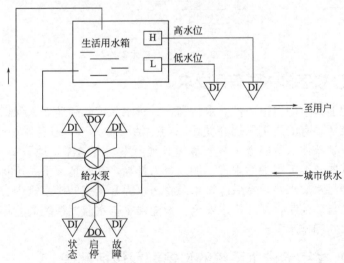

图 9-20　给水监控系统

56. 排水系统监控功能有哪些？

大厦排水监控系统的监控对象为集水井和排水泵，排水监控系统的监控功能如下。

（1）污水集水井和废水集水井水位监测及越限报警。

（2）根据污水集水井与废水集水井的水位，控制排水泵的启/停，当集水井的水位达到高限时，联锁启动相应的水泵，当水位达到超高限时，联锁启动相应的备用泵，直到水位降至低限时联锁停泵。

（3）排水泵运行状态的检测以及发生故障时报警。

智能大厦排水监控系统通常由水位开关、直接数字控制器组成，如图9-21所示。

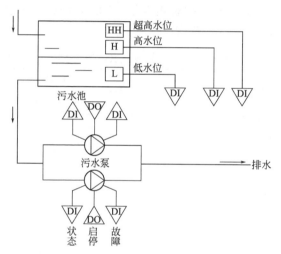

图9-21　排水监控系统

57. 热水系统监控功能有哪些？

该系统的主要监控功能如下。

（1）热水循环泵按时间程序启动/停止。

（2）热水循环泵状态检测及故障报警（当发生故障时，相应的备用自动投入运行）。

（3）热水器与热水循环联锁控制，当循环泵启动后，热水器（炉）才能加热，控制热水温度。

（4）热水供水温度和回水温度及检测。

（5）对于热水部分，当热水箱水位降至低限时，联锁开启热水器

冷水进口阀；当热水箱水位达到高限时，联锁关闭冷水进水阀。

58. 楼宇给排水监控系统监控点如何设置？

大厦给排水监控系统的监控点包括地下水池、楼层水池、天面水池水位低限、高限报警，生活给水泵的开关指令、运行状态、故障报警及手动/自动转换开关状态，集水井水位低限、高限、超高限报警，潜水泵的开关指令、运行状态、故障报警及手动/自动转换开关状态，热水箱水位低限、高限报警，热水炉冷水进水阀开关指令，热水循环泵开关指令、运行状态、故障报警及手动/自动转换开关状态和热水回水温度监测。给排水监控点描述及其类型见表 9-3。

表 9-3　给排水监控点描述及其类型

控制点描述	设备数量	控制点类型			
		AI	AO	DI	DO
地下水池高/低水位				√	
楼层水池高/低水位				√	
天面水池高/低水位				√	
生活水泵开关指令					√
生活水泵运行状态				√	
生活水泵故障				√	
生活水泵手动/自动转换状态				√	
集水井超高/高/低水位				√	
潜水泵开关指令					√
潜水泵运行状态				√	
潜水泵故障				√	
潜水泵手动/自动转换开关状态				√	
热水箱高/低水位				√	
热水炉冷水进水阀开关指令					√
热水循环泵开关指令					√
热水循环泵运行状态				√	
热水循环泵故障				√	
热水循环泵手动/自动转换状态				√	
热水箱水温		√			
热水回水温度		√			

第十章

电话通信系统

1. 为什么要使用电话交换机？

众所周知，一般打电话用的是电话机，它应该具有送话、受话、振铃以及一些转换功能，两部电话机由一对电线连通，再加上供电电源就可以互相通话了。但实际上在一个城市内，一个单位内不会只有两个人要互相打电话，而是有许多人需要互相之间打电话，而且其中任何一个人可能要和另外的任何一个人打电话，这就要求这个人的电话机可以接通另外的人中任何一个的电话机。要实现这种功能最简单的方法就是在任意两个人的电话机之间设置一对电话线，但这在客观上是不可能的，也完全没有这个必要。如果在用户分布的区域中心位置（电话局）设置一台线路交换（交叉转换）设备，每一部电话机都用一对线路与交换设备相连，如图 10-1 所示，这样，当任意两个人需要打电话时，就可以由交换设备把他们的线路连通，通话完毕后，再把他们之间的连线拆掉，这种交换设备就是电话交换机（注意与计算机网络中讲的交换机的区别）。人们通过电话交换机就可以实现"电话交换"功能。从图 10-1 可看出，以电话交换机为中心的电话通信网是典型的星型结构网络。

最早的电话交换是由人工来完

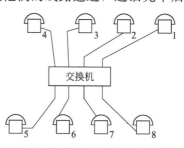

图 10-1　电话交换示意图

成的，称为"人工交换机"，以后逐步由机器取代了人工连接，出现了"自动电话交换机"。

数字程控交换机的交换技术仍然属于电路变换，目前问世的基于分组交换的软交换技术将使交换机的体积进一步减小，并且在容量上和功能上将产生一个新的飞跃。

2. 交换机可分为哪些种类？

数字程控交换机是数字存储程序控制交换机的简称，它是目前电话网的核心设备。所谓"数字程控交换机"就是运用数字电子技术并由计算机控制的交换机。在数字程控交换机中，硬件逐步简化，交换功能都由软件来实现。数字程控交换机的硬件是一块块功能独立的电路板，由软件来把它们有机地联系在一起，形成交换系统。数字程控交换机通常按用途分为市话交换机、长话交换机、用户交换机。市话交换机、长话交换机设置在市话局、长话局内。

3. 交换机的功能有哪些？

用户交换机主要是为满足企事业单位内部电话交换需要而设计的小型交换机。用户交换机一般设置在一个企事业单位的电话站内，它根据单位的需要有时设计有一些专用功能。智能建筑以及通信功能有要求的综合性大型建筑内，一般也设有配置了用户交换机的电话站。

用户交换机通过中继线和市话局交换机相连，单位或建筑内的分机均由用户线连接到用户交换机上。用户交换机的基本功能是完成单位或建筑内部分机用户之间的相互通话，以及分机用户通过中继线与市话局用户的通话。

程控技术可以将许多用户和话局管理服务特性预先编成程序放在存储器中，可以随时取用，因此程控交换机能够向用户提供更多、更新、更为周到的服务功能，并且使用起来非常方便、灵活、迅速。其服务功能多至几十种到上百种，大致可分为系统功能、用户使用功能、维护功能、话务员服务功能等。

4. 程控用户交换机的用户使用方面的主要服务功能有哪些？

（1）用户交换机的内部呼叫　即用户交换机的各分机用户之间的呼叫，主叫用户摘机听到拨号音后，直接拨被叫分机号码，用户交换机自动完成接续。

（2）用户交换机的出局呼叫　在这里把用户交换机看作一个"局"交换机，出局呼叫有 3 种方式：

① 若用户交换机出中继线接至市话局交换机选组级，这时当分机主叫用户摘机听见拨号音后，直接拨出局字冠号（一般是 0 或 9）和市话局用户号码（即把二者连起来拨）即可。

② 若用户交换机出中继线接至市话局交换机用户级，当分机主叫用户摘机听见拨号音，拨出局字冠号后，会听见第二次拨号音，然后再拨市话局用户号码。

③ 分机主叫用户拨话务台号码，由话务员代拨外线市话局用户号码出局。

（3）市话局用户呼叫用户交换机分机用户　有两种方式：

① 若市话局采用直接拨入中继线连接到用户交换机，这时市话局主叫用户可直接拨用户交换机分机用户号码，但这个号码与用户交换机内部呼叫时的分机号码不完全一样，一般是在前面增加几位。

② 通过话务员转接拨入用户交换机分机用户号码。

（4）出入局呼叫限制　用户交换机可限制某些分机用户不能（无权）出局呼叫，可以全部限制，也可以限制某些出局方向的呼叫。例如一般用户限呼国际长途、限制欠费用户呼出或根据用户需要限制话机呼出，使其只能接收来话。同样，用户交换机还可以限制某些分机用户不能接以来话，即入局呼叫限制。

（5）缩位拨号　主叫用户或话务员在呼叫经常联系的被叫用户时，可用 1～2 位（有些机器是 1～5 位）的缩位号码来代替原来被叫用户的多位号码。

（6）热线服务　热线服务又叫"免拨号"，主叫用户摘机后无需拨号，经过 3～5s 时间，交换机将自动接通事先预定好的某一被叫用户分机，形成热线服务。

（7）免打扰服务　免打扰服务，又叫暂不受话服务，若在这期间有接续呼叫此用户，可由交换机提供截接服务或代为录音留言。

（8）转移呼叫　转移呼叫，也称"跟我走"。当用户有事外出离开自己的话机时，可以使用电话跟随功能，将自己的号码转至要去处的电话机上。

（9）分机用户连接　分机用户连接也称分机组。如果某些接续不注重于呼叫某个人，而是以叫通某个单位的人为目的，这时用户交换机可以按用户提出的转移顺序表依次转移呼叫各个分机。

（10）自动回叫　若主叫用户呼叫被叫用户，而被叫用户忙时，主叫用户可暂时挂机，待被叫用户由忙变闲后，即由交换机自动回叫主叫用户或被叫用户。

（11）下次使用时回叫　这是回叫的又一种方式，在被叫用户离开自己的话机时间内，如有某用户呼叫过该被叫用户，当被叫用户返回后，以其使用一次电话为标志，交换机此时知道被叫用户已回来，于是启动回叫功能，呼叫前面的某呼叫用户。

（12）与电脑连接，实现完整的电话管理体系——话务管理、号码管理、参数设置等。先进的中文 WINDOWS 操作系统，界面友好，显示直观，操作极为简单方便。

5. 程控交换机的工作原理图如何连接？

数字程控交换机的工作原理如图 10-2 所示，可分为三个部分：主机电路、内线电路、外线电路。主机电路由三根控制总线与内线电路、外线电路相连。8 个内线电路和 16 个外线电路由 PCM 总线相连，进行信息交换和传输。

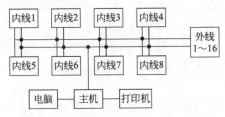

图 10-2　数字程控交换机的工作原理

6. 主机电路的功能是什么？

主机电路如图 10-3 所示，中心器件是一个单片微处理器 CPU，它控制各个内线电路、外线电路协调工作，完成计费控制交换以及参数保存，并与电脑、打印机直接联络。与电脑和打印机之间连接通过光电器件耦合，电气线路绝对绝缘。主机电路内存有 3 种：64KB（27C512）PROM 程序存储器；16KB（2864X2）EEPROM 数据存储器、128KB（128）RAM 数据存储器。EEPROM 存放参数：内部计费区号费率、弹性号码、分机密码和总话费。RAM 存放 CPU 过程数据和用户话单，主机电路与各内线、外线电路是由控制总线（3根：发线、收线、复位线）传送数据的。

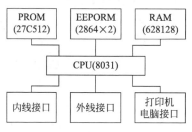

图 10-3　主机电路

7. 内线电路的工作原理是什么？

内线电路工作原理如图 10-4 所示，中心控制器件是 89C51，它是集程序存储器、数据存储器为一体的单片微处理机，它控制 128 个内线端口的用户摘机、发号和振铃，控制时隙交换及各种信号音，每个模拟端口有一片 TP3057 编解码器，完成话音模拟信号和 PCM 数字信号之间的 A/D、D/A 转换。数字交换由 1～3 片 MT8980 完成，每片 MT8980 有 8×32 个时隙交换。音与双音频电路由信号音电路、双音频发送接收电路、音乐电路、语音电路、会议电路等组成，共占32 个时隙，每个时隙均有一片 TP3057 编解码器，所有信号均通过数字时隙进入 PCM 总线。

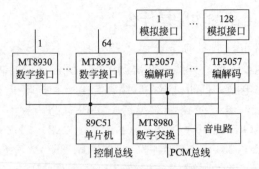

图 10-4　内线电路工作原理

8. 中继电路的工作原理是什么？

中继电路本机外线电路一般为 128 端口。环路中继 8 端口为一组，图 10-5 所示是一组环路中继的工作原理图。每一组环路中继有 8 个中继接口、8 个 PCM 编解码器、8 个脉冲直拨接收电路和 1 个语音电路。

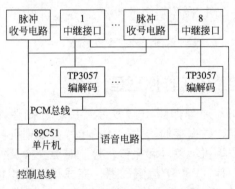

图 10-5　一组环路中继的工作原理图

9. 交换机的系统组成有几种形式？

常见的系统组成有下列三种配置形式：

（1）主机一台，计费电脑一台，打印机一台，头戴耳机一架，组成最完整齐全的计费管理系统，进行全面的话务监控管理、话费管理等。画面显示清晰直观，操作简单方便。

（2）主机一台，打印机一台，双音频话机一部，所有功能参数通过双音频话机输入，由打印机打出结果。自动计费、计算话费和打印即时话单，并自动内部存储话单话费，以便结算与查询。话务管理由话务总机完成，系统简单方便。

（3）双音频话机一部，通过双音频话机输入参数，话务管理由1～5部总机完成。局部参数由语音信箱查听。话单、话费等详细资料无法输出，适于不需要计费的场所。

10. 交换机的外围设备包括哪些？

（1）计费管理用电脑配置，现在的计算机都在 P3 以上，系统为 XP 或 2000，均可以使用。

（2）24 针打印机，并行输入口，如松下 KX-P1121、EPSONLQ-850 等。

（3）外接电瓶推荐使用 12V/50A·h 电瓶四块（串联连接）。

（4）配线架建议使用避雷型保安配线架。

11. 接地的作用是什么？ 有何要求？

交换机内部设有防雷击装置，但交换机的接地必须可靠，否则防雷装置不起作用。接地质量的好坏，对通信噪声干扰有着直接的影响，同时对工作人员的安全会造成威胁。

通过电源线连接到交换机的 220V 交流保护零线（保护地线）应与 220V 交流零线（中性线）严格区分开来（国际电工委员会 IEC 规定），220V 交流零线与交换机外壳及交换机地线是绝对绝缘的。

交换机地线要可靠、单独地连接到接地排或接地环上，接地电阻要小于 5Ω。接地排地下埋设深度要大于 0.5m，由镀锡裸铜线和一组相连接的垂直铜接地棒组成。其他设备接地线，如电脑、逆变稳压电源、打印机等接地线绝对不允许与交换机地线接在一起。交换机一定要单独接地。

12. 室内环境有何要求？

（1）交换机机房内应干燥、通风、无腐蚀气体、无强电磁干扰、

无强烈机械振动、无灰尘。如果条件允许，应安装空调器和铺设防静电地板。

（2）交换机与地面之间应放一块绝缘板（或胶木板）和一块金属板，金属板在下，厚度大于2mm。

（3）交换机四周应留1m以上的空间，以便空气流通和方便安装调试与维修。

（4）总机操作台离交换机的距离，内部计费直接连接打印机时应小于5m，其他情况时应小于100m。

13. 交换机的内部结构是什么？

交换机内部结构如图10-6所示。

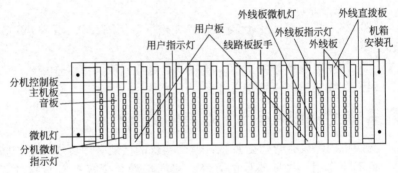

图10-6　交换机内部结构

14. 交换机板箱的作用是什么？

交换机以交换机板箱为一个基本单元，一般每128门安装在一个机箱里。门数与机箱无关。

15. 电源机箱的作用是什么？

电源机箱位于机器的最下层，由一次电源、电瓶充电电路、二次电源三部分组成。220V交流电经一次电源降压后输出两路电压：48V供给二次电源电路，然后由二次电源输出+5V，−5V，75V等电压送给交换机；56V供给电瓶充电用，当市电停电时，电瓶则自动切换给机器供电。

16.　主机机箱的作用是什么？

主机机箱安装在电源的上方，该机箱是整机工作的控制中心。从左到右有 CPU 板、分机控制板，用户板1～16 块，外线板 1～4 块。

17.　附机机箱的作用是什么？

附机机箱安装在主机机箱的上方，最多可安装 7 个附机箱，视分机门数大小而定，每增加 128 门增加一个附机箱。附机箱从左到右有分机控制板和 1～15 块用户板及 1～4 块外线板。

18.　电源指示灯的作用是什么？

机器通电后长亮，指示交直流电压的工作情况。

微机指示灯：以暗亮交替变化指示主机板工作情况。

用户指示灯：灯亮则表示相应的用户分机提机，反之挂机。

中继指示灯：中继指示灯亮时，则表示该条中继被占用。

19.　电路板有几种类型？

交换机电路板有以下几种类型，即：CPU 板、音板、分机控制板、普通用户板、环路中继板、直拨板等。

20.　主机 CPU 板的功能是什么？

主机板是控制整机协调工作的中心，内部控制分机控制板、中继板协调工作，PCM 交换及储存工作参数、话单、话费等。外部跟电脑、打印机联系协调工作。

21.　分机控制板的功能是什么？

每个附机箱里有 1 块音板和分机控制板，安装在机箱的最左边第一、第二插槽，分别对应 128 门用户和 16 条中继线，控制用户的双音频测码及呼叫接续，PCM 交换在分机控制板上完成。

22.　音频板的功能是什么？

产生各种信号音，每块音板上都有 12 个双音频收发器和一个语

音信箱及一个音乐演奏。

23. 普通用户板的功能是什么？

每块用户板有 16 个用户，每个用户电路由提机挂机电路、脉冲号码监测电路、振铃电路、来电号码显示电路以及 16 个 PCM 编解码电路组成。用户板统一规格，可以任意互换。每个机箱可以安装 1～16 块用户板，顺序从右到左。

24. 环路中继板、直拨板的功能是什么？

每个机箱可以安装 1～4 块中继板，顺序从右到左，每块中继板上有 8 条话路。外线板上除了 8 个外线接口及 8 个 PCM 编解码电路外，还包括外线直拨系统、8 路外线脉冲收号器和 1 路外线语音服务器。环路外线呼入时，可由外线直拨板送语音给外线用户，外线用户二次拨号直拨内线分机，不需总机转接。

25. 电脑连接口的功能是什么？

电脑接口有两个，最右边为主电脑连接口，另一个则为副电脑连接口，电脑连接口为 4 针插口，顺序从右到左为 1、2、3、4 针。连接线另一端为 25 针标准串口插头，对应功能如表 10-1 所示。主电脑连接口为计费输出口，连接电脑计费管理系统。

表 10-1　电脑连接口功能

交换机 4 针	电脑 25 针	电脑 9 针	符号	功能
1	7	5	GND	电脑 0V
2	6、20	4、6	VCC	电脑电源 10V
3	2	3	TXD	电脑发出数据
4	3	2	RXD	电脑接收数据
—	4、5 短接	7、8 短接	—	—

副电脑连接口为多用输出口：普通用户可作为计费电脑监控口，监控实时计费状态，也可作为话务台和交换机的数据交换连接口。电脑连接口的速率为 1200bit/s，交换机出厂配置电脑连接线一般为一

条，长 10m，用户需要加长时，可另外用电话通信电缆改接，最长不能超过 100m。

26. 头戴耳机连接口（选配）的功能是什么？

接口为 2 芯连接线插口，出厂配置连接线为 10m，用户可根据需要再加长，另一端接耳机话机。

27. 打印机接口的功能是什么？

位于主机箱右上角，25 针插座，连接线的另一端为标准 36 针打印机插头，直接插在打印机上，连接线长 6m，用户不能再加长。插座对应功能见表 10-2。

表 10-2　打印机接口插座对应功能

交换机 25 针	打印机 36 针	符号	功能
13	2	DATA1	数据 1
12	3	DATA2	数据 2
11	4	DATA3	数据 3
10	5	DATA4	数据 4
9	6	DATA5	数据 5
8	7	DATA6	数据 6
7	8	DATA7	数据 7
6	9	DATA8	数据 8
5	1	/STB	打印机选通
4	11	/BUSY	打印机忙
18、23	31	PRIME	打印机复位
17、20	33	SG	打印机 0V
25	18	+5V	打印机电源

28. 中继线插座的功能是什么？

中继线插座位于机器的左方，插座为 25 针或 37 针，每一个插座

对应一块中继板。环路中继每块板8条话路，交换机最多可以安装16块环路中继板。环路中继外线号与插座的对应关系如图10-7及表10-3所示。

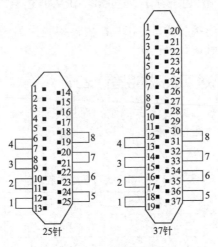

图 10-7　中继线插座

表 10-3　中继线插座对应关系

25 针插座	37 针插座	环路
13-12	19-18	1
11-10	17-16	2
9-8	15-14	3
7-6	13-12	4
25-24	37-36	5
23-22	35-34	6
21-20	33-32	7
19-18	31-30	8

29.　用户分机插座功能是什么？

分机插座每层机箱最多8个，每个插座对应2块用户板，每块用户板 8 线用户，用户板分机序号与插脚号的对应关系如图 10-8 及表 10-4 所示。

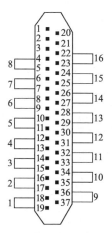

图 10-8 用户分机插座

表 10-4 用户分机插座对应关系

37 针插脚号	对应分机序号
19-18	1
17-16	2
15-14	3
13-12	4
11-10	5
9-8	6
7-6	7
5-4	8
37-36	9
35-34	10
33-32	11
31-30	12

37 针插脚号	对应分机序号
29-28	13
27-26	14
25-24	15
23-22	16

30. 整机检查的步骤是什么？

（1）插入交流 220V 电源插座，接通电源数秒后，主机板（CPU 板）上的主机微机灯（从上向下数第 7 只）以 1s 亮 1s 暗的频率闪烁，分机控制板上的微机灯和中继板上的微机灯以 0.5s 亮 0.5s 暗的频率闪烁，表示各板微机工作正常。

（2）分机话路网络、振铃、信号音、语音箱的检查。

① 取一部双音频话机，将话机的两线插入任意一门分机对应的插孔上，话机提机能 听到长音（即拨号音），表示该分机受话网络正常，该机箱内信号音正常，PCM 网络正常。

② 听到长音后，拨 172（拨第一个号码后，长音止），能听到该分机的电话号码，则表示该分机发送话音网络正常，该机箱内双音频接收正常，语音信箱正常，如有长音后，拨 120，能听到音乐，表示音乐电路正常。

③ 听到长音后，拨 122 重新转为长音，然后挂机，电话机能振铃，表示该分机振铃正常，该机箱振铃电路工作正常。

（3）外线（环路中继）呼出检查 将市话中继线引入环路中继插座第一对的两个插孔中。然后取一部话机插入任意一门分机的插孔上，提机后听到拨号音，拨"0"后便能听到外线的拨号音，然后可拨外线的电话号码，如拨通外线用户，则表示呼出正常。

（4）外线（环路中继）呼入检查

① 把外线的两端引入某一条环路中继相对应的插孔上，插上 80000 号分机和另外任意一门分机（如 80068）。

② 由外线用户拨通本机所接外线的号码，外线用户将听到本机送出电脑话务员应答语音"您好，请拨分机号码，查号拨零"或专用

语音后，直接拨入 80068，80068 分机振铃，提机与外线通话。至此表示此外线呼入正常，可用此方法检查所有环路中继线的呼入。

（5）打印机联机检查

① 连接好交换机与打印机之间的连接线，上好打印纸。

② 打开交换机和打印机电源。

③ 手动复位交换机，交换机便能打印出如下字样：

＊＊31 ＊18＊   ＊9958

如果是中文打印，则打印出如下字样：

数字程控电话交换机

＊＊31 ＊18＊   ＊9958

至此表示打印机联机工作正常。

（6）电脑联机检查

① 按《交换机计费管理系统》内容要求安装好随机电脑光盘。

② 将随机电脑串口连接线一头与交换机主电脑接口相连，另一端与计费电脑串口相连。

③ 开启电脑，进入"开始菜单"下的"程序"菜单，运行"PC计费管理系统"程序，进入画面后，电脑提示：

"系统正在检测串口，请稍候"

串口检测正确后，交换机将弹出提示窗口，选择"对交换机参数进行校验"选项，然后用鼠标点"确定"，"连机选择"上的进度条会一格格填满。校验完毕后，显示主菜单，则说明电脑联机正常，可进行下一步操作。

（7）头戴耳机检查 电脑进入"话务监控"画面，将头戴耳机插在插座上。在电脑键盘上按一下"＋"键，耳机有长音送出，电脑上显示"80000"字样，键入 80008，80008 分机振铃，提机便与耳机通话，键入"－"键，耳机挂机，表示耳机正常工作。

31. 中继线和分机线安装的步骤是什么？

（1）所有分机、中继线都应经过保安配线架（再加一级保安），再引到交换机，保安配线架应符合有关标准要求。

（2）检查所有分机线和外线，对大地和互相之间要绝缘。

（3）将所有分机线和外线焊接在所配分机插头和外线插头上，焊

接要牢固，互相之间不能交错与短路。

（4）插头焊好后，从交换机的电缆孔穿入，拉到各自插座的位置，用线扎固定在线架上。

（5）插上分机插头和外线插头，接上分机话机，每个分机的电话号码可通过本话机拨"172"或"1072"得到。

提示：有关于程控交换机的各种功能设置，应以具体机型所配的说明书为准，在此不在赘述。

32. 用户线路如何组成？

市话线路网的构成如图 10-9 所示。从市电信局的总配线架到用户终端设备的电信线路称为用户线路。

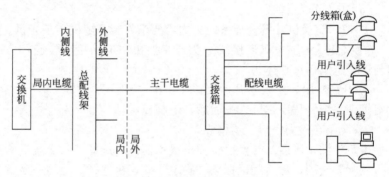

图 10-9　市话线路网的构成

用户线路由主干电缆、配线电缆以及用户引入线三部分组成。主干电缆是指总配线架与配线区开始配线点之间的电缆，在交接配线方式中，通常指总配线架与交接箱之间的电缆。配线电缆一般是指主干电缆进入配线区开始配线点与分线设备之间的电缆，在交接配线方式中，主干电缆和配线电缆以交接箱为分界点。用户引入线是指从分线设备接到各用户话机输出接口的那段电线。如果将建筑内安装用户交换机的电话站看作一个"局"，则从电话站总配线架到用户分机的电信线路也称为用户线路，这段线路与图 10-9 所示线路相同，也是由主干电缆、配线电缆以及用户引入线三部分组成的，只是其中的主干电缆一般很短而已。

33. 通信电缆的构造是什么？

电话通信电缆的构造可分为两部分，即缆芯和缆芯防护层，如图10-10 所示。

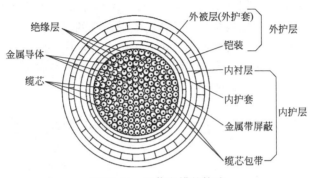

图 10-10　通信电缆的构造

34. 什么是缆芯？ 如何组成？

缆芯即电缆中的芯线，它是由金属导体和绝缘层组成的。

35. 金属导体的作用是什么？

金属导体的作用是传输电信号。对导体的要求是导电性能好，有良好的柔韧性和足够的机械强度。一般有圆铜单线和圆铝单线两种，但目前通信电缆中一般均采用 99.9％纯度的电解铜单线，其线径一般有 0.32mm、0.4mm、0.5mm、0.6mm、0.7mm 5 种主要规格。

36. 绝缘层的作用是什么？

绝缘层的主要作用是防止金属导体之间相互碰触。对绝缘层的要求是有良好的柔软性和一定的机械强度，有较高的绝缘电阻值，对电磁波的损耗小。目前绝缘层一般均采用优质塑料。

37. 缆芯防护层的要求是什么？

对缆芯防护层的基本要求是：有良好的密封性，能防水、防潮，

对各种溶剂有良好的耐腐蚀性，有足够的机械强度，并且具有良好的电磁屏蔽作用。

38. 通信电缆的芯线如何组合？

电缆的芯线是相互扭绞在一起的，这样可以使芯线产生的电磁场相互抵消，大大削弱相互间的干扰。电缆芯线的组合有对绞式、星绞式两种，对绞式是把两根不同颜色的绝缘芯线，按一定的节距绞合成一对线组；星绞式，也称四线组，是把 4 根不同颜色的芯线，以一定节距绞合成一个线组，如图 10-11 所示。

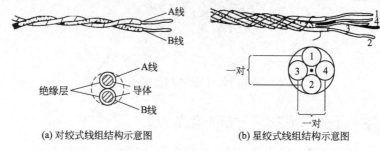

(a) 对绞式线组结构示意图　　　(b) 星绞式线组结构示意图

图 10-11　通信电缆的芯线组合

39. 市话电缆的结构是什么？

市话电缆是经常接触的电缆，结构如图 10-10 所示。

40. 市话电缆（UTP 电缆） 芯线组合的结构是什么？

UTP 电缆内部包含的电线数量一般均大于 4 对，因此也称为大对数非屏蔽双绞线缆（Multipair UTP），简称大对数电缆。大对数电缆中的每根铜质导线也用热融塑料密封包裹，线径直径为 0.5mm。在许多情况下，电线会分为 25 对或 25 对的整数倍，例如 50 对、75 对、100 对和 300 对等，每 25 对电线被分成一个线对组，这样一根大对数电缆中可能会有一个或多个线对组。各线对组被颜色鲜明的捆绑线绑成一个个小束，所有小束将再被捆扎成双绞线核芯，核芯被封入保护外鞘内。护鞘可以使用全封闭的热融塑料外套，也可以在塑料外套内增加金属屏蔽层，或者增加多层绝缘材料层。数主干电缆中，也有100Ω 的大对数STP（Screened Twisted-Pair Cable）和大对数美规 22 号（22AWG：直径 0.63mm）的电缆。

41. 大对数 STP 色标的标准是什么？

大对数 UTP 电缆中各对电线，也均需要使用具有不同色彩的热融塑料进行区分。为区分 25 对双绞线，需要依据工业色彩编号标准，挑选出 10 种不同的色彩进行标识。当大对数电缆的线对数量小于 25 对时，则依据工业色彩编号标准，挑选足够的色标（从第 1 对双绞线色标到需要的线对色标编号）。例如，AT&T 公司就选择蓝、橙、绿、棕和黑色为主色，红、灰、紫、黄和白色为环标色。

42. 核芯结构是什么？ 核芯包裹、核芯屏蔽的要求是什么？

在大对数电缆的双绞线对数超过 25 对时，核芯应该以 25 对线为一组分成几个小束，各组线束分别捆扎。每个小束外使用彩色捆绑带进行区分。

大对数电缆的核芯需要用 1 层或几层材料进行包裹，材料应该具有足够的厚度，以保证整根大对数电缆可以达到足够的抗外力强度、绝缘强度或者防水要求。

在必要的条件下，可以对大对数电缆提出屏蔽的要求，此要求就是通过增加核芯外包裹层中金属屏蔽材料的数量实现的。

43. 电缆交接箱的功能是什么？ 有哪些种类？

交接箱是设置在用户线路中用于主干电缆和配线电缆的接口装置，主干电缆线对在交接箱内按一定的方式用跳线与配线电缆线对连接，可做调配线路等工作。交接箱主要由接线模块、箱架结构和机箱组装而成。按安装方式不同交接箱分为落地式、架空式和壁挂式 3种，其中落地式又分为室内和室外两种。落地式适用于主干电缆、配线，电缆都是地面下敷设或主干电缆是地面下，配线电缆是架空敷设的情况，目前建筑内安装的交接箱一般均为落地式。架式式交接箱适用于主干电缆和配线电缆都是空中杆架设的情况，它一般安装于电信

杆上，300对以下的交接箱一般用单杆安装，600对以上的交接箱安装在双杆上。壁挂式交接箱的安装是将其嵌入在墙体内的预留洞中，适用于主干电缆和配线电缆暗敷在墙内的场合。交接箱的主要指标是其容量，交接箱的容量是指进、出接线端子的总对数，按行业标准规定，交接箱的容量系列为300对、600对、900对、1200对、1800对、2400对、3000对、3600对等规格。落地式交接箱的外形如图10-12所示。

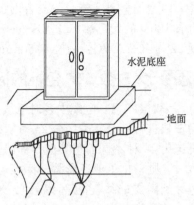

图10-12　落地式交接箱的外形

44. 电缆分线箱与分线盒的作用是什么？有哪些种类？

　　分线箱与分线盒是电缆分线设备，一般用在配线电缆的分线点处，配线电缆通过分线箱或分线盒与用户引入线相连。分线箱与分线盒的主要区别在于分线箱带有保险装置，而分线盒没有；分线盒内只装有接线板，而分线箱内还装有一块绝缘瓷板，瓷板上装有金属避雷器及熔丝管，每一回路线上各接2个，以防止雷电或其他高压电流进入用户引入线。因此分线箱大多用在用户引入线为明线的情况，而分线盒主要用于不大可能有强电流流入电缆的情况，一般是在室内。分线箱（盒）的接线端对数有20、30、50、60、100、200等几种，安装方式有壁盒式、壁挂式等。分线箱的内部结构如图10-13所示。

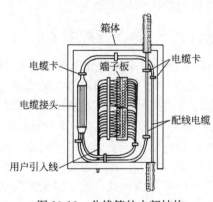

图10-13　分线箱的内部结构

45. 用户引入线和用户出线盒的作用是什么？

用户引入线一般采用导体直径为 0.5mm 的双绞胶皮铜线或同样直径的双股平行胶皮铜线。用户出线盒是用户引入线与电话机带的电话线的连接装置，其面板上有 RJ45 插口。目前很多地方采用组合式用户话机出线盒，它由一个主话机插口和若干个副话机插口组成。用户出线盒一般暗装于墙内，其底边离地面高度一般为 300mm 或 1300mm。

第 十一 章

扩音音响广播系统

1. 扩音系统可以分为几类？

扩音系统可大致分为三种类型：扩音音响系统、公共广播系统、同声翻译系统。

（1）扩音音响系统　扩音音响系统，简称为音响系统，常见于各种场、馆、厅、堂以及楼宇等地方。因为这种系统服务范围相对较集中，功放设备与扬声设备间的距离近，传输线路短，故一般采用定阻抗输出方式，将功放的输出信号直接传送给扬声设备，这样可以减小失真。为了最大限度地提高保真度，传输线（喇叭线）要求采用截面积大的多股铜心线，即所谓的"发烧线"。

（2）公共广播系统　这种系统常用于大型商场、宾馆、工厂、学校等企事业单位内。因为这种系统服务区域分散，放大设备与每个扬声设备间的距离远，需要用很长的电线将二者连接起来，故这种系统又称为有线广播系统。为了减小传输线路引起的损耗，这种系统的信号输出采用高电压传输方式。很多公共广播系统还兼作火灾警报等紧急广播使用，遇到非常情况时，系统将被强行切换为紧急广播状态。这种系统的广播线路应采取防火措施，并应使用阻燃型或耐火型电线。

（3）同声翻译系统　同声翻译系统，这种系统用于需要将一种语言同时翻译成两种及其两种以上语言的礼堂、会议厅等场合。它的特点是一般没有大的扬声器，只有耳机，且输出功率相对较小。同声翻译系统根据信号传输方式分为有线和无线翻译系统二类。有线翻译系统是通过电线传输网络向固定位置传送翻译语言信号的，无线翻译系统的信号传输通常有几种形式，但性能最好。

2. 组合音响如何组成？

组合音响又称为声频系统或电声系统。它一方面是指电影院、剧院、歌舞厅等娱乐场所中用来扩音的设备的组合，以及电台、电视台、电影制片厂、唱片厂等单位用来录音的设备的组合。另一方面也包括楼宇中用来欣赏音乐、收听节目或卡拉 OK 用的设备的组合。组合音响通常由音频放大器、音频信号源、电声换能器及音频信号处理设备等几种音响设备组合而成。

3. 音频放大器分为几部分？

包括前置放大器、话筒放大器、唱头放大器、线路放大器、混合放大器等（通常统称为"前级"），以及功率放大器（通常称为"后级"）。购买或制作音频放大器时，可以前、后级分开买或分开制作，也可以合并购买或制作。"前后级"通常称为扩声机或合并式放大器。

4. 音频信号源包括哪些？

它包括话筒（传声器）、电唱机、CD 唱机、磁带录音机和调谐器等。它们分别播放演唱、唱片、CD 唱片、录音带和电台的广播节目等。

5. 电声换能器包括哪些？

如扬声器（喇叭）、耳机和话筒（传声器），前两种是把电能转换为声能的换能器，而话筒则是把声能转换为电能的换能器。而传声器同时也是一种信号源，它能提供讲话、唱歌或乐队演奏等信号给音响系统。

6. 音频信号处理设备包括哪些？

它包括图示均衡器、环绕声处理器、延时/混响器以及压缩/限幅

器和口声激励器等，称为信号处理设备，其作用是对声音信号进行加工美化。

7. 什么是楼宇音响系统？

通常把楼宇用的音响系统称为楼宇音响系统或组合音响设备，而把歌舞厅、剧场、电影院等场合使用的音响系统称为专业音响系统。专业音响系统的最主要特征是配备了一台调音台作为音响系统的中心。调音台其实是音频放大器和处理设备的一种组合，楼宇音响一般不用调音台，而是以前置放大级或前后级（扩声机）作为中心组成音响系统。

8. 楼宇音响系统如何组成？

图 11-1 所示为一个楼宇音响系统组成的方框图。

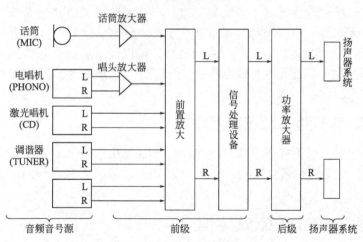

图 11-1　楼宇音响系统的基本组成

9. 楼宇影院由几方面组成？

楼宇影院由三个方面组成，放映厅应是家中的小客厅或专门设置的视听室，影视设备应是一套完整的楼宇 AV 中心组合，附属设施应是家中的沙发、桌椅、帷帐、窗帘等物。在这里影视中心设备或者说

AV 中心设备，是楼宇影院的主要部分，它由视频和音频设备两部分组成，主要应包括 AV 放大器（又称功放）、音箱、大屏幕电视机（或投影机）、激光影碟机（或高保真录像机）等。楼宇影院系统又经常称为视听中心系统，楼宇影院的图像和音响质量，应当达到或接近标准立体声影院的水平，其组成如图 11-2 所示。

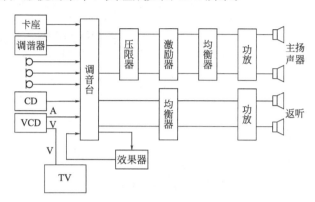

图 11-2　楼宇影院的组成

10.　驻极体话筒由几部分构成？

驻极体话筒由声电转换和阻抗变换两部分组成。它的内部结构如图 11-3 所示。

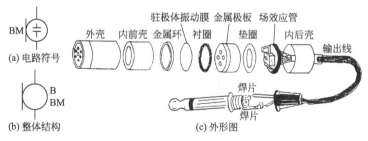

图 11-3　驻极体话筒的结构

驻极体膜片遇到声波振动时，会产生随声波变化而变化的交变电压。它的输出阻抗值很高，约几十兆欧以上，不能直接与音频放大器相匹配，所以在话筒内接入一个结型场效应晶体管来进行阻抗变换。

11. 什么是动圈式话筒？结构是什么？

动圈式话筒又称为传声器，俗称话筒，音译作麦克风。它是声-电换能器件。

动圈式传声器的结构如图 11-4 所示。

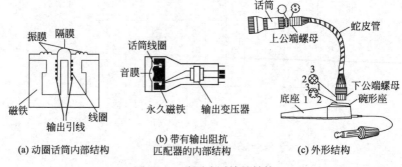

(a) 动圈话筒内部结构

(b) 带有输出阻抗匹配器的内部结构

(c) 外形结构

图 11-4　动圈式话筒的结构

动圈式传声器由振动膜片、可动线圈、永久磁铁和变压器等组成。振动膜片随声波压力振动，并带动着和它装在一起的可动线圈在磁场内振动以产生感应电流。该电流随着振动膜片受到声波压力的大小而变化。声压越大，产生的电流就越大；声压越小，产生的电流也越小（通常为数毫伏）。为了提高它的灵敏度和满足与扩音机输入阻抗相匹配的要求，在话筒中还装有一个输出变压器。变压器有自耦和互感两种，根据初、次级圈匝数比不同，其输出阻抗有高阻低阻两种。话筒的输出阻抗在 600Ω 以下的为低阻话筒；输出阻抗在 10000Ω 以上的为高阻话筒。目前国产的高阻话筒，其输出阻抗都是 20000Ω。有些话筒的输出变压器次级有两个抽头，它既有高阻输出，又有低阻输出，只要改变接头，就能改变其输出阻抗。

12. 扬声器如何分类？

扬声器的分类方法很多，种类也很多。按辐射方式分，有直接辐射式、间接辐射式（号筒式）、耳机式等；按驱动方式分，有电动式、电磁式、电压式、静电式、数字式等；按重放的频带宽度分，有低频式、中频式、高频式、全频式；按振膜形状分，有锥形、球顶形、平板形、平膜形等；按磁路形式分，有外磁式、内磁式、屏蔽式、双磁路式等；按磁体分，有励磁式、普通磁体（铝、镍、钴等）式、铁氧体式等。

13. **纸盆扬声器的结构是什么？ 工作原理是什么？**

纸盆扬声器的结构如图 11-5 所示。主要由振动系统（锥形纸盆、折环及音圈等）、磁路系统（永磁体、极芯及导磁体等）、辅助装置（盆支架、定心支撑片及垫圈等）等 3 部分组成。其中，音圈是扬声器的驱动元件，用铜线在纸管上分两层绕几十圈，放在导磁芯柱与导磁铁构成的磁缝隙当中。纸盆又称振膜，音圈振动带动纸盆振动。纸盆的质量轻且刚性好，厚度为 0.1～0.5mm。纸盆的重量、薄厚、大小、软硬等，对重放声音的音色、音质有很大影响。近年来，边缘折环也作了很大改进，可降低谐振频率，提高音质。定心支撑片可保持纸盆与音圈的相对位置确定，且不倾斜。

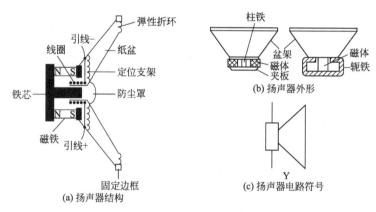

图 11-5　纸盆扬声器的结构外形

14. **球顶形扬声器的结构是什么？ 工作原理是什么？**

球顶扬声器与纸盆扬声器的工作原理相同，基本结构如图 11-6 所示。它的振膜不是锥形，而是近似半圆球形的球面，球面直径多为 25～70mm。振膜的材料、形状等直接影响放音的质量，它主要由两

种材料制成，一种是硬球顶形振膜，多采用铝、钛、镁、硼等类的合金；另一种是软球顶形振膜，多采用浸渍酚醛树脂的棉布、绢、化纤及橡胶类材料。前者音质清脆，轮廓边缘声音清晰，适合重放现代音乐；后者柔和细腻，但高音稍不足，适合重放古典音乐。球顶形扬声器具有频带宽，指向性好、瞬态特性好、失真小等优点，但放音效率较低，多用作高频扬声器或中高频扬声器。它经常与低音纸盆扬声器共同组合使用。

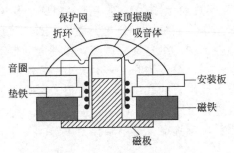

图 11-6　球顶扬声器结构图

15.　号筒扬声器的结构是什么？工作原理是什么？

号筒扬声器外形如图 11-7 所示，它的工作原理与纸盆扬声器相同，但声音辐射方式不同。纸盆扬声器是将声音从振膜（纸盆）直接辐射出去，而号筒扬声器是振膜振动后，声音经号筒扩散出去，它是间接辐射式扬声器。号筒扬声器包括驱动单元（又称音头）和号筒两部分。驱动单元与球顶扬声器相似，振膜做成球顶形或反球顶

图 11-7　号筒扬声器外形

形。而号筒的形状也有多种，主要有圆锥形、指数形、双曲线形等。这种扬声器的最大优点是效率高，非线性失真比较小，缺点是重放频带较窄。在高保真放声系统中，多用作高频或中频扬声器。

目前，在众多扬声器家族中，有一种带状式扬声器很值得一提。它的重放频段以中高频段为主，振膜材料以金属合金（特别是铝合金）为主，因而许多带状式中高音被称为铝带式中高音。带状式扬声器的振动准确性极佳，再加上它的振膜多以优质刚性材料制作，使它

在中频、中高频段的再现十分丰富，使人声、打击乐、弦乐等表现出最佳的柔韧力度。但这种扬声器的制作工艺复杂，调校难度大，主要应用于高档的 Hi-Fi 音箱设计。

16. 什么是扬声器的标称尺寸？

标称尺寸是指扬声器盆架的最大口径，其中圆形扬声器的直径范围为 40～460mm，在该范围内可有十几挡级别。通常，扬声器的口径越大，所能承受和输出的功率越大。口径越大，其低频特性越好，重放频率的下限频率越低；但口径越小，未必高频特性越好，即使扬声器的口径相同，由于设计工艺不同，电性能可有较大差异。

我国统一规定，使用汉语拼音及数字表示扬声器的型号。表 11-1 是我国扬声器系统的命名法。例如 Y 代表扬声器，D 代表电动式，G 代表高音等，数字表示该扬声器的外径尺寸、额定功率及序号等。例如 YD165-8，Y 表示扬声器，D 代表电动式，165 表示口径是 165mm，8 是厂内序号。再例如，YH-25-1 代表号筒式扬声器，额定功率为 25W，序号为 1。

表 11-1 我国扬声器系统命名法

项目	名称	简称	符号
主称	扬声器	扬	Y
	扬声器系统	扬系	YX
	音柱	扬柱	YZ
	扬声器箱	扬箱	YA
分类	电磁式	磁	C
	电动式（动圈式）	动	D
	压电式	压	Y
	静电式、电容式	容	R
	驻极体式	驻	Z
	等电动式	等	E
	气流式	气	Q

续表

项目	名称	简称	符号
	号筒式	号	H
	椭圆式	椭	T
	球顶式	球	Q
特征	薄形	薄	B
	高频	高	G
	立体声	立	L
	中音	中	Z

17. 什么是扬声器的标称功率？

扬声器的功率是一项重要指标，也是选用扬声器的重要依据。但是功率的分类很多，定义方法和测量方法也很多，国际上尚未统一做出规定。

通常，标称功率是指扬声器能保证长时间连续工作而无明显失真的输入平均电功率，又称为额定功率、连续功率等。此外，还有最大功率、最大音乐功率、瞬时重大功率等指标，这些指标都不同于标称功率，而且都大于标称功率。一般，标称功率约为最大功率的一半。在实际音乐信号当中，有时信号峰值功率可超过额定功率许多倍，为了保证不烧毁扬声器且有良好音质，在音乐峰值时不应出现明显失真。扬声器可供利用的功率必须留有相当大的余量，这个最大的音乐功率就是最大音乐功率。某些声音是猝发性的脉冲信号，例如打击乐、枪炮声等，它们是持续时间很短的强烈声音，这种声音的最大功率称为瞬态最大功率，其值可能达到额定功率的 10 倍。

有时技术指标里会给出扬声器的最大承载功率和最小推荐功率两个数值。扬声器引起明显损伤前所能接受的最大电功率，是最大承载功率。在实际使用时，不要超过该值的 2/3，以保证扬声器的安全。最小推荐功率是指产生合适的声压级所需要的输入电功率，若小于此值则扬声器不能良好地工作。

18. 什么是扬声器的标称阻抗？ 如何检测？

扬声器音圈引出线两端的阻抗值不是固定值，该值随工作频率的变化而明显变化。阻抗与频率的关系可用阻抗特性曲线来表示，如图11-8所示。图中，曲线低频段有一个突起的高峰，f_0 扬声器的低频谐振频率，在 f_0 处谐振阻抗达到最大值。若把扬声器等效为机械振动系统，f_0 是该机械系统的机械振动谐振频率。在高于谐振频率的一个频率段（一般位于 $200\sim400\,Hz$ 附近），还出现了一个反谐振峰，阻抗出现最小值。一般该最小值是谐振阻抗值的 $1/5\sim1/8$。该最小阻抗值称为扬声器的标称阻抗，或称为额定阻抗。扬声器的额定阻抗值有 16Ω、8Ω、4Ω 等。标称阻抗并不等于扬声器音圈的直流电阻，通常为音圈电阻的 $1.05\sim1.1$ 倍。根据这个规律，可由音圈直流电阻值估算扬声器的标称阻抗。例如，用万用表测得音圈直流电阻约为 7.5Ω，则标称阻抗为 $7.5\times1.06=8\Omega$。

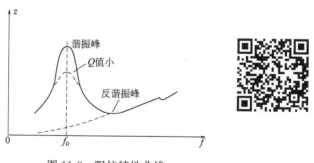

图 11-8 阻抗特性曲线

扬声器工作在谐振频率附近时，扬声器输出声压最高，灵敏度最大，但再现声音的失真也最明显，甚至破坏整个频段的放音质量，这是非正常工作状态，应当尽力避免发生这种现象。

19. 什么是扬声器的频率响应（有效频率范围)？

频率响应是指扬声器的主要工作频率范围，又称为有效频率范围。如果对扬声器施加恒压信号源，而信号源由低频率向高频率变化时，扬声器产生的声压将随频率变化而变化。由此可得出如图 11-9

所示的扬声器的声压-频率特性曲线，又称为频率响应曲线。国际规定了扬声器能够重放声音的有效频率范围：在扬声器声压-频率特性曲线中，取峰值声压附近一个倍频程的平均声压，再取出比平均声压降低 10dB 的频率范围，如图示的 $f_1 \sim f_2$ 范围，就是有效频率范围。该频率范围越宽，声音重放特性越好。

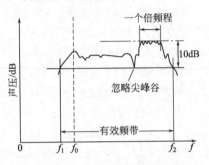

图 11-9　声压-频率特性曲线

优质扬声器的声压-频率特性曲线，在频率响应范围内不应出现明显的峰谷，起伏不应超过 ±1dB。在低音区出现"峰值"，将使音箱发出"隆隆"声，而出现"谷值"时，将使音箱缺少临场感。

20. 什么是扬声器的灵敏度？

灵敏度是扬声器的另一项重要指标，可用它量度扬声器电信号转换为声音的效率。灵敏度高的扬声器，输入较小电功率就能推动它，并放出较大音量；反之，则需要较大电功率来推动它。扬声器的电-声转换效率都比较低，特别是纸盆扬声器的效率只有 0.5%～2%，原因是输出能量基本都以热能形式消耗在音圈电阻上了。目前扬声器灵敏度的定义和测量方法不统一，通常是指：当给扬声器加以 1W（瓦）电功率的信号时，在距扬声器轴线 1m（米）处所测得的声压级。所加入信号不同，灵敏度又有不同名称，当所加信号是粉红噪声时，称为特性灵敏度；当所加信号是不同频率的正弦信号时，称为平均特性灵敏度。此外还有其他定义方法。由于声压级的单位用 dB 表述，因而灵敏度的单位用 dB/（W·m）表示。

这里解释一下噪声源的概念。在声学测量中经常使用一些噪声信号，其中，粉红噪声是指一种在任何相对带宽内功率相等的无规律噪声。它不同于白噪声，白噪声是指在任何绝对带宽内功率相等的无规律噪声。白噪声信号经过－3dB/倍频程的衰减网络后，就变成了粉红噪声。

扬声器的灵敏度值分布在 70～110dB 之间，一般楼宇音箱选在 88～92dB 之间较好。

21. 什么是扬声器的指向性？

指向性是指扬声器声波辐射到空间各个方向的能力，一般用声压级-辐射角特性曲线来表示，称此曲线为指向性曲线。通过观测指向性曲线，可了解不同方向与 0°方向时声压级变化的规律。

研究表明，扬声器的指向性与声音频率有关。一般 300Hz 以下的低音频没有明显的指向性，高频信号的指向性较明显，频率超过 8kHz 以后，声压将形成一束，指向性十分尖锐。某些音箱在不同方向上排列几个高音单元，就是为了改善指向性。指向性还与扬声器口径有关系，一般口径大者指向性尖锐，口径小者指向性不明显。扬声器纸盆的深浅也影响指向性，纸盆深者高频指向性尖锐。在普通高保真听音室里，不希望扬声器的指向性太尖锐，否则易造成最佳聆听空间位置过于狭小。

有时，指向性以指标形式给出，例如指向性 0.05Hz～16kHz 120°±6dB，它表示听音者在扬声器中轴两侧 60°范围内走动，所听到的 0.05Hz～16kHz 频率范围内的声音响度应当基本相同，误差不超过±6dB。如果以上数据没有标注±6dB，仅标有 120°则将失去价值。

22. 什么是扬声器的失真度？

失真度也是扬声器的重要指标。失真反映为重放声音与原声音有差异，不能完全如实地重放原声音。失真的种类很多，常见的有谐波失真、互调失真、瞬态失真等。一般扬声器的失真应当小于 5%，大于此值后人耳就会有明显察觉。

23. 扬声器的其他性能指标还包括哪些？

还有些指标，例如品质因数 Q。Q 值对应于等效 RLC 网络的品

质因数。Q 值大，扬声器效率高，但瞬态特性差；反之，效率低，瞬态特性好。Q 值也可决定扬声器的低频特性。Q 值越小，阻尼效果越好，但 Q 值不宜过小，否则将造成扬声器重放低音不足。一般低音扬声器的 Q 值应在 0.2～0.8 范围内。一般倒相式音箱应当选用 0.3～0.6 的扬声器，而封闭式音箱应选用 Q 值大于 0.4 的扬声器。

24. 常见的音箱有哪些？

音箱是整个音响系统的重要组成部分。音箱的性能主要决定于扬声器的质量，其中低音频的放音质量又与箱体的结构、尺寸有很重要的关系。实际上，音箱的主要作用是改善低音频的放音效果，优质音箱可以体现低音扬声器原有的性能，还可以拓宽它的重放下限频率，降低放音失真，提高辐射效率。其次，音箱体可对高、中音扬声器起到组合和固定作用。通常音箱由扬声器、箱体和分频网络等组成。常见音箱形式有开敞式、封闭式、倒相式、迷宫式、音柱式等，在常见的高保真音箱当中，主要是封闭式音箱和倒相式音箱，其结构如图 11-10 所示。

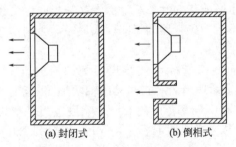

(a) 封闭式　　　　　　(b) 倒相式

图 11-10　封闭式和倒相式音箱

25. 封闭式音箱的工作原理是什么？

封闭式音箱除了扬声器口外，其余全部密封。扬声器锥盆前后被分割成两个完全隔绝的空间，扬声器振膜前后两边发出的声音具有相反的相位，但两种声波不能互相叠加和抵消，可有效地防止发生互相干涉的现象。箱体是完全密封的，振膜振动引起强劲有力的机械波，它使箱内空气反复被压缩和膨胀，这就要求箱体是一个十分坚固的刚性箱，有泄漏声波，音箱板也不得跟随振动。

26. 封闭式音箱的特点有哪些？

封闭式音箱内贴附有较厚的吸音材料，可以吸收声波，以使有效地防止声短路，即防止入射波与反射波的相互抵消。由于向箱体后面辐射的声能无法利用，因而密封式音箱的放音效率比较低。

封闭式音箱的容积有限，在振膜背面会形成一个空气"弹簧"，使扬声器系统的谐振频率升高，使低频响应变坏。可知，谐振频率不太低的扬声器不宜作封闭式音箱；橡胶边式扬声器的谐振频率比较低，较适于作封闭式音箱。

封闭式音箱体积比较小，很适于摆放在空间较小的厅室内。一般书架式、悬挂式音箱等都可做成封闭式音箱。

27. 倒相式音箱的箱体结构是什么？

在封闭式音箱前面板上再加一个出音孔，此孔称为倒相孔，同时在倒相孔后面安装一段导声管，称为倒相管，就构成了倒相式音箱。倒相孔内的空气可与锥盆起相似的作用，形成一个附加的声辐射器，如果倒相孔的口径和长度合适，可使箱内空气的力顺和倒相孔内的空气质量发生共振，并将声波相位倒相 180°。这样处理后，锥盆背后的辐射声波可以通过倒相孔辐射到音箱前面来，当音箱的共振频率等于或稍低于扬声器共振频率时，倒相孔辐射声波与音箱前面声波进行同相位叠加，则提高了音箱的效率，可明显地改善低音效果，可降低扬声器的谐振频率附近的失真。

28. 倒相式音箱的特点是什么？

封闭式音箱的缺点是把锥盆后面辐射的声波完全吸收掉，使大约 1/2 的声能被浪费掉了。设置倒相孔后，充分利用了扬声器的后辐射声波，使听音房间的低频辐射强度明显提高，并扩展了低频重放的下限频率。

封闭式音箱在其共振频率附近锥盆振幅最大，由定心支撑片等非线性位移所引起的失真也最大。设置倒相孔后，倒相孔空气质量的声阻作用，使共振频率附近锥盆振幅为最小，可使非线性失真减到最小，改善了音质。在大音量输出时，这个优点可显示出更明显的效果。

倒相式音箱的容积可小于封闭式音箱。若要求重放下限频率相同，倒相式音箱的容积可减小到封闭式音箱的 60%～70%。另外，倒相式音箱的共振频率可设计为等于甚至低于扬声器共振频率，故倒相式音箱可使用较廉价的纸盆扬声器。

倒相式音箱也有些缺点。在音箱谐振频率以下的低频带辐射声压级衰减比较快，易产生低频"隆隆"声；另外，倒相式音箱的箱体和结构比较复杂，制作和调校麻烦一些。

29. 音箱的性能指标是什么？

扬声器是音箱的主体，音箱的技术指标基本上就是扬声器的性能指标。音箱的技术指标基本上可用扬声器的性能指标来体现。当然，分频网络的作用也很重要。音箱的技术指标和扬声器一样，可用标称功率、频率响应、灵敏度、指向性、标称阻抗、失真度等来描述。

30. 音响系统对音箱的技术要求有哪些？

音箱必须与功率放大器、音源结合起来才能正常工作，特别是音箱必须与功率放大器协调配合，音箱才能正常放音。音箱与功率放大器的配合，主要表现在以下几个方面。

（1）功率配合　通常，音箱的额定功率应当接近于功放的额定功率，功率不匹配会造成器材浪费，还容易出现事故。例如功率放大器的额定功率远大于音箱的额定输入功率，当功率放大器的输出功率过大时，可能损坏音箱；但功率放大器的额定功率过小时，又可能推不动音箱或音量不足。

音箱所消耗的功率应是低、中、高音扬声器馈入功率的总和。由于不同声音的频谱结构不同，分频点频率不同，各个扬声器馈入功率也可能不同。例如，重放中国民族音乐时，中、高音的功率比重往往大于低音功率；而重放迪斯科乐曲时，大部分功率都消耗于低音扬声器。在一般情况下，低音单元承受功率最大，约占系统总功率的 50%～70%；中音单元承受功率小于总功率的 50%，可选为低音功率的一半左右；高音单元承受功率更小些，在 2 分频系统中小于总功率的 30%，在 3 分频系统中小于总功率的 15%。

一般楼宇影院当中，主音箱实际承受功率多在 10～150W 范围内，环绕音箱的承受功率多为 $10\sim50W$；而中置音箱的承受功率则与杜比环绕解码电路的中置模式有关，"普通"方式时，可与环绕音箱功率相近，"宽广"方式时，则与主音箱功率相近。

（2）功率储备量　通常，功率放大器和扬声器系统的功率输出都不应处于极限运用状态，它们实际消耗的功率（或称平均消耗功率）应比额定功率小得多，也就是说，功率放大器和扬声器系统都应当有足够的功率储备。如果把最大功率与实际消耗功率的比值称作功率储备量，建议高保真系统的功率储备量为 10 倍。

音乐的强音和弱音的声压级可以相差极大，窃窃私语与炮声雷鸣的消耗功率可以相差 100dB。如果功率储备量较大，平时消耗功率较小，在大信号时仍可保证大功率输出，可确保放音质量，尤其是现代音乐的动态范围大，经常出现脉冲性猝发信号，功率储备量大一些，有利于提高放音系统的跟随能力，避免在强大信号时发生限幅削波失真，实现高保真重放。

（3）阻抗匹配　音箱的额定阻抗值应与功率放大器的额定负载阻抗一致，实现前后级的阻抗匹配，以取得音箱的最大不失真功率。否则额定输出功率将减小，信号失真度加大，甚至损坏元器件。

（4）阻尼系数要合适　功率放大器的阻尼系数是指功放负载阻抗（即音箱系统的等效阻抗值）与功率放大器的输出内阻之比（通常希望该值大一些）。实际上，阻尼系数决定了扬声器振荡的电阻尼量，阻尼系数越大，振荡的电阻尼越重。扬声器系统所受总阻量是机械阻尼、声箱阻尼和电阻尼之和，它直接影响着扬声器的瞬态响应指标，可造成声频信号的波形变化。

（5）频响特性匹配　楼宇影院音箱的频响特性与 Hi-Fi 音箱有些差别，楼宇影院系统的伴音格式不同时（例如杜比定向逻辑、楼宇 THX、杜比 AC-3 等），对各个音箱的要求也有些差别。例如对杜比定向逻辑环绕声系统来说，前置左右主声道的放音频率范围应达到 $0.02Hz\sim20kHz$，且响应平直均匀，以便能够兼顾 Hi-Fi 音乐欣赏。中置音箱的高频响应基本达到 20kHz，而低频下限值与中央模式种类有关。在"正常"模式时下限频率约为 100Hz（$-3dB$ 时），在"宽广"模式时下限频率为 $60\sim80Hz$。环绕音箱的高频响应为 7kHz（$-3dB$），而低频响应约为 80Hz。对超低音箱来说，其输出呈带通

型，高端约 150Hz，低端为 20～30Hz。

如果采用大中型落地音箱作主音箱，重放下限频率应能达到 40Hz（－3dB），若能够再向下延伸更好。此时不加设超低音箱，也能获得较好的低音重放效果。如果采用书架式音箱作主音箱，重放下限频率不可太低，但至少也应能达到 80Hz，尽量不用微型音箱作主音箱。选择中置音箱时，应尽量与主音箱相近似。通常环绕音箱的频响为 0.06Hz～8kHz，但为了进一步适应楼宇 THX 和杜比 AC－3 系统的要求，它的频响范围应当尽量宽阔一些。超重低音音箱对重放爆棚音响、增强震撼感、临场感有重要意义，其重放下限频率最好达到 20Hz，至少应达到 40Hz。现代影碟的低音频已经达到 10Hz 以下，而且能量不小。

31. 什么是分频网络？

目前，仅仅使用一个扬声器放音，很难实现重放声音的全频带。为此，都使用扬声器组合方式来实现全频带放音，每个扬声器分管不同的频率范围。使各个扬声器工作在各自指定频段的任务，是依靠分频网络来实现的。分频网络在音箱系统中起着灵魂和心脏的作用，它调度着各种不同音乐信号送往不同的扬声器发声。

32. 分频网络的具体作用是什么？

让一个扬声器工作在全音域发音是困难的，但使扬声器工作在某个频段是容易的，将各个扬声器的不同工作频段结合起来，就可构成声音的全频带，而且可使重放声音在全音域内均匀、平衡。例如，低频扬声器经常在 1.5～3kHz 附近有明显的峰谷，使用分频网络可将 1.2kHz 以上的声音送往中、高音扬声器，而不再送到低音扬声器，从而保证了平坦的频响特性，改善了频响且展宽了频带。其次，利用分频网络使各扬声器重放一段声频，可使声能得到充分利用，显著提高了重放效率。例如，高频声能被送往高音扬声器，而不会再送往低音扬声器，白白浪费掉。还有，可起到保护中音和高音扬声器的作用。人耳对高、中音频的听觉灵敏度较高，对低音频听觉较迟钝，为了听觉均衡，应向低音扬声器多输送低频能量。采用分频网络后，可防止低频大幅度信号串入高、中音扬声器；否则容易引起其振膜过度振动，造成声音失真，甚至损坏音圈、膜片。

33. 按分频网络的位置可将分频网络分为几类？

分频网络根据其在音响电路中的位置不同，可分两种。

第一种是功率分频器，它被放置在功率放大器与扬声器之间。它将功率放大器输出的音频信号分频后，按不同频段分配给不同的扬声器。这种处理方法，电路和制作都简单，成本低，使用方便；缺点是分频网络要承受很大的音频功率和电流，所需分频电感体积较大，它插入电路后将影响扬声器的阻抗特性。

第二种是电压分频器，它被放置在前级电压放大器和后级功放之间。这种分频方法，工作电流小，可使用小功率电子有源滤波器进行分频；但各分频通路需设置各自独立的末级功放，成本高，电路复杂，使用较少。

34. 分频网络按与负载的连接方式可分为几类？

分频网络实为 LC 滤波器。若这些网络并联于扬声器系统两端，称为并联式分频器；若这些网络与扬声器系统串联使用，则称为串联式分频器。串联式在阻带时对扬声器有较好的阻尼作用，并联式制作、调整方便。目前多使用并联式分频器。

35. 按分频段数可将分频网络分为几类？

若把整个音频分成两个部分，需设置 1 个分频点，采用 2 分频网络；若把整个音频分成为 3 个部分，需设置 2 个分频点，采用 3 分频网络；还可以把音频段分成更多个频段，采用多分频网络。实际高保真放音系统，多采用 2 分频和 3 分频法。2 分频网络实际上是高通滤波器和低通滤波器的组合，而 3 分频网络则是高通、低通和带通滤波器的组合。通常，2 分频网络的分频点多在 $1\sim3kHz$ 之间选取；3 分频网络的第 1 分频点多取在 $0.25Hz\sim1kHz$ 之间；第 2 分频点多取在 $5kHz$ 附近。分频点的选取主要由扬声器的频率特性和失真度来决定。选分频点时，应尽量保留扬声器频响曲线的平坦部分，将明显的峰谷和失真点取在分频点之外；中、高音扬声器的分频点要离开其低频截止频率。

现在也有人主张，应使音箱在 $80\sim150\text{Hz}$ 和 $1.5\sim3.5\text{kHz}$ 附近的响应得到提升，给用户以低音雄厚且明亮度较高的感受。

36. **按分频网络的衰减率可将分频网络分为几类？**

也可以按分频点以外截止带的信号衰减率来划分分频网络。衰减率用每倍频程（用 oct 表示）信号的衰减量来量度，它反映分频点外频响曲线下降的斜率值。斜度越大，衰减率越大。例如，衰减率为 -6dB/oct，是指截止频率外（例如 f_c）每增加该频率值 1 倍（即为 $2f_c$）时，信号衰减率 6dB，即衰减为 $1/2$。分频网络的衰减率有 -6dB/oct，-12dB/oct，-18dB/oct，-24dB/oct 等几种。常用的衰减率为 -6dB/oct 和 -12dB/oct 两种，这两种分频电路上每路元件数为 1 个（或 1 组）、2 个（或 2 组）LC 元件。所用网络分别称为 1 阶网络和 2 阶网络。高阶分频网络的衰减率很大，频率分割效果更理想，但使用元件增多，信号移相加大，调整困难，插入损耗大，截止带非一性畸变加剧，故使用较少。

37. **分频网络的电路如何构成？**

分频网络是由各种滤波器组成的，图 11-11 给出了几种分频网络的具体电路。

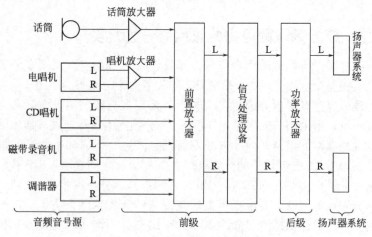

图 11-11　几种常见的分频网络

38. 什么是功放机？

AV 放大器又称为 AV 扩音机、AV 功放等，它在楼宇影院系统中作为整个系统的核心，起承上启下的作用。实际上，它起着控制整个系统的作用，故又称 AV 控制中心。

归纳起来，楼宇 AV 放大器主要有三个任务，第一是完成对众多的视、音频输入信号的选择作用，对同一套信号源的输入音频和视频信号进行同步切换，不能发生失调或时间延迟等现象。第二是对编码的声音信号进行解码，对声音信号进行 DSP 处理，完成数字声场模式的变换，这是一项十分重要和繁杂的任务，通常利用大规模集成电路和微处理器来完成繁重的运算和控制任务。第三是对解码输出的多声道信号进行功率放大，去推动各路扬声器系统，最后可重放出影剧院那样的声场效果。

39. AV 放大器如何组成？

根据 AV 放大器的三项主要任务，AV 放大器应当设置多路功率放大器、音频信号处理电路和 AV 信号选择电路共三部分电路。另外，现代 AV 放大器还都要设置屏幕显示和控制电路、遥控电路系统等。图 11-12 是常见杜比环绕声式 AV 放大器的组成方框图。各种视、音频信号由 AV 信号选择器进行选择和切换，将视频信号送到视频同步增强电路后，再送到图像显示器。而音频信号送到音频信号处理电路后，再送到多路功放输出电路。视频和音频信号的工作状态可用遥控器操作控制，可用显示器进行屏幕显示。

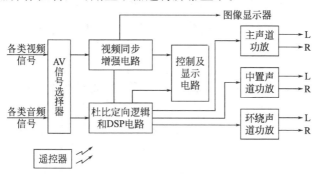

图 11-12　AV 放大器的组成方框图

40. AV 信号选择器的功能是什么？

传统功放的前级对输入信号进行电压放大，不会改变其组成成分，输入信号源的种类也比较少。而 AV 放大器可输入多种视频、音频信号，它的输入信号源种类远远超过了 Hi-Fi 音响系统。AV 信号选择器可连接多种器材，如电唱机、录音卡座、录像机、CD 唱机、激光影碟机（LD 及 VCD）和摄像机等。这些设备的音频和视频信号的输出信号可以同时接到 AV 信号选择器的输入端。各种设备之间的连接和断开工作十分麻烦，容易发生错误，设置 AV 信号选择器后，各种信号的连接不需要再拔下来了。AV 信号选择器可以对各种输入信号进行选择，也可以对输出信号进行选择。利用机内电路可以自动接通和断开信号源，操作安全省事，它还可以对不同信号进行混合编辑，产生不同的音场效果。

对各种信号的选择可利用 AV 放大器面板按键来控制，也可利用遥控器来操作，并能够在显示屏上进行显示。

41. 视频同步增强电路的功能是什么？

由于输入信号源种类多，情况复杂，为确保图像与伴音同步地播放，该同步电路应保证送入 AV 放大器的视频信号与音频信号保持同步切换；并能够对传输中的信号衰落进行补偿校正，以使视频信号不失真地传输，以便得到声音与图像一致的效果。

42. 音频信号处理电路的功能是什么？

该电路是 AV 放大器的核心，又经常称为解码电路。它的工作任务已远远超过了传统的双声道信号的处理任务。它主要由杜比定向逻辑环绕声处理电路和 DSP 声效电路等组成。对已压缩信号进行解压缩，对编码信号进行解码，对音频信号进行数字处理、进行延时混响等。若为 THX 放大器，还应当设置有关的 TH 解码器；若为雅马哈 CinemaDSP 放大器，还应设置独特的数字声场处理电路，还要对音频信号进行 D/A、A/D 转换等；若为杜比 AC－3 解码器，还应当设置杜比 AC－3 数字信号解调装置。通过该音频信号处理电路的模拟或数字处理，可产生更具环绕声、现场感的音响效果。

这部分电路和纯功放电路一样，也要设置音量控制，前置两主声道的平衡调整；通常也设置低音提升装置。

43. 多路功率放大器的功能是什么？

杜比环绕声 AV 放大器不同于双声道功放电路，它至少需要 4 声道功放电路，应包括前置左、右主声道，一个中置声道和一个环绕声道。有时中置声道和环绕声道设置都是两路功放输出电路，这就变成了 6 声道功放输出电路。若再加设超低音输出端口，需加置有源超低音箱，就可说成是 7 路输出，各路声道都有自己的任务，若为雅马哈 CinemaDSP 系统，还应当再加置两路前场环绕声功放输出电路。以便取得最佳的环绕立体声场，实现逼真的空间感、临场感。

这些功放电路既可同时工作，又可分别工作；既可做在一个机壳内，也可做在不同的机壳内。即使同一机壳内，也可采用不同电源供电。比较讲究的多路功放电路，都是将两路前置主声道功放输出电路放在一起供电的，而其他各路输出功放电路，分开来单独供电或者专用其他机壳。这样可确保各输出电路均处于最佳的工作状态，还可以灵活地兼顾播放多声道电影节目和双声道 Hi-Fi 音乐节目。

44. 控制电路和显示器的功能分别是什么？

利用红外遥控信号或面板传输的控制信号，以微处理器为核心的控制电路，可对 AV 放大器进行各种功能的控制，并由显示屏显示工作状态。大多数荧光显示屏宽大醒目，可进行多种功能甚至全功能显示。某些 AV 放大器可实现显示屏与电视机屏幕显示相结合，使显示内容更加丰富详尽。

45. 多路信号接口的功能是什么？

AV 放大器背面设置了多路音频和视频信号接口，便于与各种视听设备相接。许多放大器还在前面板设置了有关接口，有的机壳设置了多路视频端子，为连接多种视听设备提供了方便，以便于显示高画质的图像。

46. 按信号流通顺序可将 AV 放大器分为几类？

一般 Hi-Fi 功放电路由功放前级和功放后级组成，前级是信号输入和预处理电路，后级是功率放大和输出电路。将前后级连接起来就构成了完整的功放系统。AV 放大器也可按此类似方法来分。AV 放大器的前级部分称 AV 前级，或称影音前级电路；AV 放大器的后级部分称为 AV 末级，或称影音末级电路。影音前后级共同组成了 AV 放大器系统。前后级可构成合并式 AV 放大器，也可以构成分体式 AV 放大器。

47. 按声场处理模式的种类可将 AV 放大器分为几类？

目前楼宇影院环绕声系统的基础是杜比环绕声处理系统。它按"4：2：4"程式对音频信号进行编码压缩和解码解压缩。但是随着楼宇影院技术的发展，在杜比定向逻辑环绕声处理系统的基础上，又发展出了数字信号处理 DSP 系统（特别是雅马哈的 CinemaDSP 系统），楼宇 THX 系统，以及杜比 AC-3 系统。上述各种系统的 AV 放大器有相同点，也有明显的不同点。

48. 按声场处理模式的组合方式可将 AV 放大器分为几类？

目前，市场上出售的 AV 放大器大多为前后级合并的综合式 AV 放大器。各种机型的杜比解码器差别很大，可能是最基本的杜比环绕声解码器，也可能是杜比定向逻辑环绕声解码器，或者是又包含了 THX、DSP 或 AC-3 的解码器。各种类型的 AV 放大器价格差别极大，可有天壤之别。

分体式的 AV 放大器情况更为复杂。一类是纯解码器单独成机，再与多声道功率放大器（各路放在一个机壳内）共同组成 AV 放大器系统。而纯解码器可为杜比定向逻辑式、THX 式、DSP 式或 AC－3 式等；或者几种格式组合在一起的纯解码器。还有一种组合方式可能是最佳方式，将纯解码器与中置、环绕声道功放加在一起，构成 AV 前级，或者称为声场处理电路，或称杜比定向逻辑环绕声处理器等，它再与 Hi-Fi 末级纯功放电路结合在一起可构成完整的 AV 放大器。

这种方式的目的，是把 AV 享受与用 Hi-Fi 享受统一起来。既能够用来聆听音乐和歌声，又可以看电影故事片，观赏 MTV 等。这种组合方式可以做到前级电路性能很高，主声道功放电路也十分讲究。最后的这种方式可能是最有发展前途的组合方式。

根据我国的国情，卡拉 OK 演唱活动十分盛行，一些 AV 放大器还附加厂卡拉 OK 功能，使 AV 放大器又成为卡拉 OK 功放，使 AV 放大器的分类情况更加复杂。从 AV 放大器的性能指标看，不宜将卡拉 OK 功能放到 AV 放大器里去，它将明显降低 AV 放大器的性能指标。

49. 综合式 AV 放大器和 Hi-Fi 功放系统的区别是什么？

许多楼宇影院爱好者，也是高保真音响爱好者。前面谈到 AV 放大器具有多种神奇的功能，那么若用 AV 放大器充当 Hi-Fi 功放的角色，这种做法效果如何？严格说，AV 放大器不能胜任 Hi-Fi 功放的作用，充其量只能是低标准地"凑合"。为什么呢？从根本上说，AV 系统与 Hi-Fi 系统是两码事，Hi-Fi 系统刻意地追求顶级音响指标，追求完美无缺的高保真，而 AV 系统的主要精华不在这里，其更注重方便的多功能操作和环绕声场，因而表现有所不同。

此外，由于以下几方面原因，AV 放大器不可能取得 Hi-Fi 效果。

(1) 一些 AV 放大器播放爆破音乐时显得底气不足 通常，AV 放大器工作于多声道输出功率状态下，但也可以工作于立体声双声道输出状态。若设置有"直通"装置（BYPASS），还可将 CD 音源信号直接送到功放后级电路，许多 AV 放大器已经考虑到尽量兼顾 Hi-Fi 音响输出，但是由产品说明书可看到，在 AV 放大器双声道立体声输出状态下，主声道额定功率要比 4 声道环绕声输出状态的额定功率大一些。例如双声道输出时，两个主音箱的额定输出功率为 $100W \times 2$，那么在 4 声道输出时，两个主音箱的输出功率将降低为 $75 \sim 80W \times 2$ 左右。事实说明，AV 放大器的主声道输出功率受总电源能量的影响很大，尤其是播放大动态的声源信号时，经常显得力不从心。这是由于 AV 放大器的总功率消耗较大，其电源功率储量都不

太富余。若想用 AV 放大器（处于 BYPASS 状态）聆听爆棚的交响乐时，在关键时刻就显得底气不足，而 Hi-Fi 功放则显得从容不迫。

AV 放大器对电源的性能指标重视不够，电源变压器容量不足，电源滤波电容不理想，动作速度慢，电源走线不讲究。这些状况都将影响 AV 放大器在大动态条件下的正常工作。

（2）AV 放大器音频走线影响重放的音质　AV 放大器设置多种视频、音频端口，接入多组音频、视频信号源；还要进行遥控操作和荧光显示等。功能很多，造成信号处理比较繁杂，走线多而杂，再加上有些信号线细而长，又较多地使用排线，相互穿插较多，容易造成信号相互干扰。即使采用金属屏蔽线，因导线较细，分布电容对信号传输特性仍有影响，特别是对高音频及其谐波影响最大，使优质信号源原有丰富的高频分量受到不同的衰减或干扰。一些 AV 放大器使用了集成电路音频模拟开关，也会使电路的动态范围、失真、信噪比等参数受到影响，使音质受到影响。即使 AV 放大器处于直通状态，但其他电路和走线仍处于通电状态，仍会对优质信号源造成干扰，在这种情况下将很难深刻领略高保真效果。

（3）各种声场处理电路的信号对 Hi-Fi 音响形成干扰　AV 放大器都要设置声场处理电路，要传输和处理各种脉冲、数字信号，要设置杜比定向逻辑环绕声解码电路，设置 DSP 数码声场处理电路，有的还要设置 TILX 处理电路或杜比 AC－3 解码电路等。设置这些电路后，才能使人们感受到楼宇影院的无穷魅力。即使在"BYPASS"状态聆听音乐，这些大规模数字集成电路产生的众多数字脉冲信号仍然存在，虽然这些信号的主要通道被切断了，但它们在拥挤和装配密度很高的印刷板上，可以通过共用地线、电源以及空间电场等途径，向其他电路辐射或流窜。通常这些干扰信号无法用仪器检测观察，但却是不可忽视的污染信号。本来可由纯功放得到清晰美妙的音乐信号，现在则享受不到了。

（4）荧光显示器系统也是 Hi-Fi 系统的电磁干扰　AV 功放都设置大型荧光显示器，使操作直观生动，荧光屏用低压交流灯丝加热，在脉冲信号的驱动下进行字符显示，它对周围将辐射出许多电磁场干扰。尤其是 FM/AM 数字调谐器工作时，那些数码音染将形成对 Hi-Fi 原音的明显干扰。

怎样才能使 AV 享受与 Hi-Fi 享受兼顾呢？经过发烧友的横索、实践，找到了一个好办法，即把声场处理电路由 AV 功放中搬出来，另外成为独扛的实体。将 AV 放大器分为两部分装配为分体机，一部分是声场处理器，携带配置环绕声功率放大器；另一部分则是主声道功率放大器。主声道功率放大器使用传统的双声道 Hi-Fi 功放来充当，而声场处理电路则完成杜比环绕声解码和 DSP 数码声场处理任务，不必在大电流、大功率方面花费更大的精力，而着重改善声场处理电路的有关参数和性能指标，也可使声场处理电路的工作状态比较稳定可靠，不受电源的干扰。

50. AV 放大器的电路是如何工作的？

以天逸 AD-5100A 型 AV 放大器为例进行分析。电路方框图如图 11-13 所示。

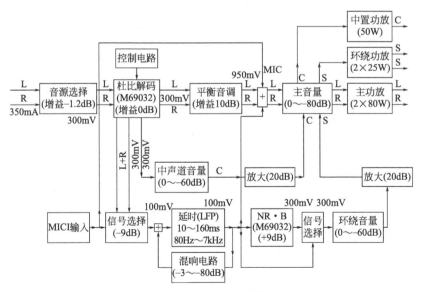

图 11-13　电路方框图

音源信号输入音频输入插座，经音源选择电路送入杜比定向逻辑解码电路（M69032P）进行解码，输出左、右前方声道（L1、R1）信号，中置声道（C）信号，环绕声道（S）信号以及左、右声道和

（L1＋R1）信号。其中前方声道信号送入平衡和音调控制电路进行调控后，再经主音量控制电路调控音量、主动放大电路放大后送到主声道音箱放音。

当选择双声道工作模式（即 2CH 模式）时，解码器关闭 C、S、（L1＋R1）信号通道，使整机工作在普通立体声放大状态。

当选择杜比定向逻辑解码工作模式时，解码器输出的中置声道信号（即 C 信号）经中置声道音量控制后，先经 20dB 放大，然后送入主音量控制电路，由四联主音量电位器中的其中一联调控中置声道音量，再送入中置声道功放电路放大，最后送到中置音箱放音。解码器输出的环绕声信号（即 S 信号）先经信号选择，送到数字延迟电路延迟 20ms，再送回 M69032 内的修改型杜比 B 降噪电路进行降噪，经环绕声音量控制电路调控后，送入主音量控制电位器中的一联进行同步音量控制，输出后送到环绕声道功放电路，输出的功率信号送到环绕音箱放音。迟延电路中有一回声（ECHO）反馈环路，此环路在杜比解码状态时关断，仅在卡拉 OK 和 DSP 状态时工作，产生一定的混响效果。

在卡拉 OK 工作状态，两路传声器信号输入后，先经放大和信号选择电路，再送入延迟混响电路。经延迟混响处理后的传声器演唱信号，在主音量控制电位器之前混入音乐信号通道，最后经功率放大后送到音箱放音。

51. 什么是调音台？

调音台是专业音响系统的中心控制设备，它的职能是对各种输入声源信号进行匹配放大、混合、处理和分配控制等。市场上的调音台品种和型号繁多、功能和价格差异很大，必须对它们的作用和特性有了全面了解后，才能正确选择和应用。

52. 调音台的基本功能是什么？

（1）放大、匹配、均衡各节目源的电平和阻抗。例如，低阻抗话筒的信号电平仅为 $-70dBu$（0.25mV）/200Ω，CD 唱机的输出电平可达到 0dBu（775mV）/2kΩ，各声源的电平和输出阻抗相差可达到数万倍以上，通过调音台的匹配放大后使它们达到相同的输出电平。

（2）对各通道的信号和混合信号进行均衡、压缩/限幅、延迟、激励、抑制反馈和效果等处理。

（3）对各通道的输入信号进行混合、编组和分配切换。

（4）提供其他特殊服务功能。如向电容话筒提供幻像供电；选择监听；通道哑音；舞台返听（AUX/辅助输出）；现场录音输出；1kHz校正测试信号、与舞台对话、高通/低通和参数均衡以及声像控制等功能。

53. 调音台按输入通道路数可以分为几类？

6路、8路、10路、12路、16路、24路、32路、48路等多种。厅堂扩声和歌舞厅常用8路、32路。

54. 调音台按输出方式可以分为几类？

双声道主输出，双声道＋4编组输出，双声道＋8编组输出，双声道＋4编组＋矩阵输出等。多功能厅堂扩声及大型歌舞厅都选用双声道＋编组输出或再加矩阵输出，以便在不同使用状态时进行扬声器通道的切换。

调音台除主输出外，通常还设有若干路辅助输出（作效果、返听、补声和监听等使用）和一路单声道（MONO）输出。

55. 调音台按信号处理方式可以分为几类？

可分为模拟式调音台和数字式调音台两类。数字调音台主要用于录音棚和节目制作，它便于信号剪接、长距离传输（用数字光缆）和储存，但在实况演出时由于操作过程不直观及繁杂，因此现在主要还是用模拟式调音台。

在16路以下的小型便携式调音台中，一般不设编组输出功能，只有左、右两路主输出通道。固定安装和大型流动演出系统中使用的调音台都设有编组输出。现在更先进的调音台，还增设了更为方便的矩阵（MATRIXA）输出，如图11-14所示。通过矩阵跳线开关接点的变化，可在矩阵A和矩阵B的输出端取得任何一路输出的信号，相当于二次编组输出。

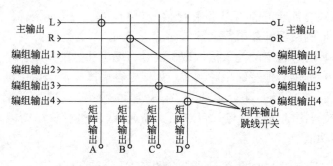

图 11-14　矩阵输出功能示意图

56. 调音台的选用应注意哪些问题？

调音台的品种型号实在太多，如何在这众多的品牌型号中选好调音台，这是大家关心的事，选择时应从下列四个方面来考虑。

① 满足使用功能要求，决不要有贪大求洋的心理，以免浪费投资；

② 要有良好的技术性能指标，不能贪便宜，劣质的调音台会使你后悔莫及；

③ 操作使用方便，工作稳定，接插件性能良好；

④ 具有最高的性能/价格比。

（1）满足使用功能要求　歌舞厅、大剧院、会场、体育比赛场馆、大型文艺演出和室外艺术广场等地各类扩声系统的规模不一，环境各异，节目内容和音响效果要求各不相同，因此必须根据系统的要求配置相应功能和档次的调音台。

调音台的输入通道和输出通道的数量除了必须能满足平时正常工作需要外，还必须考虑若干数量的备用通道，以适应系统扩充、临时增加和工作备份的需要，还要根据系统使用的周边设备的类型和数量确定必须的辅助输出（AOX）的数量和需要的特种输入功能。

（2）优良的技术性能指标　优良的技术性能是获得良好音质的保证。调音台是在微弱输入信号电平上工作的，很易引入噪声和交流哼声，因此其等效输入噪声电平应特别小。等效输入噪声电平的换算方法是：在调音台正常工作状态下，输出端的总噪声电平（用 dBu 表示）减去调音台的增益（dB）。一般调音台的等效输入噪声都应小于－126dBu，好的调音台可达到－129dBu～－130dBu 的水平。

第二个主要技术参数是调音台的增益放大量。正常工作时，调音台必须具有 60dB（1000 倍）的电压增益，好的调音台可达到 70dB 的增益。

第三个主要参数是输出电平的动态余量，即最大不失真输出电平与额定输出电平（一般为 0dBu）之差，以 dB 表示。动态余量愈大，节目的峰值储备量也愈大，声音的自然度愈好。一个调音台的动态余量至少为 15dB，较好的调音台可达到 20dB 以上。

第四个主要参数是声道之间的串音。相邻通道之间的串音以中低频更为突出，一般要求能大于 80dB 以上。

第五个主要参数是完善的操作指示系统，能正确指示调音台各部分的工作状态。

其他技术参数如非线性失真、频响特性、通道均衡器的衰减、提升特性等一般都容易达到。

（3）操作使用方便，接插件性能良好，工作稳定　调音师的主要操作都在调音台上进行，因此操作方便、维护简单也是选择调音台的重要条件之一。调音师的操作都是通过各种电位器和切换按钮进行的，尤其是各通道的主音量推子电位器操作更是频繁，因此推子调节的手感应是精细、平滑，并且推子还应具有寿命长（一般均要超过 3 万次以上）和无噪声的优点。推子的移动长度一般都在 60mm 以上，越长调节起来越精细，声音可以平滑过渡。调音台的各种接插件弹性要好，接触电阻应极微，为防止表面氧化，影响接触性能，有些高档次产品采用了表面镀金处理。

（4）最好的性能价格比　许多业内人士往往在选用时只注意有多少路输入，而不大注意输出功能、控制功能和技术性能参数。有的人还以每路多少钱来衡量其贵贱，这是不对的。人们购买的是调音台的功能、技术特性和优良的音质，因此必须以其性能/价格比来全面恒量，希望买到的是性能价格比最高的调音台。

57. 什么是音响传输线？

要取得理想的音响效果，应使用高质量的音箱、功放、音响信号

源，还要使用高质量的音响传输线和接口，而后者却经常被人们所忽略。特别是被人们称为发烧级的高级音响组合，更要配置高级的音响传输线。当然，功放电路的供电电源和电源线也很重要。

58. 音响传输线为什么要十分讲究？

音响信号源与 AV 放大器之间，放大器前后级之间，音频信号的电平较低，这些信号的传输线是弱信号线，经常简称信号线；而功放输出级与音箱之间的音频信号传输线是强信号传输线，专门称它为音箱线或喇叭线。后者对听音效果的影响明显大于前者，这里重点讨论音箱线。

音响传输线应当使用普通导线，还是使用所谓"发烧线"呢？经实践证明，两者在听音效果上有明显的差别，颇有脱胎换骨、焕然一新的感觉。使用后者，可感受到音场的层次、深度、音色、成像力、定位等都发生了新奇的变化，增加了临场感和空间感。

这种变化应如何解释呢？可以根据传输线的阻抗匹配特性和最佳耦合原理来解释，它与音响传输线的导体材料和介质材料，几何形状和尺寸，以及制造工艺等都有密切的关系。要想良好地传输音频信号，应当做到音频信号的高频、中频和低频信号成分都得到良好传输，为此必须解决好传输线的电阻、电容、电感、自身谐振等一系列理论和实际问题。

59. 对音箱线的基本要求有哪些？

(1) 传输线电阻值越小越好　不要以为普通导线的电阻可以忽略，长度也不够长；不要以为两根导线的电压不高，电流也不大，以至随意使用瘦长的普通导线作传输线。可以看一个例子，直径为 0.5mm 的铜线，在长度为 5m 时电阻，约为 0.43Ω，来回两根线共 10m，电阻 0.9Ω 左右。扬声器的线圈直流电阻为 $6\sim6.5\Omega$，而功率放大器的输出内阻为 $0.1\sim0.2\Omega$。可见，传输线的直流电阻与扬声器电阻值相比，已经不能忽略，其值已达到 $0.1\sim0.2\Omega$ 的 $5\sim9$ 倍。实验证明，音箱线的电阻值要远小于功率放大器的输出内阻值，至少应小于其 1/10，即音箱线的电阻值应小于 0.015Ω。

上述的实例带来两个不利的后果。首先，音箱线存在较明显的电阻值，将有一部分功放输出的音频信号功率消耗在传输线上，以热量形式白白浪费掉了可贵的音频功率，造成工作效率大大降低。其次，音箱线的电阻值对扬声器来说，相当于功放输出内阻的一部分，它将降低电阻的阻尼系数的数值，使扬声器的阻尼变坏，使音圈及振膜不能迅速准确地响应功放的输出信号。当阻尼秒数过小时，重播音乐时将造成打"嘟噜"现象，这就是通常所说的欠阻尼现象。实际上，不仅音箱线阻值偏高会造成欠阻尼，当信号线阻值偏高时，也能造成输入信号的欠阻尼。

众所周知，导线电阻的大小与导线的长度、横截面积以及导线的材料有关系。为了降低音箱线的电阻值，应当选取电阻系数小的导体材料，金银、无氧铜等导体的电阻系数很小，具有良好的导电性，这些材料很适于作传输线。而铁丝、铅丝的电阻系数很高，导电性能不好，不适于作音频传输线。此外，为了降低电阻值，通常尽力加大导线的横截面积，或者采用数十股甚至数百股的导线作传输线。目前，多数传输线都是采用经过专门提炼的无氧铜作导电材料的；即使用金或银作导体，也多在无氧铜表面采用镀层工艺，这种传输线每米长度的电阻远小于 $10^{-3}\ \Omega$，使用效果可以和纯金、纯银线一样。

（2）传输线面积越大越好　无线电信号具有一个明显的特点，随着信号频率的提高，导线表面的电流密度明显提高，而导线中心的电流密度明显减小，这就是人们所说的"趋肤效应"越来越明显。如果导线表面积太小，必将造成对应于高频电流的电阻值过大，使音频信号的高频分量及其高次谐波丢失加重，其后果是音质的细节被严重损害。

为了不失真地传输音频信号，它的高频和低频分量都不能丢失。其中高频分量还应当包括音频信号各频率成分的高次谐波，它是实现完美音色的重要组成部分。当音频信号的高频分量及高次谐波丢失时，音色将失去光泽，显得单薄，声音的细节不清晰。为了减少高频阻值，传输线多制成多股线，以便最大限度地增加表面积，减小导体的中心部分。表面镀金、镀银也是为了减小表面积的电阻值，减弱高频信号的趋肤效应的影响。

（3）传输线的分布参数越小和越稳定越好　任何一对音频传输线都可以等效于电阻、电容和电感的组合网络，除了电阻以外，传输线

还存在分布电容和分布电感。这些分布参数对音频的高频分量及高次谐波影响很大，尤其是分布电容对音色影响更大。这些分布参数可能形成等效的滤波器或陷波器，使音频高、中频分量的某些频段或频率被滤除掉；电容、电感分布参数也可能构成等效的谐振回路，使某些频率分量发生谐振，致使其幅度（电平）发生突变，引起相位失真，使扬声器重放的声音畸变，音质变硬或带刺。这些分布参数与两条传输线之间的距离、导线之间的介质、几何结构等有密切关系。传输线越长，这种效果越明显。

有的音响工作者经研究发现，音频传输线的电阻和等效电容的比值与传输的音色密切相关，并认为传输线的电阻值应小于 0.03Ω，电容值为 100pF 左右为宜。电阻与电容的比值合适时，重播的音场比较适中，音场的宽度与深度比例也比较正常；若该比值过大，重播音场宽；比值过小，重播音场的宽度减小，声像偏前，但力度增大。

通过改进线材的几何形状、介质和制造工艺，可以控制传输线的分布电容和分布电感。例如，增加导线的整体直径，扩大中心线与外面绝缘层的间距，改变介质材料的种类，加大两条导线间的距离，改变导线的缠绕方式等，都可以降低传输线的分布电容和分布电感。

总之，音响传输线的要求十分严格。一方面要确保传输线具有良好的频率特性和阻抗特性，损耗要小；另一方面要确保传输线具有良好的机械特性，抗拉、抗折能力要强，具有优良的柔软性，耐磨损、耐腐蚀、耐老化。这些都是"发烧"音响线与普通导线的重要区别。

60. 常见音频传输线的结构是什么？

图 11-15 所示是几种常见的音频传输线。其中图（a）的中心是多股铜芯线，经过内绝缘隔离，外面又包了一层铜屏蔽线。这种传输线的形状和结构，很像电视接收机的同轴电缆馈线。有的同轴电缆型传输线内，设置了两束或多束紧挨着又相互绝缘的多股芯线。这些传输线可作弱信号线，也可作音箱线。

图（b）是并列型传输线，每根电缆的结构都和前图电缆相同。它们可以用作弱信号线或音箱线。

图（c）是平行馈线型传输线。塑料隔离带使两束电缆形成对称平行结构。对于各种牌号的传输线来说，两根电缆之间的塑料隔离带的宽度可能不同，介质材料也可能不同，它们多用来作音箱线。

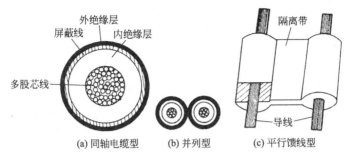

图 11-15　常见音频传输线的构造

61.　音箱线应如何选配？

　　由于传输线的线径、形状、材料、长度等因素对重放音质、音色都有影响，因而在为音响系统选配音箱线时就应当认真研究思考，要扬长避短。例如，当线径较细时，对重放高频信号影响较大，而线径较粗时，对重放低频信号影响更明显。若线径选择不当，将造成整个音域不平衡，引起不同频率段的衰减。同样，传输线的绝缘材料的介电常数，也对不同重放频段有不同影响。再例如，趋肤效应造成传输频率失衡，引起高频信号失真，为了兼顾高、低频段的平衡性，一些工厂生产了图 11-16 所示的传输线，它在电缆中心填充软棉线，在软棉线与外保护层之间安排有多股绞合导线，可有效地克服高音频段音质变坏的问题。还有，引起音频低频段音质变坏的重要原因是传输线存在静电电容，而静电电容却与导线绝缘材料有很大关系。应当使用那些介电常数不随工作频率变化而变化的绝缘材料。例如可使用氟塑

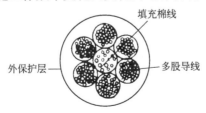

图 11-16　克服趋肤效应的传输线

料、聚丙烯 PP、聚乙烯 PE 等作导线绝缘层，它们的介电常数基本不随工作频率变化而变化，因而对低频段音质影响较小；相反，若使用普通橡胶、PVC 塑料等，其等效静电容量随频率变化而变化，因而影响低音音质。

用户可根据各种导线的特点来选用传输线。例如，导线芯线由多股细软铜丝绞合而成，一般属于温和型传输线，其音色柔和，声低醇厚；若由硬绞线绞合而成，能量感将加强；若芯线是单根铜芯，将对小低音有较强的表现，速度感快，分析力高，低音有力但略欠厚度，属于清爽冷艳型；若芯线采用镀银工艺，则低音富有弹性，中高音亮泽，高频饱满，分析力很高，失真很小，音染极小。欧美生产的多芯线讲究绕线、屏蔽、吸震等工艺，声音透明度增加，中高频偏亮；日本线不讲究绕线结构，而专注线径、总数及纯度，声音自然，但偏暗。

可根据上述特点，来选配音箱线。如果现有音响设备音色偏硬，可以换用多芯传输线，音色将变得细腻甜润。如果主体音色略偏沉稳，若改用纯银线后，音色立即增加活跃感，瞬态响应好转；相反，若音响系统的音色已偏于华丽，再换用纯银线后，则音色，将倾向于力度稍差，冲劲不足。

62. 精品音箱线和信号线有哪些？

目前音频传输线仍以铜线为主，并且逐年在提高含铜量。早期传输线的纯铜含量为 99.99%，以后发展到 99.9999%，甚至达到 99.99999%，这些铜线分别称为 4N、6N 和 7N 无氧铜线。使用高纯度无氧铜线后，不仅增强了导电性能，减少了音频信号的丢损，还可降低导线自身的固有噪声，提高传输微弱信号的能力，提高重放声音的分析力，声音更加清晰、细腻、圆润，虽然工艺复杂，但制作成本仍远低于纯银线。

超初使用的纯铜质传输线，称为韧铜 TPC（Tough Pitch Copper），后又发展为无氧铜 OFC（Oxygen Free Copper）。在 OFC 基础上，又制造出了大结晶粒的 LC-OFC 铜材，铜的纯度不断提高，材料的性能更趋优良。在 20 世纪 60 年代日本千叶工业大学的大野笃美教授设计了一种 OCC 法的铜材制造工艺，这种工艺主要是对铜材的铸造加热法进行改进，能铸出单纯晶状的优质铜材，这种方法称为 PCOCC（Pure Copper by Ohno Continuous Casting Process），即纯铜连续压铸加工法。这种方法制出铜的单结晶粒特别大，加工后的优质传输线传输速度快，在传输方向上能达到最小的杂音影响，无微粒界限阻挡，音质也更清晰。

上述几种纯铜线材当中，LC-OFC 或 PCOCC 之类的材质较强，硬材质的音质也较强，放音分析力强；而 OFC、Super Pcocc 及 6N 铜线等，材质较软，软铜线材的音质较弱，可放出柔和的音质，在选用时，要注意上述特点，进行合理搭配。

目前，国产的精品音箱线和信号线暂时较少。日本生产精品线材的数量，在世界音响王国中居第一位。主要精品牌号有：PCOCC（古河）、HISAGO（海萨格）、OSONIC（鸟索尼克）、MAKURAWA（麦克露华）、DENKO（登高）等，还有日立、松下、索尼、天龙、FDK、JVC 等音响公司的线材产品。日本音响线在我国占有较大市场，这与日本的先进制造技术有密切关系。对多数音响发烧友来说，日本 OSONIC 2×504 芯音箱线性价比较高，可作音箱线的首选对象。

美国的音响线材品种繁多，规格齐全。主要品牌有：Audioquest™（线圣）、MONSTERSTANDARD™ Interlink（怪兽）、SPACE&TIME（超时空）、SHAPRA（鲨鱼）、MISSION（美声）、MONTER（魔力）等。对多数工薪族来说，美国怪兽 101 型信号线可作首选对象，该线在质量和性价比方面都比较出色。美国生产的音响线材以粗壮、威猛、豪华闻名于世，具有典型的美国风格，在制作工艺、质地选材等方面比较讲究。

欧洲的音响线材具有很好的音乐表现力和平衡度，但外观却朴实无华。著名品牌有：德国的 ELEO（一流）、丹麦的 Ortotbn（高度风）、VDtt（范登蒙）、英国的 XOS（爱索丝）等。它们的制作技术先进，工艺精良。

63. 音箱线材如何选购与识别？

在选购音响线材时，首先要对自己手中现在的器材性能、指标和优缺点十分清楚。其次，要熟悉自己所喜欢音乐软件的声音特征。最

后还要熟悉各类传输线的性能特点和行情。通过合理搭配音箱、功放和音箱线，可以最大限度地提高音箱线的性价比，使整个音响重放系统达到最佳搭配。各种传输线各有自己的独特音色风格，如果搭配合理，可以扬长避短和取长补短，使放音质量明显提高；但若搭配不当，也将会弄巧成拙，将重放系统的缺点、弱点暴露得更明显，精品变成了次品。

目前，市场上流行着一些假冒伪劣传输线，切勿上当受骗。正宗的音箱线材性能优良，其外观颜色、手感、商标型号等都较讲究，眼睛一看就有让人放心的感觉。不过这些线材的价位都偏高些。例如无氧铜线材的手感柔韧且无弹性、成本高、价格贵；而用普通铜丝做的音响线材，成本很低，价格也便宜，假冒精品的线材不可能使用无氧铜做线材。另外，从线材的外观结构也能判断其真假，精品线材的外观亮泽光滑，结构精致，商标、品牌、别号等字迹清晰，不易磨掉；那些假冒线材不可能有这样的结构与外观。

各个公司生产的线材各有特点和所长，即使同一品牌而型号不同也会有不同的个性。不要脱离开实际音响系统去谈论那个品牌的好与坏，也不要抽象地说温暖型比冷艳型线材要好，关键是合理搭配。也不要一味地追求高价位的传输线，高价位的线材放在你自己的音响系统内，未必表现出高水平，要实事求是地选配音响线材。

64. 音箱线如何代用？

国外的音响发烧友十分重视音箱线的选用，他们没有凑合或者代用的想法。根据我国实际情况，许多人不得不考虑代用品问题。

保证放音质量应从几个方向来着手，其中包括选择音箱线、信号线，但它仅是提高音质的一个环节，它不是万能的。对于中档以上水平的音响设备，应当选配合适特性的专用传输线，选用优质音箱线，以便使音响系统发挥良好效能，否则好东西不得好用，这是一种浪费。

对于中档以下的音响系统，可以考虑使用音箱的代用品。经过许多人的试验发现，电视接收机的射频同轴电缆可以代替音箱线，若将几根电缆捆成束状，使用效果更不错。还有，使用电视接收机的扁平馈线来代替音箱线，其效果也可以。

65. 辅助器材的功能是什么？

辅助器是专业音响系统的重要组成部分，它的作用是加工处理和润色各种音频信号、弥补建筑声学的缺陷、补偿电子设备的不足以及产生特殊声音效果等。产品的品种很多，功能各异，主要包括均衡器、压缩/限幅器、扩展器/噪声门、延时器/混响器、声音激励器和电子分频器等。

66. 延迟器和混响器的功能分别是什么？

延迟器和混响器是两种不同的音响器材。延迟器的作用是将声音信号延迟一段时间后再传送出去；混响器则是用来调节声音的混响效果的设备。但是它们又有联系，因为混响声是由逐渐衰减的多次反射声组成的，所以混响器可以看作是声音信号经过不同路径的反射延迟，并乘上依次减小的系数后再相加输出，或者可以简单地看成延迟后的信号再经一定的衰减，反馈到输入端的电路输出。由于延迟器和混响器都可用来产生各种不同的音响效果，因此它们都属于效果器材。

67. 延迟器和混响器的应用范围有哪些？

延迟器和混响器都是用电子技术的方法对声音（包括歌声）加工，产生人为的立体声效果和混响效果，在扩声系统中的应用如下。

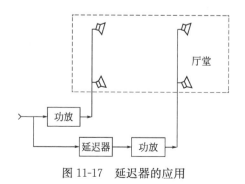

图 11-17　延迟器的应用

（1）提高扩音系统的清晰度　在一个较大的厅堂中，除原声声源外，还设有不少扬声器箱，各扬声器箱与听众的距离不同，后排的听众先听到最靠近的后场扬声器箱发出的声音，然后听到前场扬声器箱发出的声音，最后还可能听到来自舞台上传来的原始声。这几种不同时间到达后排听众的声音，若时间差大于 50ms（相当于 17m 的距离）则会破坏声音的清晰度，如图 11-17 所示，严重影响扩声的音质。如果在图中后排功放之前加入一个延迟器，并精确地调整延迟量，就能使前后场扬声器箱发出的声音同时到达后排听众，从而获得好的声音清晰度。

（2）延迟器和混响器合用产生空间临场效果　如图 11-18 所示，利用延迟器来产生早期反射声的效果，再加上图中混响器产生的混响声，可获得室内声场中的混响声，然后通过调音台与输入的原始声混合。只要把它们三者之间的比例调整恰当，就可使原来比较单调的原始声获得像在音乐厅那样的演出临场感效果。

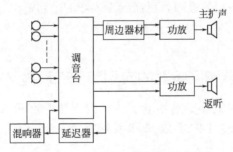

图 11-18　延迟器与混响器混合使用

68.　声音激励器的作用与效果分别是什么？

声音激励器的作用是滤除高音提升后的咝咝声并对低音细节和高音细节分别进行激励。它的效果：使低音更加浑厚，高音更加明亮，人声更为逼真，提高了高音的清晰度，减少了低音的模糊度，降低了声音背景的咝咝声，把声音修饰得更丰满、更透亮、更完美。

低音细节激励不单纯是把低音提升，它的独特设计是在加工修饰低音的同时，还把中心低频的发闷声音修饰掉，使低音的冲击力量大而不闷，柔而不浑。

高音细节的激励是通过连续不断分析原始信号中的频率成分，自动修正高频激励分量，对高频信号进行润色。

69. 声音激励器与均衡器的区别有哪些？

① 均衡器只能提升低音的频谱分量，而不能修改发闷的中低频分量。

② 均衡器对高音的提升是"静态"的修饰，激励器对高音的修饰则是"动态"的修饰。它将根据输入信号的不同内容自动地连续地用一个智能跟踪电路对高频分量进行最佳的补偿。

③ 均衡器无法处理在高音提升的同时产生的咝咝声。激励器则可以根据需要滤除这些咝咝声。

70. 均衡器的作用是什么？

均衡器是用来校正扩声系统频响特性的设备，可分为房间均衡器（有 1/3 倍频、1/2 倍频两种）和参数均衡器两类。应用最多的是房间均衡器。它的主要作用是：

（1）校正音响设备产生的频率特性畸变，补偿节目信号中欠缺的频率成分，抑制过重的频率成分。

（2）校正室内声学共振产生的频率特性畸变，弥补建筑声学的结构缺陷。

（3）抑制声反馈，提高传声增益，改善厅堂扩声质量。

（4）修饰和美化音色，提高音响效果，提供不同演出需要的频响特性。

房间均衡器一般由 9～31 个带通滤波器组成，每个带通滤波器有一个对应的固定中心频率，中心频率的分布可按 1/3 倍频程或 1/2 倍频程来布置，每个带通滤波器振幅特性的提升或衰减量由一个推拉电位器控制，均衡调节范围为 ±15dB。

均衡器的选择除了它的使用功能外，还有几项技术性能指标不可忽视，如提升/衰减的推子行程的大小，行程小的推子一般都很便宜，但调节很粗，很难调得正确精细；此外还有等效输入噪声和交流哼声（一般应优于 -90dB 以上）；均衡量的大小（应大于 ±12dB）；谐波失真（不大于 0.1%）；信号动态范围（应大于

95dB）；频响特性（20Hz～20kHz±1dB/推子在 0dB 时）以及工作的稳定性等。

71. 扩声系统各设备之间如何配接？

扩声系统各设备之间为使信号能达到最佳传输率，获得最大的信号/噪声比，必须进行阻抗和电平匹配，如表 11-2、表 11-3 所示。

表 11-2　扩声系统输入设备与调音台互联的电气配接优选值

项目	扩声系统输入设备					调音台	
	传声器(输出)	无线传声器(无线传声器接收机)	磁带录音机(放声、输出)	电唱盘(拾声器输出)	辅助设备(输出)	互联优选值	项目
额定阻抗	电容 200Ω 动圈 8Ω					200Ω 平衡（传声器输入）	额定信号源阻抗
				由产品技术条件定		电磁 2.2kΩ 动圈 30.0Ω（拾声器输入）	
输出阻抗		≤600Ω 平衡				600Ω 平衡	
			≤600Ω 平衡/≤22kΩ			≤600Ω 平衡/≤22kΩ（磁带录音机输入）	
					≤600Ω 平衡	≤600Ω 平衡（辅助设备输入）	
额定输出电压	电容 1.6mV 动圈 0.2mV					电容 1.6mV 动圈 0.2mV	
		0.775V(0dB) 7.75mV (−40dB)				0.775V(0dB) 7.75mV(−40dB)	
			0.775V(0dB)/0.5V (−3.8dB)			0.775V(0dB) /0.5V(−3.8dB)	
				电容 3.5mV 动圈 0.5mV		电容 3.5mV 动圈 0.5mV	
				0.775V (0dB)		0.775V(0dB)	

续表

项目	扩声系统输入设备					调音台	
	传声器(输出)	无线传声器(无线传声器接收机)	磁带录音机(放声、输出)	电唱盘(拾声器输出)	辅助设备(输出)	互联优选值	项目
额定负载阻抗	电容 1.0mV 动圈 1.0kΩ					≥1 kΩ 平衡(电容) ≥600Ω 平衡(动圈)	输入阻抗
		600Ω				≥5 kΩ 平衡	
			600Ω/22kΩ			≥5 kΩ 平衡 ≥200kΩ	
				电磁 47 kΩ 动圈 100Ω		电磁 47 kΩ 动圈 100Ω	
					600Ω	≥5 kΩ 平衡 ≥600Ω 平衡	
最大输出电压	电容 1.6mV 动圈 0.2mV					电容 1.6mV 动圈 0.2mV	超载信号源电动势
		0.775V(0dB) 77.5mV(−40dB)				0.775V(0dB) 77.5mV(−40dB)	
			7.75V(20dB) 3.35V(15dB) /2.00V(8.2dB)			7.75V(20dB) /2.00V(8.2dB)	
				电磁 14mV 动圈 2mV		电磁 14mV 动圈 2mV	
					7.75V(20dB)	7.75V(20dB)	

注：1. 所给的值相应于 0.2Pa（80dB SPL）声压。

2. 此值相对于 1000Hz 时录声速度为 5cm/s（有效值），录制方式 45°/45°，拾声器有以下的灵敏度范围：

动圈拾声器为 0.05～0.2mV · s/cm；

电磁拾电器 0.23～1.0mV · s/cm。

3. 所给的值相应于 100Pa（134dB SPL）声压。

4. 此值只适用于便携式录音机。

5. 600Ω 平衡用于转播和类似用途。

表 11-3　扩音系统调音台与输出设备互联的电气配接优选值

调音台		输出设备类别						
项目	互联优选值	磁带录音机（录声线路输入）	监听机	头戴耳机（输入）	辅助设备（输入）	功率放大器	扬声器（输入）	项目
输出阻抗	≤600Ω 平衡（磁带录音机输出）	600Ω 平衡						额定信号源阻抗
	≤600Ω 平衡（监听机输出）		600Ω 平衡					
	≤600Ω 平衡（辅助设备输出）				600Ω 平衡			
	≤600Ω 平衡					线路输入600Ω 平衡		
额定输出电压	0.775V(0dB)（磁带录音机输出）	0.775V(dB)						额定信号源电动势
	48.500mV（−25dB）（监听机输出）		138.0mV（−15dB）43.5mV（−25dB）					
	额定输出功率≤100nW							
	0.775V(dB)（辅助设备输出）				0.775V(dB)			
	0.775（0dB）							
最大输出电压	7.75V(20dB)	7.75V（20dB）						超载信号源电动势
	435mV(−5dB)							
	7.75V（20dB）（辅助设备输出）			7.75V（20dB）				
	7.75（20dB）							

续表

项目	调音台 互联优选值	磁带录音机（录声线路输入）	监听机	头戴耳机（输入）	辅助设备（输入）	功率放大器	扬声器（输入）	项目
额定负载阻抗	600Ω（磁带录音机输出）	≥5kΩ平衡 ≥220kΩ平衡						输入电阻
	600Ω（监听机输出）		600Ω平衡 ≥5kΩ平衡					
	50Ω，300Ω，2kΩ（监听机输出）			标称阻抗 50Ω，300Ω，2kΩ				
	600Ω（辅助设备输出）				≥5kΩ平衡 600Ω平衡			
	≤600Ω					≥5kΩ平衡 600Ω平衡		
—	—					0.775V(0dB) 0.388V（—6dB) 0.194V（—12dB)		额定输入电压
输出阻抗						在额定频率范围内不大于额定负载阻抗的1/3		
额定负载阻抗				4Ω，8Ω，16Ω，32Ω		4Ω，8Ω，16Ω，32Ω	4Ω，8Ω，16Ω，32Ω	标称阻抗
额定输出功率	≤100mV（耳机输出）			—				

注：1. 600Ω 平衡是考虑在长线传输时增设的。

2. 额定负载阻抗为 600Ω 的调音台，允许最多跨接八个输入阻抗为 3kΩ 的功率放大器。

3. 监听机的额定信号源电动势值，为监听机在最高增益时达到额定输出功率的输入信号电压。

4. 此值计算时应包括馈线电阻。

72. 扩声系统的馈电网络包括几部分？

扩声系统的馈电网络包括音频信号输入部分、功率输出传送部分和电源供电部分三大块。为防止与其他系统之间的干扰，施工中必须采取有效措施。

73. 音频信号输入的馈电如何连接？

（1）话筒输出必须使用专用屏蔽软线与调音台连接；如果线路较长（10～15m）应使用双芯屏蔽软线作低阻抗平衡输入连接。中间设有话筒转接插座的，必须接触特性良好。

（2）长距离连接的话筒线（超过50m）必须采用低阻抗（200Ω）平衡传送的连接方法。最好采用有色标的四芯屏蔽线，并穿钢管敷设。

（3）调音台及全部周边设备之间的连接均需采用单芯（不平衡）或双芯（平衡）屏蔽软线连接。

74. 功率输出的馈电如何连接？

功率输出的馈电系统指功放输出与扬声器箱之间的连接电缆。

（1）厅堂、舞厅和其他室内扩声系统均采用低阻抗（8Ω，有时也用4Ω或16Ω）输出。一般采用截面积为2～6mm^{2}的软导线穿管敷设。发烧线的截面积决定于传输功率的大小和扬声器的阻尼特性要求。通常要求馈线的总直流电阻（双向计算长度）应小于扬声器阻抗的1/50～1/100。如扬声器阻抗为8Ω，则馈线的总直流电阻应小于0.16～0.08Ω。馈线电阻越小，扬声器的阻尼特性越好，低音越纯，力度越大。

（2）室外扩声、体育场扩声大楼背景音乐和宾馆客户广播等由于场地大，扬声器箱的馈电线路长，为减少线路损耗通常不采用低阻抗连接，而使用高阻抗定电压传输（70V或100V）音频功率。从功放输出端至最远端扬声器负载的线路损耗一般应小于0.5dB。馈线宜采用穿管的双芯聚氯乙烯多股软线。

（3）宾馆客房多套节目的广播线应以每套节目敷设一对馈线，而不能共用一根公共地线，以免节目信号间的干扰。

75. 供电线路如何连接？

扩声系统的供电电源与其他用电设备相比，用电量不大，但最怕被干扰。为尽量避免灯光、空调、水泵、电梯等用电设备的干扰，建议使用变压比为 1∶1 的隔离变压器，此变压器的次级任何一端都不与初级的地线相连。总用电量小于 10kV·A 时，功率放大器应使用三相电源，然后在三相电源中再分成三路 220V 供电，在 3 路用电分配上应尽量保持三相平衡。如果供电电压的变化量超过＋5％，－10％（即 198～231V）时，应考虑使用自动稳压器，以保证系统各设备正常工作。

为避免干扰和引入交流噪声，扩声系统应设有专门的接地地线，不与防雷接地或供电接地共用地线。

上述各馈电线路敷设时，均应穿电线铁管敷设，这是防干扰、防老鼠咬断线和防火等三方面的需要。

76. 导线直径如何计算？

选择导线直径的依据是传送的电功率、允许最大的压降、导线允许的电流密度和电缆线的力学强度等因素，计算公式如下。

$$q = 0.035(100 - n)LW/(nU^2)$$

式中　q——导线铜芯截面积，mm^2；

　　　L——电线的最大长度，m；

　　　W——传输的电功率，W；

　　　U——线路上的传输电压，V；

　　　n——允许的线路压降（以百分率计）。

例：一电缆长 200m，传输的电功率为 100W，传输的电压为 100V，允许的线路压降为 10％，则导线的截面积应为

$$q = 0.035 × （100 － 10）×200×100÷（10×100^2 ）= 0.63mm^2$$

考虑到电缆线的力学强度，应选用 $2×0.75mm^2$ 的线缆。最后还应校核一下电流密度，最大允许的电流密度为 $5～10A/mm^2$。

为保证电缆的力学强度，规定穿管的线缆至少应有 $0.75mm^2$ 的截面积；明线拉线线缆至少应有 $1.5mm^2$ 的截面积。

77. 系统扬声器如何配接？

定电压传输的公共广播系统，各扬声器负载一般都采用并联连接，如图 11-19 所示。

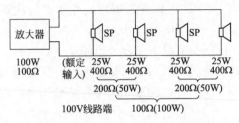

图 11-19　定电压系统的阻抗匹配

功放输出端的输出电压、输出功率和输出阻抗三者之间的关系如下。

$$P = U^2/Z$$

式中　P——输出功率，W；

　　　Z——输出阻抗，Ω；

　　　U——输出电压，V。

例：一功放的输出功率为 100W，输出电压为 100V，那么其能接上的最小负载能力为 $Z_{100V} = U^2/P = 100^2/100 = 100\Omega$，低于 100Ω 的总负载将会使功放发生过载。

上例中如果使用 4 个 25W 的扬声器，那么需配用多大变化的输送变压器呢？

变压器初级对次级的电压比可这样表达（如图 11-20 所示）：

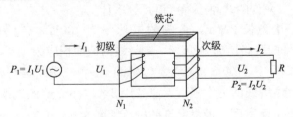

图 11-20　匹配变压器

$$U_2/U_1 = N_2/N_1$$

式中 U_1，U_2——变压器的实际输入电压和次级输出电压；

N_1，N_2——变压器初级和次级绕组的匝数。

如果不考虑变压器的功率损耗，那么初、次级之间的功率应相等：$U_1I_1 = U_2I_2$，$U_1^2/R = U_2^2/R$

$I_1 = U_2^2/U_1R$，则 $Z = U_1/I_1 = (N_1/N_2)^2 R$

变压器的输入阻抗等于匝数比的平方乘上负载阻抗 R，或者说变压器初、次级的阻抗比等于变压器变压比的平方。图 11-19 中扬声器的阻抗为 8Ω，要求每个变压器的输入阻抗为 400Ω，那么变压器的变比应为 $7:1$。

为适应不同扬声器阻抗匹配需要，匹配变压器通常做成抽头型的，如图 11-21 所示。

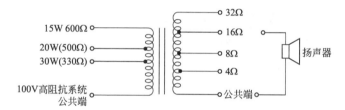

图 11-21　匹配变压器的配接

第 十二 章

楼宇远程控制与综合布线系统

1. 远程控制系统的功能特点是什么？

　　就近控制功能、远端查询功能、遥控开/关功能、遥控 1 min～100h 定时功能、防偷线功能、1000 组密码选择、3 路输出独立受控。

2. 智能电话控制电路如何构成？

　　智能电话控制电路由振铃检测电路、摘挂机电路、工作信号检测电路、双音多频解码器、单片机控制电路、继电器输出电路、防偷线电路和电源电路等八部分组成。

3. 智能电话控制电路原理是什么？

　　电路原理如图 12-1 所示。当外线有振铃信号输入时，通过 R3、C3 使光耦 PC817 导通，将振铃检测信号送入单片机 IC3 的 RA3 口。多次振铃无人接听时，单片机 IC3 从 RB7 输出高电平，经 R52、R2 使 Q2、Q3 组成的摘挂机电路导通，同时从 IC3 的 RB4 送出 2.5kHz 的"嘟、嘟、嘟、嘟"信号四次，经 Q9、Q4 和摘挂机电路送至外线，表示控制接入。此时如从控制端电话机键入数字，则双音多频信号从外线经摘挂机电路和 R6、C5、R14 送入双音多频解码器 IC1，解码后送到单片机 IC3 的 RB0～RB3。每收到一个有效的输入数码，RB4 即送出 0.5s 2.5kHz 的"嘟"信号，表示输入有效，经 IC2 将外

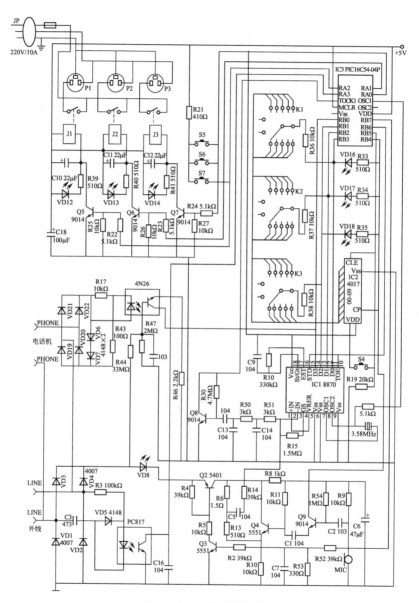

图 12-1 远程开关控制

线输入的信号与编码开关 K1、K2、K3 的状态对比，如相同则 IC3 从 RB4 再次送出 2.5kHz 的"嘟、嘟、嘟、嘟"信号四次，表示密码正确，进入待命状态；如键入与密码开关不同的数字，则 RB7 变为低电平，使 Q2 截止，电路自动挂机。当键入密码正确、进入待命状态后，如在电话机上键入要控制的开关号（1~3），此开关解码器 IC1 解码后，送入单片机 IC3 作为当前操作开关号，IC3 将反映当前开关状态的 2.5kHz 状态信号从 RB4 送出至外线，"嘟……"连续音表示当前开关为闭合状态；间断的"嘟、嘟、嘟……"声，表示当前开关为断开状态，按下电话机的"＊"键，此按键信号送入单片机 IC3，使当前开关状态翻转，从 RA0、RA1、RA2 分别输出各路开关信号，经 R22、R23、R24 由 Q5、Q6、Q7 驱动 J1、J2、J3，同时将转变后的状态信号从 RB4 送出至外线。按下电话机的"＃"键，进入定时设定状态，RB4 变为低电平，无信号送出到外线。此时可在电话机上输入 4 位数，设置定时时间从 00（小时）01（分）到 99（小时）99（分）；输入完成后按"＃"键，退出定时设定状态，相应的定时指示 VD16~VD18 点亮，同时从 RB4 送出当前开关状态信号到外线。在电话机上按下数字键"0"进入监听状态，此时 RB4 送出恒定的高电平，话筒拾取到的信号由 Q9、Q4 放大后经 Q2 送到外线。当电话机挂机出现忙音信号后线路中将无信号，R51、R50、C13、C14 组成的工作信号检测电路无输出，使单片机 IC3 的定时输入端口 TOCK1 保持低电平，IC3 对定时中断做出反应，RB7 变为低电平，使摘机电路 Q2 截止，电路自动挂机。正常工作时如不做任何操作，信号检测电路无输出，1min 后定时中断做出反应，自动挂机。

电路中的按键 S5、S6、S7 可直接控制各对开关的状态：由于单片机 PIC16C54 的 I/O 门较少，电路中多数 I/O 口都为复用，RB0、RB1、RB2 是继电器控制输出口，也是 S5、S6、S7 的输入口。在各个继电器的线包上接有吸收电容。

编码电路由十进制计数器 IC2 和 3 个 10 位旋钮开关 K1、K2、K3 组成。单片机 IC3 读取编码时，先通过 IC2 的复位端 CLE 对其复位，然后送入 10 个脉冲，经 IC1 将 10 个脉冲由 Q0~Q9 分送到旋钮开关的各位上。IC3 根据从 RB1、RB2、RB3 上收到脉冲的时间来确定各开关所在的位置，从而确定编码。

防偷线电路由 VD6、VD7、VD19、VD20、VD21、VD22 和光耦 4N26 组成，无电话使用时，外线电压大于 40V，经换向电路 VD1、VD2、VD3、VD4 后，加到 R44 上，使光耦 4N26 导通。有内部电话摘机时，则有电流在 VD6、VD7 上产生压降，使光耦 4N26 导通。而有外线并机时，外线电压下降，加在 R44 上的电压不足以使光耦 4N26 导通，此信号送入单片机 IC3 的 RB0，表示有外线接入，IC3 即从 RB7 送出 2.5kHz "嘟……" 信号直接经过摘挂机电路输出到外线，形成强烈干扰，同时联机灯 VD8 闪亮。

4. 电力无线抄表系统是如何形成的？

随着社会的发展，各种远程实时数据监控（如电力监控、自来水监控、配网自动化等）越来越多，管网测点数据的采集和及时传输是管网稳定、可靠运行的保证，并且要求计算机管网监测系统必须能够在较低费用的前提下提供及时、准确的信息。然而，在使用的过程中，传统有线、无线的管网监测系统的不足之处逐渐凸现了出来。采用电话线传输数据，建立拨号连接的过程冗余、烦琐，而且不能保证实时性；采用无线电台，解决误码率和波特率的矛盾尤其抗干扰是一个令人头疼的问题；采用专线电路，不可能对所有大面积分散的数据采集子站进行专线铺设，更不能承担高昂的运行费用。

针对这些问题，通过采用先进成熟的 GPRS/CDMA DTU 模块为远程数传模块，依托稳定、可靠的 GPRS/CDMA 网络，与短距离无线抄表系统相结合。基础数据的采集由无线抄表采集器完成（内置短距离无线通信模块），每方圆 500m 内，设一无线抄表中继站（内置 GPRS/CDMA DTU、短距离无线通信模块），无线抄表中继站通过短距离无线通信模块抄取无线采集器内的数据，并通过 GPRS/CDMA 网络上传到管理中心计算机。无线抄表中继站在保证数据传输的及时、准确的前提下，将数据监控系统运行费用也降低到了最低；同时通信链路由专业的运营商来维护，这就避免了用户在使用监控系统的同时，还需要耗费很大精力去维护通信线路等问

题，节约了用户的初期建设投资和运行维护费用。

5. 无线抄表系统结构是什么？

如图 12-2 所示。

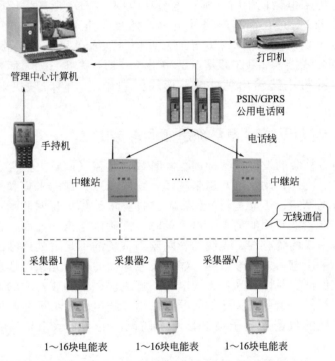

图 12-2　一户一表无线集中抄表改造工程设计方案

布置情况：83 幢楼，4 台 630kV 配电变压器，楼梯单元总计 182 个，住户总计 1330 户。楼体单元的电度表共计 1502 块，全部为脉冲信号不带继电器表计，集中布置在楼道的电表箱内。

按照 4 条变线路进行统计如下。

1 号变线路：楼梯单元共计 39 个，住户共计 312 户。

2 号变线路：楼梯单元共计 44 个，住户共计 292 户。其中，180 型单元 10 个，住户 20 户，表箱安装在楼体的外墙上，电表为人民电器的三相四线电子式电度表。

3 号变线路：楼梯单元共计 61 个，住户共计 422 户。其中，180 型单元 11 个，住户 22 户，表箱安装在楼体的外墙上，电表为人民电器的三相四线电子式电度表。

4 号变线路：楼梯单元共计 38 个，住户共计 304 户。

6. 抄表无线系统如何安装？

（1）中继站

① 某小区共计 4 个台变，在每个台变的管理下安装 1 个中继站，共计 4 个中继站。

② 中继站安装在每个台变管理的中心位置的楼顶，需向楼顶铺设 220V 电源线路，采用从楼道内接入，明装 PVC 管线从管道箱到楼顶。

（2）无线抄表采集器　安装位置：无线抄表采集器的外箱安装在楼道内现有电表计量箱的上部，紧靠电表计量箱，离地面大约 2m。在电表计量箱的顶部打孔，穿采集线和控制线。

（3）磁保持继电器

① 安装位置：磁保持继电器安装在绝缘板上，每个绝缘板竖排安装 4（5）个磁保持继电器，绝缘板安装在原楼道内的电表计量箱的任一位置（能放开，不影响电表读数、电表拆装）。

② 线路控制：抽出电表火线输出到开关的 $10mm^2$ 铜芯线，该线与磁保持继电器连接不上，换上 $6mm^2$ 的铜芯线到磁保持继电器的输入端，磁保持的输出端与用户断路器相连接。

（4）高性能天线（吸盘天线）　安装位置：天线全部安装到楼顶，走线采用 PVC 穿线管，从楼道内一直铺设到管道箱内。在管道内顺墙到 4 楼地板，然后打过墙孔到楼外，顺楼体外墙到楼顶。

7. 无线远传水表的特点是什么？

本系统是无线通信、计算机网络、传感、自动控制、IC 卡等技术在水表抄表、实时监控、收费管理方面的科学应用，实现了近、

中、远程无线抄表，既方便了管理又大大降低了运营成本，还根本解决了上门超表难、监管难、收费难等传统管理方式无法解决的问题。

系统由带无线数据采集器的无线远传水表、无线数据集中器、车载采集器（PDA 或 MODEM）、GPRS 基站或掌上电脑、IC 卡、数据主控机等部分组成，采用星星网络结构，功能强大、扩展容易。

（1）实时抄控功能：实时监控水表状态，自动记录或监测所有数值和信息，下传控制指令。

（2）加密功能：自动识别采集信号，可防止信道恶意攻击。

（3）数据设置功能：可灵活设置数据传输时间、用水价格、阶梯水价等。

（4）数据存储保护功能：自动无人操作模式及自动汇总各种管理数据，数据不丢失，保存十年。

（5）网络化功能：可与 Call-center（客户中心）平滑连接，可与银行网络连接实现自助缴费。

8. 无线远传水表的技术参数有哪些？

（1）基表、流量、规格等基本技术参数相同于 IC 卡智能水表。

（2）根据客户需要分无阀控和带阀控两型。

（3）远程发射接收参数见表 12-1。

表 12-1　远程发射接收参数

功率	发射频段	接受距离	发射周期
≤30mW	470～480MHz	≤300m	一天两次

9. 无线远传水表系统如何构成？

系统示意图如图 12-3 所示。

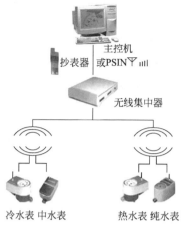

图 12-3　系统示意图

10.　什么是 GPRS/CDMA 技术？

GPRS/CDMA 是通用分组无线业务，是在现有 GSM 系统上发展出来的一种新的数据承载业务；GPRS/CDMA 采用与 GSM 同样的无线调制标准、同样的频带、同样的突发结构、同样的跳频规则以及同样的 TDMA 帧结构，因此具有很好的信号覆盖。

GPRS/CDMA 采用分组交换技术，按流量计费，高效传输高速或低速数据和信令，优化了对网络资源和无线资源的利用。

GPRS/CDMA 的安全功能同现有的 GSM 安全功能一样。

GPRS/CDMA 理论带宽可达 171.2kbps，实际应用带宽为 40～100kbps，在此信道上提供 TCP/IP 连接，可以用于 Internet 连接、数据传输等应用。

11.　GPRS/CDMA 无线通信网络特点是什么？

快捷登录、实时在线、按量计费、高速传输、自如切换、多项业务。

12.　GPRS/CDMA 技术的性能特点是什么？

GPRS/CDMA 是在 GSM 基础上发展起来的一种向 3G 过渡的技

术。GPRS/CDMA 在移动用户和数据网络之间提供高速无线 IP 和 X.25 分组数据接入服务，它可以让多个用户共享某些固定的信道源。如果把空中接口上的 TDMA 帧中的 8 个时隙都用来传送数据，数据速率将最高可达 164kbps。

GPRS/CDMA 的最大优势在于其数据传输速度不是 GSM 所能比拟的。目前的 GSM 运营商通信网的传输速度为每秒 9.6KB，GPRS/CDMA 理论上目前更是达到了 115kbps（此速度是 56KB Modem 理想速率的两倍）。除了速度上的优势，GPRS/CDMA 还有"永远在线"的特点，即用户随时与网络保持联系。

13. 基于 GPRS/CDMA 网络的无线数据传输系统如何组成？

GPRS/CDMA 网络无线集抄系统由采集器（内置短距离无线通信模块）、无线抄表中继站（内置短距离无线通信模块、DTU）、电表组成，通过采集器，获取各电表的数据，采用中继站将其传输到数据业务中心，实现对电表数据的抄取和用户电源线路的控制。

基于 GPRS/CDMA 网络的无线抄表系统主要由以下 4 大部分组成。

（1）无线抄表采集器；

（2）无线抄表中继站（DTU）设备；

（3）传输网络：中国运营商 GPRS/CDMA 无线网络；

（4）无线抄表软件：实时数据收发服务器、实时数据库服务器及用户控制操作界面等。

14. 数据中心接入 GPRS/CDMA 网络的方法是什么？

数据监控中心使用 GPRS/CDMA Modem 无线接入方式，这主要是考虑到通信时数据的保密安全性及网络的延时。这种接入方法的唯一问题是数据中心数据传输带宽有限，目前中国运营商能够提供 80～100kbps 带宽。

利用运营商提供 VPN 业务，为用户组建基于 GPRS/CDMA 的虚拟专有数据网络，分配一个固定 IP 地址网段，这些地址只能在该用户的 VPN 内部之间通信，不能与其他用户的 VPN 节点通信，也不能与通过 Internet 接入的用户节点通信。

运营商公司可为每一台 GPRS/CDMA DTU（中继站）的 SIM 卡分配固定 IP 地址，数据中心根据每台 DTU 的 ID 号或 IP 地址进行通信。也可不必为每一台 GPRS/CDMA DTU 分配固定 IP 地址，DTU 连接 GPRS/CDMA 网络后，在指定网段内动态获得 IP 地址，这种情况下，数据中心根据每台 DTU 的 ID 号进行注册和通信。

15. 用户的数据监控中心经无线 GPRS/CDMA Modem 连接至运营商公司 GGSN 服务器的特点是什么？

这种接入方法的特点：

（1）数据安全性好，在用户 VPN 网络内部通信，与外界任何环节无关。

（2）数据中心数据传输带宽有限，受 GPRS/CDMA 无线信道带宽限制，目前中国运营商能够提供 40～80kbps 带宽。

（3）直接在 GPRS/CDMA 网络内部通信，网络延时小、稳定性高。

（4）接入成本和费用较低，仅需购买 1 台 GPRS/CDMA Modem 即可，使用费用按数据流量计费。

16. 什么是永远在线模式？ 如何工作？

描述：保持中继站与数据中心永久连接。

工作过程：中继站自动连接 GPRS/CDMA 网络，根据数据中心的 IP 地址自动连接数据中心，并保持和维护链路的连接，中继站监测链路情况运行，当网络发生异常时，中继站会在故障恢复后自动重新建立链路。

17. 什么是中心呼叫模式？

描述：由数据中心发起数据传输请求，中继站应答并发送/接收数据。

工作过程：当中心需要收集或发送中继站端的数据时，数据中心发出呼叫指令，中继站立即连接 GPRS/CDMA 网络并登录数据业务

中心，按数据中心的指令传输数据。

18. 基于 GPRS/CDMA 无线数据传输系统的特点是什么？

（1）透明数据传输：中继站内置无线通信模块，使用简单、方便，为用户的数据设备提供透明传输通道。

（2）永远在线：中继站一开机就能自动登录到 GPRS/CDMA 网络上，并与数据中心建立通信链路，随时收发用户数据设备的数据。

（3）按流量计费：中继站一直在线，按照接收和发送数据包的数量来收取费用，没有数据流量的传递时不收费用。

（4）高速传输：GPRS/CDMA 网络的传输速度最快将达到160kbps，速率的高低可以由中国移动进行网络设置，根据中国运营商的网络情况，目前可提供 40~80kbps 的稳定数据传输。

19. 数据业务中心组网如何完成？

用户的数据监控中心经无线 GPRS/CDMA Modem 连接至运营商公司 GGSN 服务器。但就目前接入方式来说，多数无法提供静态公网 IP 地址，因此在中心站需申请动态域名解析，域名服务可由 Internet 相关运营商提供，因前端无线数据终端 DTU 支持动态域名解析，从而能够实现数据中心与前端无线数据终端 DTU 的双向通信。

20. 数据业务中心软件是什么？ 软件是如何设计的？

数据控制中心 GPRS/CDMA 抄表系统软件。数据控制中心 GPRS/CDMA 系统软件是整个系统的关键，系统能够发出各种命令，能够将中继站内有效数据实时地抄读起来，能够将抄读到的数据存入数据库，能够对数据库进行计算，处理，统计，分析，并将处理结果汇成表格或图形显示出来。

调度中心主机采用 WINDOWS 2000 SERVER 版操作系统，编程语言为 DEPHPI 7.0 并用 GPRS/CDMA 动态库，如 GPRS/CDMA _ dll. dll、GPRS/CDMA _ SMM. dll、misc. dll 等连接 GPRS/CDMA 通信。同时进行前后台操作。数据的抄读，显示，运算，打印可以同

步进行操作。

21. 软件要具备哪些功能？

数据控制中心 GPRS/CDMA 调度系统应用软件功能必须具备以下功能。

（1）数据管理：数据控制中心 GPRS/CDMA 调度系统软件，发出各种命令，能够将各中继站（DTU 终端）抄录到的有效数据抄读，抄读后数据存入数据库，对数据库进行各种计算，处理，统计，分析。

（2）系统维护：快速维护、远程故障诊断、远程维护、用户设置、权限设置、数据库维护。

（3）报表管理：具有日报、月报、年报等报表功能。

（4）图形管理：用图形界面输出信息。

（5）WEB 企业网：在 WEB 功能上可实现信息发布。

22. 无线抄表中继站如何构成？

内置 GPRS/CDMA DTU，短距离无线抄表模块。

23. GPRS/CDMA 计费方式是什么？

借助运营商智能计费平台，GPRS/CDMA 可实现灵活的计费方式：

（1）按信息传输流量；

（2）按包月形式计费。

用户可根据每月每终端所需采集的数据量，选择合适的计费方式。

按照信息产业部相关资费的规定，以上两种计费方式的具体费用对行业用户是相对优惠的。

24. 什么是智能建筑与综合布线？

建筑物与建筑群综合布线系统（PDS，Premises Distribution System），又称开放式布线系统（Open Cabling System），也有称建筑物结构化综合布线系统（SCS，Structured Cabling System）；按功

能则称综合布线系统，以 PDS 表示。PDS 是建筑智能系统工程的重要组成部分。

上述三种称谓，实质内容相同，只是叫法不同。

建筑智能系统工程已形成一项重要的工程技术和工程项目，它是现代化、多功能、综合性高层建筑发展的必然结合。

25. 综合布线系统的内容和功能分别是什么？

综合布线（PDS）首先是为通信与计算机网络而设计的，它可以满足各种通信与计算机信息传递的要求，是为迎接未来综合业务数据网 ISDN（Integrated Service Digital Network）的需求而开发的。PDS 具体应用对象，目前主要是通信和数据交换，即话音、数据、传真、图影像信号。

PDS 之所以优于传统线缆，其原因是多方面的，其中在此值得提到的是由于 PDS 是一套综合系统，因此它可以使用相同的线缆、配线端子板，相同的插头及模块插孔，解决传统布线存在的所谓兼容性问题，鉴于此，又可避免重复施工，造成人与物的双重浪费。

26. PDS 系统如何组成？

PDS 采用开放式的星形拓扑结构，是一种模块化设计。

PDS 由六个独立的子系统组合而成：

① 建筑群子系统（Campus Subsystem），实现建筑之间的相互连接，提供楼群之间通信设施所需的硬件。

② 干线子系统（Backbone），提供建筑物的主干电缆的路由，实现主与中配线架的连接，计算机、PBX、控制中心与各管理子系统间的连接。

③ 工作区子系统（Work Area）由终端设备连接到信息插座的连线，以及信息插座所组成。信息点由标准 RJ45 插座构成。

④ 水平子系统（Horizontal），其功能主要是实现信息插座和管理子系统，即中间配线架（IDF）间的连接。

⑤ 设备间子系统（Equipment Room），由设备室的电缆、连接器和相关支撑硬件组成，把各种公用系统设备互连起来。

⑥ 管理子系统（Administration），由交连、互连和输入/输出组

成，实现配线管理，为连接其他子系统提供手段，由配线架、跳线设备及光纤配线架所组成。

上述建筑群子系统与主干线子系统，常用介质是大对数双绞电缆和光缆。

计算机与 PDS 连接的条件是在敷设 PDS 时，在管理区子系统和设备间子系统工程放置相应的网络设备以实现计算机网络系统。综合楼宇内计算机可直接接上 ATM、DDN 及 Internet 等网络。

通常光纤由市电信局引至楼内总配线间，内部采用交换机（PBX）或虚拟网（Centrex）与通电话并用方式接入。在与 PBX 连接时，外线不经 PBX 而直接上主配线架（MDF）及分配线架（IDF），使之构成直拨电话线路。而中继线经过 PBX 与内线连接，内线再上 MDF，构成分机话音线路。

27.　综合布线的主要硬件有哪些？

PDS 系统硬件具有高品质性能，符合相关国际标准，并通过了国际质量安全标准，硬件主要是指：

① 双绞线一般用于配线子系统，可转输数据、话音。

② 光缆，主要用于建筑群间和主干线子系统，容量大、失真小、安全性好、传递信息质量高。

③ 配线架，主要有电缆和光缆两种；一般分主配线架和中间配线架。

④ 标准信息插座，全部按标准制造，插座分埋入型、地毯型、桌上型和通用型四种标准，型号为 RJ45，采用 8 芯接线，符合 ISDN 标准。

⑤ 适配器。

⑥ 光电转换设备。

⑦ 系统保护设备，如限压器、限流器、避雷器及接地装置等。

上述 PDS 系统硬件，其中传输介质尤为重要，目前主要是铜芯双绞线和光纤。双绞线在通信自动化与办公自动化各系统内占有重要地位，因为选用它作数据（交换）信息传递可使布线系统与其他通信技术所用布线相统一，这意味着整个单位内部只需一个布线系统即可，这大大方便了用户。实际上，应根据具体网络工程，合理选择双

绞线。光纤则作为网络主干及高速传输网络，因为它频带宽，抗干扰能力强，且传输距离长。当今，室内光纤一般选用多模光纤，其特性是光耦合率高，纤芯对准要求较宽松。

28. 综合布线系统如何组成？

大楼的综合布线系统采用开放式结构，支持语音及多种计算机数据系统，适应异步传输模式（ATM）和千兆比等高速数据网。在应用上能支持会议电视、多媒体等系统的需要，提供光纤到桌面，满足将来宽带综合业务数字网（B-ISDN）的要求。布线系统采用树状星型结构，满足工作区变动时布线方案的调整，以及将来与各种不同逻辑拓扑结构的转换。

综合布线系统由 6 个独立的子系统组成，由于采用模块化设计，且采用星形拓扑结构，可以使 6 个子系统中的任何一个子系统独立进入布线系统中。这 6 个独立的子系统分别是：工作区子系统、水平子系统、干线子系统、设备间子系统、管理子系统、建筑群子系统（如图 12-4 所示）。

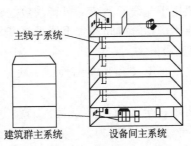

主线子系统

建筑群主系统　　　设备间主系统

图 12-4　综合布线系统结构

29. 工作区子系统的功能是什么？

如图 12-5 所示。它是指从信息插座到设备终端的连线所覆盖的范围，它包括装配软线、连接器和连接所需的扩展软线，不包括终端设备。在设计中，既要考虑当前的需要，又要考虑到未来的发展，同时还要兼顾各层、各房间、各主管部门、各业务部门的实际需要，以此来确定整个大厦所需设置的数据点和语音点的个数。

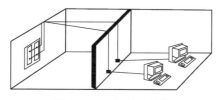

图 12-5　工作区子系统

30.　水平子系统的功能是什么？

又称配线子系统（如图 12-6 所示），是布线系统水平走线部分。即在同一楼层布线，其一端接在用户工作区的信息插座上，另一端接在楼层配线间的跳线架上。水平配线子系统多数采用 4 对非屏蔽双绞线，它能支持大多数现代通信设备。对于某些要求宽带传输的终端设备，可采用"光纤到桌面"的解决方案。当水平区域工作面积较大时，在该区域的终端设备，可采用"光纤到桌面"的解决方案。当水平区域工作面积较大时，在该区域内可设置一个或多个卫星接线间，水平线除了端接到楼层配线间外，还要通过卫星接线间，最后再端接到信息插座。单根线缆的最大水平距离为 90m。设计时选用高品质的六类非屏蔽双绞线，可以使信号的传输速率达到 150/600Mbps，以满足当前及未来数据系统的需要。水平布线必须是一根六类线对应一个数据点（语音点）。虽然，按这种设计方案，一次性投资较大，但这样可以增强用户终端的灵活性。

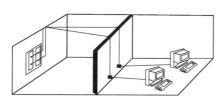

图 12-6　水平子系统

31.　垂直子系统的功能是什么？

垂直线缆是连接各层分配线架与主配线架的主干，又称干线子系统，因而线缆比较集中（如图 12-7 所示），它是建筑物内垂直方向上

的主馈线缆，它将整个楼层配线间的接线端连接到主配线间的配线架上，再与设备间系统连接起来。它通常采用大对数的电缆馈线或光缆，可以实现高速和大容量的传输。垂直子系统是"电力调度"，显然是电力大厦最基本的功能，因而在设计中应当切实保证电力调度信号的安全、可靠。考虑到这一点，以及今后计算机网络管理的需要，在各个分管理间设光纤配线架，用一根光纤通过竖井引至光纤主配线架，与网络设备连接。

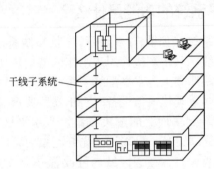

图 12-7　干线子系统

32.　设备间子系统的功能是什么？

由主配线架及各种公共设备组成（如图 12-3 所示）。它的功能是将各种公共设备（包括计算机主机、数字程控交换机、各种控制系统等）与主配线架连接起来，该子系统是放置在设备间内的，通常设备间同时也是网络管理和值班人员的工作场所。通过设备间子系统可以完成各楼层配线子系统之间通信线路的调配、连接和测试，可以与本建筑物外的公用通信网连接。设备间的位置一般选择在整栋楼的物理中心位置。

33.　管理区子系统的功能是什么？

如图 12-8 所示。需设置在每层楼的楼层配线间内，其组成包括电缆配线架、光缆配线设备及电缆跳线和光缆跳线等。它是垂直子系统和水平子系统的桥梁，同时又可为同层组网提供条件，当终端设备位置或局域网结构发生变化时，有时只要改变跳线方式即可解决，而不必重新布线。

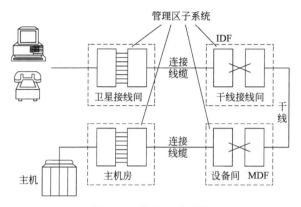

图 12-8 管理区子系统

34. 综合布线系统等级有几种？

智能建筑综合布线系统通常根据设备配置情况和系统本身的特点，可以划分成三种等级，即基本型、增强型和综合型。这三种类型布线系统，均支持语音、数据、图像等信息传输，能够随过程的需要转向更高功能的布线系统。在智能建筑工程建设中，用户可根据自己的实际需要自行选择一种布线系统。

35. 基本型综合布线系统的应用范围是什么？ 有何特点？

适用于配线标准要求比较低的场合，其基本设备配置是，每个工作区一般为一个水平布线子系统，留有一个信息插座，每个工作区配线电缆为一根 4 对非屏蔽双纹线，接续设备全部采用火接式交接硬件，每个工作区的干线电缆至少为 2 对双绞线。主要特点是支持语音、数据、图像及高速数据等信息传输，具有良好的性能价格比，技术要求不高，便于安装、维护和管理，采用气体放电管式过压保护和能够自复位的过流保护措施。

36. 增强型综合布线系统的应用范围是什么？有何特点？

适用于要求中等标准的场合，其基本设备配置是，每个工作区应为独立的水平布线子系统，配有两个以上的信息插座，每个工作区的配线电缆均为一条独立的 4 对非屏蔽双绞线电缆，接续设备全部采用夹接式交接硬件，每个工作区的干线电缆至少有 3 对双纹线。主要特点是每个工作区有两个以上信息插座，不仅灵活机动，而且功能齐全，任何一个插座都支持语音、数据、图像及高速数据等信息传输。

37. 综合型布线系统的应用范围是什么？有何特点？

全部采用全光纤组网，主要适用于建筑群主干布线系统和建筑物主干布线系统，针对智能建筑系统工程的通信系统要求更高的场合，水平布线子系统及工作区布线子系统，也可以根据需要建议采用光纤线缆，光纤可以选择多模光纤或单模光纤，主要特点是每个工作区有两个以上信息插座，不仅灵活机动，而且功能齐全，预留有足够的空间，任何一个插座都支持语音、数据、图像及高速数据等信息传输。

38. 安装所需材料有哪些？

根据目前的及未来的需求考虑，可以适当提前规划，所需相关材料名称：

（1）超五类非屏蔽双绞线；

（2）75Ω 同轴电缆及对应电视插座；

（3）超五类 RJ45 模块及信息面板；

（4）电话线（可用超五类非屏蔽双绞线代替使网络和电话相互备份和通用）；

（5）对应的 PVC 管，墙内插座底盒等辅材。

PVC 管是埋在地板和墙内的，一旦确定装修后将无法改变其管线路由，同时管内要放细铁丝，方便布线。因此，家庭综合布线的前期规划是非常重要，需要适当提前预留位置，方便以后增加设备时使用。一旦考虑不周，需要重新布线，将会破坏原有的装修，代价将会很大，如果拉明线不但不方便而且影响美观。所需的线缆的长度可按平均长度计算，即网络布线箱到各个面板的最长距离和最短距离之和乘系数 0.55＋6m 然后乘于总信息点数就是所需的材料总长度。

在实际安装过程中，暗装插座一般在离地 30cm 的墙壁上，拉线后应考虑留有余量，安装盒内一般露出 30cm，网络布线箱内应留 50cm 左右。

39. 安装步骤是什么？

在前期的规划准备工作完成后，将进行安装：

（1）确定位置。

（2）预埋箱体（箱体应露出墙壁约 1cm，方便以后抹灰，使其刚好露出网络布线箱的门）。

（3）按路由铺设 PVC 管道及插座底盒，拉线细铁丝在 PVC 管盒插座底盒处露出。

（4）在穿线过程中，应在各种线缆上标识，并且在各端预留 30cm 左右，网络布线箱端可适当预留长点，方便以后维修，箱内有盘线空间。

（5）理线和绑扎（不可扎得太紧，影响传输性能）。

（6）在各线缆两端压接水晶头和电视 F 头。

（7）测试。

40. 什么是电气防护？

电磁干扰源有建筑物内部的配电箱和配电网、电动机、荧光灯电子镇流器、开关电源、振铃电流、周期性脉冲等。建筑物外部有干扰源和电磁场，或结构化综合布线系统的噪声电平超过规定。电磁干扰源是电子系统（也包括电缆）辐射的寄生电能，它会对附近的其他电缆或系统造成失真或干扰。电缆既是电磁干扰的主要发生器，也是主要的接收器。在一个开放的环境安装水平线时，至少应离开荧光灯 150～300m。

当结构化综合布线系统的周围环境存在的电磁干扰场强大于 3V/m 时，应采用防护措施；综合布线线缆与附近可能产生高电平的电磁干扰的电动机、电力变压器等电气设备之间，应保持必要的距离。

41. 综合布线系统应符合哪些要求？

综合布线系统应根据环境条件选择相应的缆线和配线设备或采取防护措施并应符合以下要求：

（1）当综合布线区域内的干扰低于规定时，宜采用非屏蔽缆线系统和非屏蔽配线设备。

（2）综合布线区域内的干扰高于规定时，或用户对电磁兼容性有较高要求时，宜采用屏蔽线缆系统和屏蔽配线设备，也可以采用光缆系统。

（3）当综合布线路由上存在干扰源，且不能满足最小净距要求时，采用金属管线进行屏蔽。

42. 综合布线系统选用原则是什么？

综合布线系统选择缆线和配线设备，应根据用户要求，并结合建筑物的环境状况进行考虑，选用原则说明如下。

（1）当建筑物还在建设或虽已建成，但尚未投入运行，要确定综合布线系统的选型时，应测定建筑物周围环境的干扰强度及频率范围，与其他干扰源之间的距离能否符合规范的要求；综合布线系统采用何种类别，也应有所预测，根据这些情况，用规范中规定的各项指标要求进行衡量，选择合适的硬件和采取相应的措施。

（2）在选择线缆和连接硬件时，确定某一类别后，应保证其一致性。例如，选择 5 类，则线缆和连接硬件都应是 5 类；选择屏蔽，则线缆和连接硬件都应是屏蔽的，且应是良好的接地系统。

（3）在选择综合布线系统时，应根据用户对近期和远期的实际需要进行考虑，不应一刀切。应根据不同的通信业务要求综合考虑，在满足近期用户要求的前提下，适当考虑远期用户的要求，有较好的通用性和灵活性，尽量避免建成后较短时间内又要进行改扩建，造成浪费。如果满足时间过长，又将造成初次投资增加，也不一定经济合理。一般来说，水平配线扩建难，应以远期需要为上，垂直干线易扩建，应以近期需要为主，适当满足远期的需要。

43. 接地应符合哪些规定？

综合布线系统如采用屏蔽措施，必须有良好的接地系统，并应符合以下规定。

（1）保护接地线的接地电阻单独设置接地体时，不大于 4Ω；采用联合接地体时，不大于 1Ω。

（2）采用屏蔽布线系统时，所有的屏蔽层必须保持连续性，屏蔽层的配线设备端必须接地良好，用户（终端设备）端视外体情况宜接地，两端的接地宜接到同一个接地体上。若接地系统存在两个不同接地体，其接地电位差应不大于 1V。

（3）采用屏蔽布线系统时，每一楼层配线柜都应采用适当截面积的铜导线单独布线到接地体，也可采用竖井内铜制排或粗导线引到接地体。铜排或粗导线的截面积应符合标准。接地导线应接成为树状结构的接地网，避免构成直流环路。

（4）布线采用金属桥架时，其应保持电气连接，并在两端有良好接地。

44. 引入建筑物线路的保护有哪些？

当电缆从建筑物外进入建筑物内时，应采用过电压、过电流等保护措施，并符合相关规定。

此外，根据建筑物的防火等级和对材料的耐火要求，结构化综合布线应采取相应措施。在易燃区或建筑物竖井内布放的光缆或电缆，应采用阻燃光缆或电缆。在大型公共场所，宜采用阻燃、低烟、低毒电缆或光缆。相邻的设备间或交接间，应采用阻燃型配线设备。

参 考 文 献

[1] 刘健. 智能建筑弱电系统. 重庆：重庆大学出版社，2002.
[2] 而师玛乃·花铁森. 建筑弱电工程安装施工手册. 北京：中国建筑工业出版社，1999.
[3] 殷际英，李玢一. 楼宇设备自动化技术. 北京：化学工业出版社，2007.
[4] 杨磊，李峰，田艳生. 闭路电视监控设备使用及维修. 北京：机械工业出版社，2006.
[5] 而师玛乃·花铁森. 火灾报警器. 北京：原子能出版社，1995.
[6] 张振文. 建筑弱电电工技术. 北京：国防工业出版社，2008.
[7] 陈家盛. 电梯的结构原理及安装. 北京：机械工业出版社，2006.
[8] 张伯虎. 无线电修理技术. 北京：北京大学出版社，2000.

电工实战视频讲解

电工工具使用	指针万用表的使用	数字万用表的使用	导线剥削与连接
线管布线	日光灯插座管槽布线	日光灯接线	带开关插座安装
多联插座安装	声光控开关灯座安装	暗配电箱配电	室外配电箱安装
电缆断线的检测	检测相线与零线	线材绝缘与设备 漏电的检测	遥控器与红外线 接收头的判别

化学工业出版社专业图书推荐

ISBN	书　名	定　价
30600	电工手册（双色印刷＋视频讲解）	108
30660	电动机维修从入门到精通（彩色图解＋视频）	78
30520	电工识图、布线、接线 与维修（双色＋视频）	68
28982	从零开始学电子元器件（全彩印刷＋视频）	49.8
28918	维修电工技能快速学	49
28987	新型中央空调器维修技能一学就会	59.8
28840	电工实用电路快速学	39
29154	低压电工技能快速学	39
28914	高压电工技能快速学	39.8
28923	家装水电工技能快速学	39.8
28932	物业电工技能快速学	48
28663	零基础看懂电工电路	36
28866	电机安装与检修技能快速学	48
28459	一本书学会水电工现场操作技能	29.8
28479	电工计算一学就会	36
28093	一本书学会家装电工技能	29.8
28482	电工操作技能快速学	39.8
28480	电子元器件检测与应用快速学	39.8
28303	建筑电工技能快速学	28
28378	电工接线与布线快速学	49
25201	装修物业电工超实用技能全书	68
27369	AutoCAD电气设计技巧与实例	49
27022	低压电工入门考证一本通	49.8
26890	电动机维修技能一学就会	39
26619	LED照明应用与施工技术450问	69
26567	电动机维修技能一学就会	39
26330	家装电工400问	39
26320	低压电工400问	39
26318	建筑弱电电工600问	49
26316	高压电工400问	49
26291	电工操作600问	49
26289	维修电工500问	49
25250	高低压电工超实用技能全书	98

欢迎订阅以上相关图书

图书详情及相关信息浏览：请登录 http://www.cip.com.cn

购书咨询：010-64518800

邮购地址：北京市东城区青年湖南街13号化学工业出版社（100011）

如欲出版新著，欢迎投稿 E-mail：editor2044@sina.com